개념원리

중학 수학 3-2

Love yourself 무엇이든 할 수 있는 나이다

공부 시작한 날	년 월 일
공부 다짐	

발행일	2024년 2월 15일 2판 3쇄
지은이	이홍섭
기획 및 개발	개념원리 수학연구소

사업 책임	황은정
마케팅 책임	권가민, 정성훈
제작/유통 책임	정현호, 이미혜, 이건호
콘텐츠 개발 총괄	한소영
콘텐츠 개발 책임	오영석, 김경숙, 오지애, 모규리, 김현진
디자인	스튜디오 에딩크, 손수영

펴낸이	고사무열
펴낸곳	(주)개념원리
등록번호	제 22-2381호
주소	서울시 강남구 테헤란로 8길 37, 7층(역삼동, 한동빌딩) 06239
고객센터	1644-1248

개념원리

중학 수학

3-2

많은 학생들은 왜
개념원리로 공부할까요?
정확한 개념과 원리의 이해,
수학의 비결
개념원리에 있습니다.

이 책을
펴내면서

생각하는 방법을 알려 주는 개념원리수학

"어떻게 하면 골치 아픈 수학을 잘 할 수 있을까?" 이것은 오랫동안 끊임없이 제기되고 있는 학생들의 질문이며 가장 큰 바람입니다. 그런데 안타깝게도 대부분의 학생들이 공부는 열심히 하지만 성적이 오르지 않아 흥미를 잃어버리고 중도에 포기하는 경우가 많습니다.

수학 공부를 열심히 하지 않아서 그럴까요? 머리가 나빠서 그럴까요?

그렇지 않습니다. 공부하는 방법이 잘못되었기 때문입니다.

개념원리수학은 단순한 암기식 학습이 아니라 현 교육과정에서 요구하는 사고력, 응용력, 창의력을 배양 – 수학의 기본적인 지식과 기능을 습득하고, 수학적으로 사고하는 능력을 길러 실생활의 여러 가지 문제를 합리적으로 해결할 수 있는 능력과 태도를 기름 – 하도록 기획되어 생각하는 방법을 깨칠 수 있도록 하였습니다.

개념원리 중학수학의 특징

❶ 하나를 알면 10개, 20개를 풀 수 있고 어려운 수학에 흥미를 갖게 하여 쉽게 수학을 정복할 수 있습니다.

❷ 나선식 교육법을 채택하여 쉬운 것부터 어려운 것까지 단계적으로 혼자서도 충분히 공부할 수 있도록 하였습니다.

❸ 페이지마다 문제를 푸는 방법과 틀리기 쉬운 부분을 체크하여 개념과 원리를 충실히 익히도록 하였습니다.

따라서 이 책의 구성에 따라 인내심을 가지고 꾸준히 학습한다면 수학에 대하여 흥미와 자신감을 갖게 될 것입니다.

구성과 특징

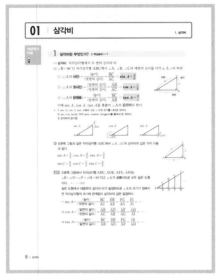

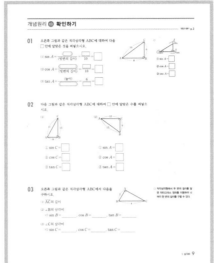

개념원리 이해

개념과 원리를 완벽하게 이해할 수 있도록 꼼꼼하고 상세하게 정리하였습니다.

개념원리 확인하기

학습한 내용을 확인하기 쉬운 문제로 개념과 원리를 정확하게 이해할 수 있도록 하였습니다.

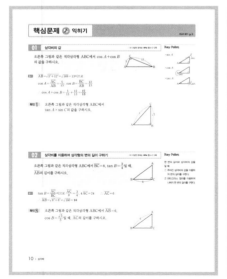

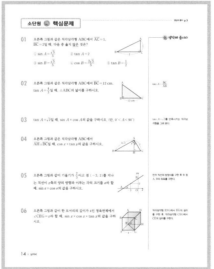

핵심문제 익히기

개념별로 꼭 풀어야 하는 핵심문제와 더불어 확인문제를 실어서 개념원리의 적용 및 응용을 충분히 익힐 수 있도록 하였습니다.

소단원 핵심문제

소단원별로 핵심문제의 변형 또는 발전 문제를 통하여 배운 내용에 대한 확인을 할 수 있도록 하였습니다.

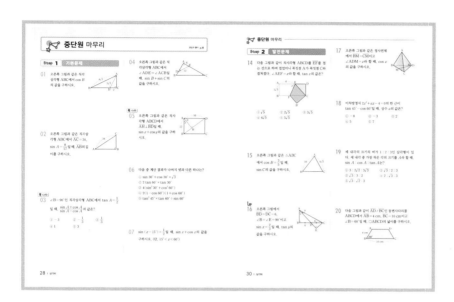

중단원 마무리

중단원에서 출제율이 높은 문제를 기본, 발전으로 나누어 수준별로 구성하여 수학 실력을 향상시킬 수 있도록 하였습니다.

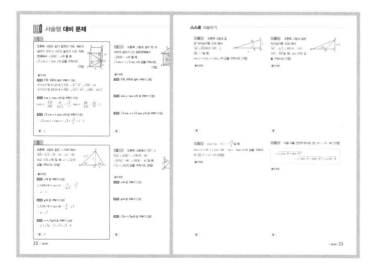

서술형 대비 문제

예제와 쌍둥이 유제를 통하여 서술의 기본기를 다진 후 출제율이 높은 서술형 문제를 통하여 서술력을 강화할 수 있도록 하였습니다.

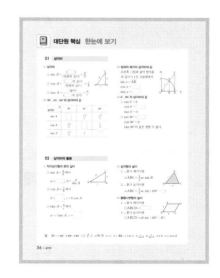

대단원 핵심 한눈에 보기

대단원에서 학습한 전체 내용을 체계적으로 익힐 수 있도록 하였습니다.

차례

I

삼각비

01 | 삼각비

개념원리 이해

1 삼각비란 무엇인가? ◎ 핵심문제 1~7

(1) **삼각비**: 직각삼각형에서 두 변의 길이의 비

(2) ∠B=90°인 직각삼각형 ABC에서 ∠A, ∠B, ∠C의 대변의 길이를 각각 a, b, c라 하면

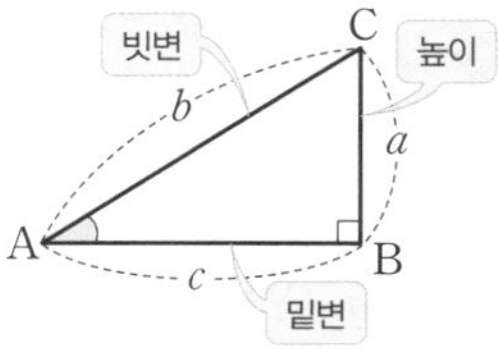

① $(∠A의 \text{ 사인})=\dfrac{(높이)}{(빗변의 길이)}=\dfrac{\overline{BC}}{\overline{AC}}$ ⇨ $\sin A=\dfrac{a}{b}$

② $(∠A의 \text{ 코사인})=\dfrac{(밑변의 길이)}{(빗변의 길이)}=\dfrac{\overline{AB}}{\overline{AC}}$ ⇨ $\cos A=\dfrac{c}{b}$

③ $(∠A의 \text{ 탄젠트})=\dfrac{(높이)}{(밑변의 길이)}=\dfrac{\overline{BC}}{\overline{AB}}$ ⇨ $\tan A=\dfrac{a}{c}$

이때 $\sin A$, $\cos A$, $\tan A$를 통틀어 ∠A의 **삼각비**라 한다.

▶ ① $\sin A$, $\cos A$, $\tan A$에서 A는 ∠A의 크기를 나타낸 것이다.
② sin, cos, tan는 각각 sine, cosine, tangent를 줄여서 쓴 것이다.
③ 삼각비의 암기법

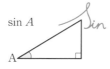   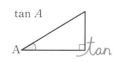

예 오른쪽 그림과 같은 직각삼각형 ABC에서 ∠A, ∠C의 삼각비의 값은 각각 다음과 같다.

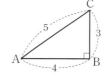

$\sin A=\dfrac{3}{5}$, $\cos A=\dfrac{4}{5}$, $\tan A=\dfrac{3}{4}$

$\sin C=\dfrac{4}{5}$, $\cos C=\dfrac{3}{5}$, $\tan C=\dfrac{4}{3}$

설명 오른쪽 그림에서 직각삼각형 ABC, ADE, AFG, AHI는
∠B=∠D=∠F=∠H=90°이고 ∠A가 공통이므로 모두 닮은 도형이다. ◀ AA닮음 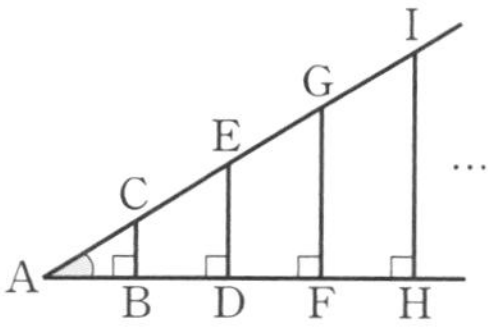
닮은 도형에서 대응변의 길이의 비가 일정하므로 ∠A의 크기가 정해지면 직각삼각형의 크기에 관계없이 삼각비의 값은 일정하다.

(1) $\sin A=\dfrac{(높이)}{(빗변의 길이)}=\dfrac{\overline{BC}}{\overline{AC}}=\dfrac{\overline{DE}}{\overline{AE}}=\dfrac{\overline{FG}}{\overline{AG}}=\dfrac{\overline{HI}}{\overline{AI}}=\cdots$

(2) $\cos A=\dfrac{(밑변의 길이)}{(빗변의 길이)}=\dfrac{\overline{AB}}{\overline{AC}}=\dfrac{\overline{AD}}{\overline{AE}}=\dfrac{\overline{AF}}{\overline{AG}}=\dfrac{\overline{AH}}{\overline{AI}}=\cdots$

(3) $\tan A=\dfrac{(높이)}{(밑변의 길이)}=\dfrac{\overline{BC}}{\overline{AB}}=\dfrac{\overline{DE}}{\overline{AD}}=\dfrac{\overline{FG}}{\overline{AF}}=\dfrac{\overline{HI}}{\overline{AH}}=\cdots$

개념원리 📖 확인하기

정답과 풀이 **p. 2**

01 오른쪽 그림과 같은 직각삼각형 ABC에 대하여 다음 □ 안에 알맞은 것을 써넣으시오.

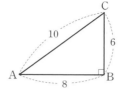

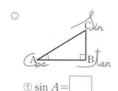

(1) $\sin A = \dfrac{(\boxed{})}{(\text{빗변의 길이})} = \dfrac{\boxed{}}{10} = \boxed{}$

(2) $\cos A = \dfrac{(\boxed{})}{(\text{빗변의 길이})} = \dfrac{\boxed{}}{10} = \boxed{}$

(3) $\tan A = \dfrac{(\text{높이})}{(\boxed{})} = \dfrac{6}{\boxed{}} = \boxed{}$

① $\sin A = \boxed{}$

② $\cos A = \boxed{}$

③ $\tan A = \boxed{}$

02 다음 그림과 같은 직각삼각형 ABC에 대하여 □ 안에 알맞은 수를 써넣으시오.

(1)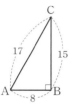

① $\sin C = \boxed{}$

② $\cos C = \boxed{}$

③ $\tan C = \boxed{}$

(2)

① $\sin A = \boxed{}$

② $\cos A = \boxed{}$

③ $\tan A = \boxed{}$

03 오른쪽 그림과 같은 직각삼각형 ABC에서 다음을 구하시오.

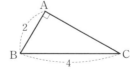

○ 직각삼각형에서 두 변의 길이를 알면 피타고라스 정리를 이용하여 나머지 한 변의 길이를 구할 수 있다.

(1) $\overline{AC}$의 길이

(2) ∠B의 삼각비
   ⇨ $\sin B = \underline{}$, $\cos B = \underline{}$, $\tan B = \underline{}$

(3) ∠C의 삼각비
   ⇨ $\sin C = \underline{}$, $\cos C = \underline{}$, $\tan C = \underline{}$

핵심문제 익히기

정답과 풀이 p. 2

01 삼각비의 값

더 다양한 문제는 RPM 중3-2 12쪽

오른쪽 그림과 같은 직각삼각형 ABC에서 $\cos A+\cos B$의 값을 구하시오.

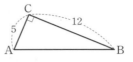

풀이 $\overline{AB}=\sqrt{5^2+12^2}=\sqrt{169}=13$이므로

$\cos A=\frac{\overline{AC}}{\overline{AB}}=\frac{5}{13}$, $\cos B=\frac{\overline{BC}}{\overline{AB}}=\frac{12}{13}$

$\therefore \cos A+\cos B=\frac{5}{13}+\frac{12}{13}=\mathbf{\frac{17}{13}}$

Key Point

- $\sin A$

- $\cos A$

- $\tan A$

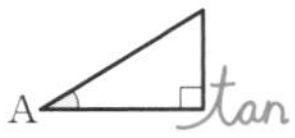

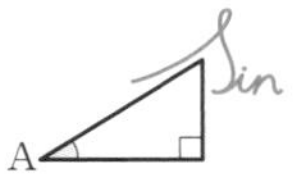

확인 1 오른쪽 그림과 같은 직각삼각형 ABC에서 $\tan A\times\sin C$의 값을 구하시오.

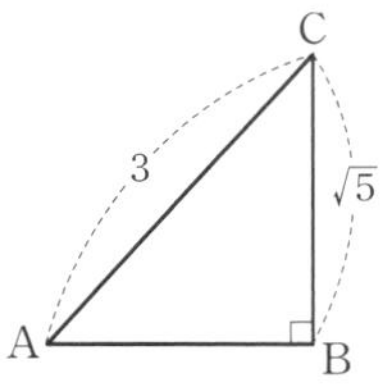

02 삼각비를 이용하여 삼각형의 변의 길이 구하기

더 다양한 문제는 RPM 중3-2 13쪽

오른쪽 그림과 같은 직각삼각형 ABC에서 $\overline{BC}=8$, $\tan B=\frac{3}{4}$일 때, $\overline{AB}$의 길이를 구하시오.

풀이 $\tan B=\frac{\overline{AC}}{\overline{BC}}$이므로 $\frac{\overline{AC}}{8}=\frac{3}{4}$, $4\overline{AC}=24$ $\quad\therefore \overline{AC}=6$

$\therefore \overline{AB}=\sqrt{8^2+6^2}=\sqrt{100}=\mathbf{10}$

Key Point

한 변의 길이와 삼각비의 값을 알 때

① 주어진 삼각비의 값을 이용하여 변의 길이를 구한다.

② 피타고라스 정리를 이용하여 나머지 한 변의 길이를 구한다.

확인 2 오른쪽 그림과 같은 직각삼각형 ABC에서 $\overline{AB}=6$, $\cos B=\frac{\sqrt{5}}{3}$일 때, $\overline{AC}$의 길이를 구하시오.

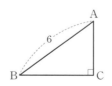

03 한 삼각비의 값을 알 때, 다른 삼각비의 값 구하기

더 다양한 문제는 **RPM** 중3-2 13쪽

$\sin A = \dfrac{12}{13}$일 때, $\tan A$의 값을 구하시오. (단, $0° < A < 90°$)

풀이 $\sin A = \dfrac{12}{13}$이므로 오른쪽 그림과 같이 $\angle B = 90°$, $\overline{AC} = 13$, $\overline{BC} = 12$인

직각삼각형 ABC를 생각할 수 있다.

이때 $\overline{AB} = \sqrt{13^2 - 12^2} = \sqrt{25} = 5$이므로

$\tan A = \dfrac{\overline{BC}}{\overline{AB}} = \dfrac{12}{5}$

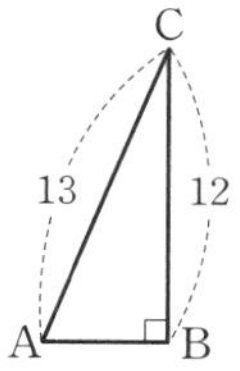

확인③ $\cos A = \dfrac{5}{7}$일 때, $\sin A \times \tan A$의 값을 구하시오. (단, $0° < A < 90°$)

Key Point

$\sin$, $\cos$, $\tan$ 중 한 삼각비의
값을 알 때
① 주어진 삼각비의 값을 갖는
  직각삼각형을 그린다.
② 피타고라스 정리를 이용하여
  나머지 변의 길이를 구한다.
③ 다른 삼각비의 값을 구한다.

---

04 직각삼각형의 닮음과 삼각비 (1)

더 다양한 문제는 **RPM** 중3-2 14쪽

오른쪽 그림과 같은 직각삼각형 ABC에서 $\overline{DE} \perp \overline{BC}$일 때,
$\sin x$의 값을 구하시오.

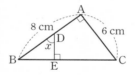

풀이 $\triangle ABC \backsim \triangle EBD$ (AA 닮음)이므로 $\angle BCA = \angle BDE = x$

$\triangle ABC$에서 $\overline{BC} = \sqrt{6^2 + 8^2} = \sqrt{100} = 10 \text{(cm)}$이므로

$\sin x = \sin C = \dfrac{\overline{AB}}{\overline{BC}} = \dfrac{8}{10} = \dfrac{4}{5}$

확인④   오른쪽 그림과 같은 직각삼각형 ABC에서
$\overline{DE} \perp \overline{BC}$일 때, $\tan x \times \cos y$의 값을 구하시오.

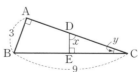

Key Point

직각삼각형 ABC에서
$\overline{DE} \perp \overline{BC}$일 때

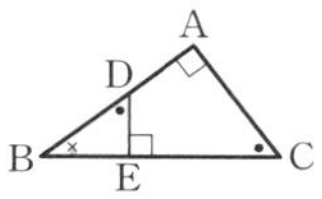

① 닮음인 직각삼각형을 찾는다.
  ⇨ $\triangle ABC \backsim \triangle EBD$
            (AA 닮음)
② 크기가 같은 대응각을 찾아 삼
  각비의 값을 구한다.
  ⇨ $\angle BCA = \angle BDE$

05 직각삼각형의 닮음과 삼각비 (2)

더 다양한 문제는 RPM 중3-2 14쪽

오른쪽 그림과 같은 직각삼각형 ABC에서 $\overline{AH}\perp\overline{BC}$일 때, 다음 삼각비의 값을 구하시오.

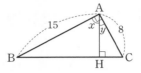

(1) $\sin x$ (2) $\sin y$

(3) $\cos y$ (4) $\tan x$

풀이 $\triangle ABC \backsim \triangle HBA$ (AA 닮음)이므로

$\angle BCA = \angle BAH = x$

$\triangle ABC \backsim \triangle HAC$ (AA 닮음)이므로

$\angle ABC = \angle HAC = y$

$\triangle ABC$에서 $\overline{BC} = \sqrt{15^2+8^2} = \sqrt{289} = 17$

(1) $\sin x = \sin C = \dfrac{\overline{AB}}{\overline{BC}} = \mathbf{\dfrac{15}{17}}$

(2) $\sin y = \sin B = \dfrac{\overline{AC}}{\overline{BC}} = \mathbf{\dfrac{8}{17}}$

(3) $\cos y = \cos B = \dfrac{\overline{AB}}{\overline{BC}} = \mathbf{\dfrac{15}{17}}$

(4) $\tan x = \tan C = \dfrac{\overline{AB}}{\overline{AC}} = \mathbf{\dfrac{15}{8}}$

Key Point

직각삼각형 ABC에서 $\overline{AH}\perp\overline{BC}$일 때

① 닮음인 직각삼각형을 찾는다.
⇨ $\triangle ABC \backsim \triangle HBA \backsim \triangle HAC$ (AA 닮음)

② 크기가 같은 대응각을 찾아 삼각비의 값을 구한다.
⇨ $\angle BCA = \angle BAH$
$\angle ABC = \angle HAC$

확인 5 오른쪽 그림과 같은 직각삼각형 ABC에서 $\overline{AH}\perp\overline{BC}$일 때, $\tan x$의 값을 구하시오.

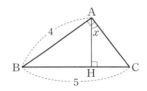

확인 6 오른쪽 그림과 같은 직각삼각형 ABC에서 $\overline{AH}\perp\overline{BC}$일 때, $\sin x + \cos y$의 값을 구하시오.

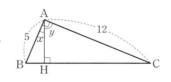

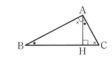

06 직선의 방정식과 삼각비

더 다양한 문제는 RPM 중3-2 15쪽

더 다양한 문제는 RPM 중3-2 15쪽

오른쪽 그림과 같이 직선 $y=2x+4$가 x축의 양의 방향과 이루는 각의 크기를 α라 할 때, $\sin \alpha + \cos \alpha$의 값을 구하시오.

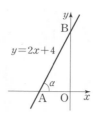

Key Point

직선 $y=mx+n$에서
① x축과 만나는 점의 x좌표
   ⇨ x절편
   ⇨ $y=0$일 때 x의 값
② y축과 만나는 점의 y좌표
   ⇨ y절편
   ⇨ $x=0$일 때 y의 값

풀이 $y=2x+4$에 $y=0$을 대입하면 $x=-2$ $\quad \therefore A(-2, 0)$
$y=2x+4$에 $x=0$을 대입하면 $y=4$ $\quad \therefore B(0, 4)$
직각삼각형 AOB에서 $\overline{OA}=2$, $\overline{OB}=4$이므로 $\overline{AB}=\sqrt{2^2+4^2}=\sqrt{20}=2\sqrt{5}$
따라서 $\sin \alpha = \dfrac{\overline{OB}}{\overline{AB}} = \dfrac{4}{2\sqrt{5}} = \dfrac{2\sqrt{5}}{5}$, $\cos \alpha = \dfrac{\overline{OA}}{\overline{AB}} = \dfrac{2}{2\sqrt{5}} = \dfrac{\sqrt{5}}{5}$이므로
$\sin \alpha + \cos \alpha = \dfrac{2\sqrt{5}}{5} + \dfrac{\sqrt{5}}{5} = \dfrac{\mathbf{3\sqrt{5}}}{\mathbf{5}}$

확인 7 일차방정식 $3x-4y+12=0$의 그래프가 x축의 양의 방향과 이루는 예각의 크기를 α라 할 때, $\sin \alpha$, $\cos \alpha$, $\tan \alpha$의 값을 각각 구하시오.

07 입체도형에서 삼각비의 값 구하기

더 다양한 문제는 RPM 중3-2 15쪽

오른쪽 그림과 같이 한 모서리의 길이가 6인 정육면체에서 $\angle BHF = x$라 할 때, $\cos x$의 값을 구하시오.

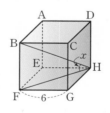

Key Point

직육면체에서 삼각비의 값은 직각삼각형을 찾아 변의 길이를 이용하여 구한다.

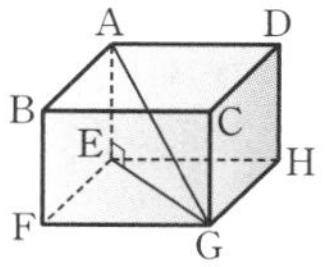

⇨ 직각삼각형 EFG에서
$\overline{EG}=\sqrt{\overline{EF}^2+\overline{FG}^2}$
직각삼각형 AEG에서
$\overline{AG}=\sqrt{\overline{AE}^2+\overline{EG}^2}$

풀이 직각삼각형 FGH에서 $\overline{FH}=\sqrt{6^2+6^2}=\sqrt{72}=6\sqrt{2}$
직각삼각형 BFH에서 $\overline{BH}=\sqrt{6^2+(6\sqrt{2})^2}=\sqrt{108}=6\sqrt{3}$
$\therefore \cos x = \dfrac{\overline{FH}}{\overline{BH}} = \dfrac{6\sqrt{2}}{6\sqrt{3}} = \dfrac{\mathbf{\sqrt{6}}}{\mathbf{3}}$

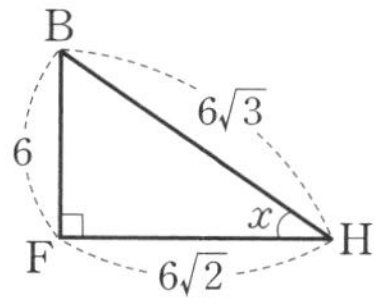

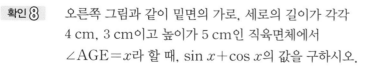

확인 8 오른쪽 그림과 같이 밑면의 가로, 세로의 길이가 각각 4 cm, 3 cm이고 높이가 5 cm인 직육면체에서 $\angle AGE = x$라 할 때, $\sin x + \cos x$의 값을 구하시오.

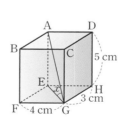

소단원 📖 핵심문제

☆ 생각해 봅시다

01 오른쪽 그림과 같은 직각삼각형 ABC에서 $\overline{AC}=1$,
$\overline{BC}=2$일 때, 다음 중 옳지 않은 것은?

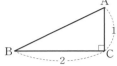

① $\sin A=\dfrac{\sqrt{5}}{5}$ ② $\tan A=2$

③ $\sin B=\dfrac{\sqrt{5}}{5}$ ④ $\cos B=\dfrac{2\sqrt{5}}{5}$ ⑤ $\tan B=\dfrac{1}{2}$

02 오른쪽 그림과 같은 직각삼각형 ABC에서 $\overline{BC}=12$ cm,
$\tan A=\dfrac{4}{3}$일 때, $\triangle ABC$의 넓이를 구하시오.

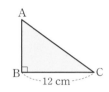

$\tan A=\dfrac{\overline{BC}}{\overline{AB}}$

03 $\tan A=\sqrt{2}$일 때, $\sin A \times \cos A$의 값을 구하시오. (단, $0°<A<90°$)

$\tan A=\sqrt{2}$를 만족시키는 직각삼각형을 그려 본다.

04 오른쪽 그림과 같은 직각삼각형 ABC에서
$\overline{AH}\perp\overline{BC}$일 때, $\cos x \times \tan y$의 값을 구하시오.

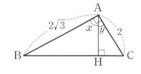

05 오른쪽 그림과 같이 기울기가 $\dfrac{2}{3}$이고 점 $(-3, 2)$를 지나
는 직선이 x축의 양의 방향과 이루는 각의 크기를 α라 할
때, $\sin \alpha \times \cos \alpha$의 값을 구하시오.

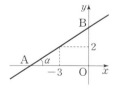

먼저 직선의 방정식을 구한 후 두 점 A, B의 좌표를 구한다.

06 오른쪽 그림과 같이 한 모서리의 길이가 4인 정육면체에서
$\angle CEG=x$라 할 때, $\sin x \times \cos x \times \tan x$의 값을 구하
시오.

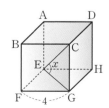

직각삼각형 EFG에서 $\overline{EG}$의 길이를 구한 후, 직각삼각형 CEG에서 $\overline{CE}$의 길이를 구한다.

개념원리
이해

1 30°, 45°, 60°의 삼각비의 값은 얼마인가? ● 핵심문제 1~6

삼각비＼A	30°	45°	60°	
$\sin A$	$\dfrac{1}{2}$	$\dfrac{\sqrt{2}}{2}$	$\dfrac{\sqrt{3}}{2}$	← sin 값은 증가
$\cos A$	$\dfrac{\sqrt{3}}{2}$	$\dfrac{\sqrt{2}}{2}$	$\dfrac{1}{2}$	← cos 값은 감소
$\tan A$	$\dfrac{\sqrt{3}}{3}$	1	$\sqrt{3}$	← tan 값은 증가

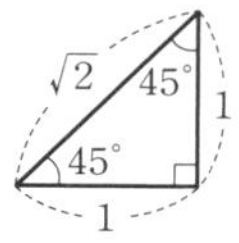

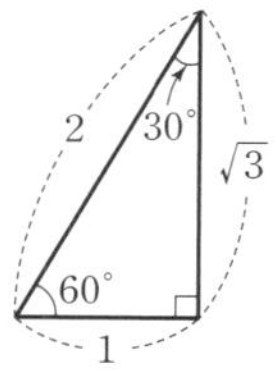

▶ ① $\sin 30° = \cos 60°$, $\sin 45° = \cos 45°$, $\sin 60° = \cos 30°$, $\tan 30° = \dfrac{1}{\tan 60°}$

② $(\sin A)^2$, $(\cos A)^2$, $(\tan A)^2$을 각각 $\sin^2 A$, $\cos^2 A$, $\tan^2 A$로 나타낸다.

참고 직각삼각형의 한 예각의 크기가 30° 또는 45° 또는 60°일 때, 한 변의 길이가 주어지면 위의 삼각비의 값을 이용하여 나머지 두 변의 길이를 구할 수 있다.

설명 (1) **45°의 삼각비의 값**

오른쪽 그림과 같이 한 변의 길이가 1인 정사각형에서 대각선을 그으면 한 내각의 크기가 45°인 직각이등변삼각형 ABC를 얻을 수 있다.

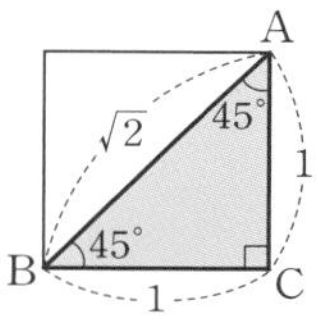

이때 △ABC에서 피타고라스 정리에 의하여

$$\overline{AB} = \sqrt{\overline{AC}^2 + \overline{BC}^2} = \sqrt{1^2 + 1^2} = \sqrt{2}$$

따라서 45°의 삼각비의 값은

$$\sin 45° = \frac{1}{\sqrt{2}} = \frac{\sqrt{2}}{2}, \ \cos 45° = \frac{1}{\sqrt{2}} = \frac{\sqrt{2}}{2}, \ \tan 45° = \frac{1}{1} = 1$$

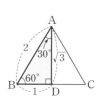

(2) **60°, 30°의 삼각비의 값**

한 변의 길이가 2인 정삼각형 ABC의 꼭짓점 A에서 $\overline{BC}$에 내린 수선의 발을 D라 하면 ∠B = 60°, ∠BAD = 30°인 직각삼각형 ABD를 얻을 수 있다.

선분 AD는 밑변 BC를 수직이등분하므로

$$\overline{BD} = \frac{1}{2}\overline{BC} = \frac{1}{2} \times 2 = 1$$

이때 △ABD에서 피타고라스 정리에 의하여

$$\overline{AD} = \sqrt{\overline{AB}^2 - \overline{BD}^2} = \sqrt{2^2 - 1^2} = \sqrt{3}$$

따라서 60°의 삼각비의 값은

$$\sin 60° = \frac{\sqrt{3}}{2}, \ \cos 60° = \frac{1}{2}, \ \tan 60° = \frac{\sqrt{3}}{1} = \sqrt{3}$$

또 30°의 삼각비의 값은

$$\sin 30° = \frac{1}{2}, \ \cos 30° = \frac{\sqrt{3}}{2}, \ \tan 30° = \frac{1}{\sqrt{3}} = \frac{\sqrt{3}}{3}$$

개념원리 📖 확인하기

01 다음 그림은 정사각형과 정삼각형을 각각 이등분한 직각삼각형이다. ☐ 안에 알맞은 것을 써넣으시오.

정사각형, 정삼각형을 이용하여 30°, 45°, 60°의 삼각비의 값을 구할 수 있다.

(1)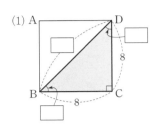

① $\sin 45° = \dfrac{\overline{DC}}{\boxed{}} = \dfrac{8}{\boxed{}} = \boxed{}$

② $\cos 45° = \dfrac{\overline{BC}}{\boxed{}} = \dfrac{8}{\boxed{}} = \boxed{}$

③ $\tan 45° = \dfrac{\overline{CD}}{\boxed{}} = \dfrac{8}{\boxed{}} = \boxed{}$

(2)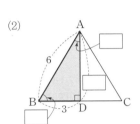

① $\sin 30° = \dfrac{\boxed{}}{\overline{AB}} = \dfrac{\boxed{}}{6} = \boxed{}$

② $\cos 60° = \dfrac{\boxed{}}{\overline{AB}} = \dfrac{\boxed{}}{6} = \boxed{}$

③ $\tan 30° = \dfrac{\overline{BD}}{\boxed{}} = \dfrac{3}{\boxed{}} = \boxed{}$

02 다음은 30°, 45°, 60°의 삼각비의 값을 나타낸 표이다. 빈칸에 알맞은 수를 써넣으시오.

삼각비 $\diagdown$ A	30°	45°	60°
$\sin A$			
$\cos A$			
$\tan A$			

03 다음을 계산하시오.

(1) $\sin 60° + \cos 30° - \tan 45°$

(2) $\sin 30° \times \tan 30°$

핵심문제 🔑 익히기

정답과 풀이 p.5

01 특수한 각의 삼각비의 값

더 다양한 문제는 RPM 중3-2 16쪽

다음을 계산하시오.

(1) $\tan 60° \times \sin 30° - \sin 60° \times \tan 45°$

(2) $\tan^2 45° - \cos^2 45°$

(3) $\dfrac{\sin 30° - \cos 30°}{\tan 45° - \tan 60°}$

Key Point

	30°	45°	60°
sin	$\dfrac{1}{2}$	$\dfrac{\sqrt{2}}{2}$	$\dfrac{\sqrt{3}}{2}$
cos	$\dfrac{\sqrt{3}}{2}$	$\dfrac{\sqrt{2}}{2}$	$\dfrac{1}{2}$
tan	$\dfrac{\sqrt{3}}{3}$	1	$\sqrt{3}$

$\times\sqrt{3}$ $\times\sqrt{3}$

풀이

(1) (주어진 식) $= \sqrt{3} \times \dfrac{1}{2} - \dfrac{\sqrt{3}}{2} \times 1 = \dfrac{\sqrt{3}}{2} - \dfrac{\sqrt{3}}{2} = \mathbf{0}$

(2) (주어진 식) $= 1^2 - \left(\dfrac{\sqrt{2}}{2}\right)^2 = 1 - \dfrac{1}{2} = \dfrac{\mathbf{1}}{\mathbf{2}}$

(3) (주어진 식) $= \dfrac{\dfrac{1}{2} - \dfrac{\sqrt{3}}{2}}{1 - \sqrt{3}} = \dfrac{\dfrac{1-\sqrt{3}}{2}}{1 - \sqrt{3}} = \dfrac{\mathbf{1}}{\mathbf{2}}$

주의

(2) $\tan^2 A = (\tan A)^2 \ (\bigcirc)$

$\tan^2 A \neq \tan A^2 \ (\times)$

확인 1 다음을 계산하시오.

(1) $\sin^2 45° + \cos^2 45° - \tan^2 45°$

(2) $\dfrac{\sin 30° \times 6 \tan 45°}{\tan 45° + \sqrt{3} \tan 60°}$

(3) $(1 + \sin 45° + \sin 30°)(1 - \sin 45° + \cos 60°)$

02 특수한 각의 삼각비의 값을 이용하여 각의 크기 구하기

더 다양한 문제는 RPM 중3-2 16쪽

다음을 구하시오.

(1) $\cos (x - 20°) = \dfrac{\sqrt{3}}{2}$ 일 때, x의 크기 (단, $20° < x < 110°$)

(2) $\sin (3x - 15°) = \dfrac{1}{2}$ 일 때, $\tan 2x$의 값 (단, $5° < x < 30°$)

Key Point

30°, 45°, 60°의 삼각비의 값을 이용하여 각의 크기를 구한다.

풀이

(1) $\cos 30° = \dfrac{\sqrt{3}}{2}$ 이므로 $x - 20° = 30°$ $\therefore x = \mathbf{50°}$

(2) $\sin 30° = \dfrac{1}{2}$ 이므로 $3x - 15° = 30°$ $\therefore x = 15°$ $\therefore \tan 2x = \tan 30° = \dfrac{\boldsymbol{\sqrt{3}}}{\mathbf{3}}$

확인 2 다음을 구하시오.

(1) $\sin (2x + 30°) = \dfrac{\sqrt{3}}{2}$ 일 때, $\tan 3x - \cos 2x$의 값 (단, $0° < x < 30°$)

(2) $\tan (4x - 20°) = \sqrt{3}$ 일 때, $\sin 3x - \cos (x + 10°)$의 값 (단, $5° < x < 25°$)

03 특수한 각의 삼각비의 값을 이용하여 변의 길이 구하기 (1)

더 다양한 문제는 RPM 중3-2 17쪽

다음 그림과 같은 직각삼각형 ABC에서 x, y의 값을 각각 구하시오.

(1)

(2)

Key Point

특수한 직각삼각형의 세 변의 길이의 비

풀이 (1) $\cos 30^\circ=\frac{x}{4}=\frac{\sqrt{3}}{2}$이므로 $\boldsymbol{x=2\sqrt{3}}$, $\sin 30^\circ=\frac{y}{4}=\frac{1}{2}$이므로 $\boldsymbol{y=2}$

(2) $\cos 60^\circ=\frac{2}{x}=\frac{1}{2}$이므로 $\boldsymbol{x=4}$, $\tan 60^\circ=\frac{y}{2}=\sqrt{3}$이므로 $\boldsymbol{y=2\sqrt{3}}$

확인 3 다음 그림과 같은 직각삼각형 ABC에서 x, y의 값을 각각 구하시오.

(1)

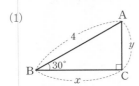

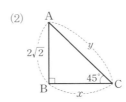

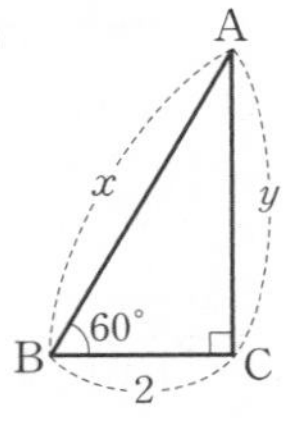

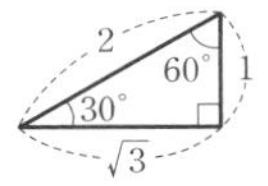

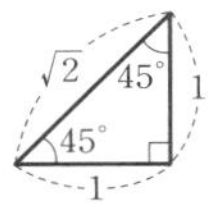

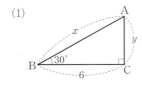

(2)

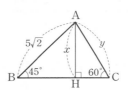

04 특수한 각의 삼각비의 값을 이용하여 변의 길이 구하기 (2)

더 다양한 문제는 RPM 중3-2 17쪽

오른쪽 그림과 같은 삼각형 ABC에서 $\overline{AH}\perp\overline{BC}$일 때, x, y의 값을 각각 구하시오.

Key Point

주어진 삼각형에서 특수한 각의 삼각비의 값을 이용하여 삼각형의 변의 길이를 구한다.

풀이 △ABH에서 $\sin 45^\circ=\frac{x}{5\sqrt{2}}=\frac{\sqrt{2}}{2}$이므로 $2x=10$ $\quad\therefore \boldsymbol{x=5}$

△AHC에서 $\sin 60^\circ=\frac{5}{y}=\frac{\sqrt{3}}{2}$이므로 $\sqrt{3}y=10$ $\quad\therefore \boldsymbol{y=\frac{10\sqrt{3}}{3}}$

확인 4 다음 그림에서 $\overline{BD}$의 길이를 구하시오.

(1)

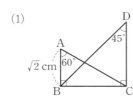

(2)

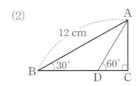

05 특수한 각의 삼각비의 값을 이용하여 다른 삼각비의 값 구하기 <small>더 다양한 문제는 RPM 중3-2 21쪽</small>

Key Point

오른쪽 그림과 같은 직각삼각형 ABC에서 $\angle B = 15°$, $\angle ADC = 30°$, $\overline{BD} = 20$일 때, tan 15°의 값을 구하시오.

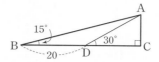

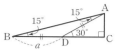

① $\triangle ABD$는 $\overline{BD} = \overline{AD} = a$ 인 이등변삼각형

② $\sin 30° = \dfrac{\overline{AC}}{a}$, $\cos 30° = \dfrac{\overline{DC}}{a}$

③ $\tan 15° = \dfrac{\overline{AC}}{\overline{BC}}$ $= \dfrac{\overline{AC}}{\overline{BD} + \overline{DC}}$

풀이 $\triangle ABD$에서 $15° + \angle BAD = 30°$이므로 $\angle BAD = 15°$
즉, $\angle B = \angle BAD$이므로 $\triangle ABD$는 $\overline{BD} = \overline{AD}$인 이등변삼각형이다.
$\therefore \overline{AD} = \overline{BD} = 20$
이때 $\triangle ADC$에서
$\sin 30° = \dfrac{\overline{AC}}{20} = \dfrac{1}{2}$이므로 $2\overline{AC} = 20$ $\quad \therefore \overline{AC} = 10$
$\cos 30° = \dfrac{\overline{DC}}{20} = \dfrac{\sqrt{3}}{2}$이므로 $2\overline{DC} = 20\sqrt{3}$ $\quad \therefore \overline{DC} = 10\sqrt{3}$
따라서 $\triangle ABC$에서
$\tan 15° = \dfrac{\overline{AC}}{\overline{BC}} = \dfrac{\overline{AC}}{\overline{BD} + \overline{DC}} = \dfrac{10}{20 + 10\sqrt{3}} = \dfrac{1}{2 + \sqrt{3}} = \boldsymbol{2 - \sqrt{3}}$

확인 5 오른쪽 그림과 같은 직각삼각형 ABC에서 $\overline{AD} = \overline{BD} = 2$이고 $\angle ADC = 45°$일 때, tan 22.5° 의 값을 구하시오.

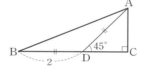

---

06 직선의 기울기와 삼각비 <small>더 다양한 문제는 RPM 중3-2 18쪽</small>

Key Point

직선 $3x - 3y + 8 = 0$이 x축의 양의 방향과 이루는 예각의 크기를 구하시오.

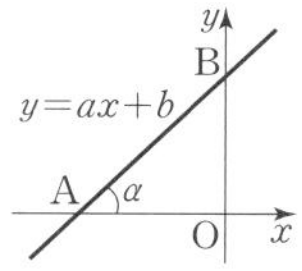

직선 $y = ax + b$가 x축의 양의 방향과 이루는 각의 크기를 α라 할 때
(직선의 기울기)
$= a = \dfrac{(y의 값의 증가량)}{(x의 값의 증가량)}$
$= \dfrac{\overline{OB}}{\overline{OA}} = \tan \alpha$

풀이 $3x - 3y + 8 = 0$에서 $y = x + \dfrac{8}{3}$이므로 직선의 기울기는 1이다.
직선이 x축의 양의 방향과 이루는 예각의 크기를 α라 하면
$\tan \alpha = 1$ $\quad \therefore \alpha = \boldsymbol{45°}$

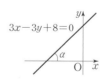

확인 6 오른쪽 그림과 같이 x절편이 -1이고 x축의 양의 방향과 이루는 각의 크기가 60°인 직선의 방정식을 구하시오.

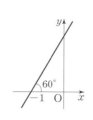

소단원 📖 핵심문제

01 다음을 계산하시오.

$$\dfrac{\cos 30^\circ}{\sin 30^\circ + \cos 45^\circ} + \dfrac{\sin 60^\circ}{\cos 60^\circ - \cos 45^\circ}$$

02 $\dfrac{\sqrt{3}}{3} \cos(3x - 30^\circ) = \dfrac{1}{2}$일 때, $\sin(x + 10^\circ) \times \tan 3x$의 값을 구하시오.

(단, $10^\circ < x < 40^\circ$)

03 오른쪽 그림과 같은 직각삼각형 ABC에서 $\overline{AD} \perp \overline{BC}$이고 $\angle B = 30^\circ$, $\overline{AC} = 8$일 때, $\triangle ABD$의 넓이를 구하시오.

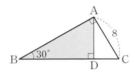

$(\triangle ABD의 넓이)$
$= \dfrac{1}{2} \times \overline{BD} \times \overline{AD}$

04 오른쪽 그림과 같은 직각삼각형 ABC에서 $\angle A$의 이등분선이 $\overline{BC}$와 만나는 점을 D라 하자. $\angle B = 30^\circ$, $\overline{BD} = 4$일 때, $\overline{AB}$의 길이를 구하시오.

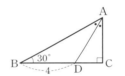

05 오른쪽 그림과 같은 직각삼각형 ABD에서 $\overline{AB} = 1$, $\angle CAB = 60^\circ$이고 $\overline{AC} = \overline{CD}$일 때, $\tan 75^\circ$의 값을 구하시오.

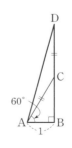

$\angle CAD = \angle CDA$
$\angle CAD + \angle CDA = \angle ACB$

06 오른쪽 그림과 같이 y절편이 -3이고 x축의 양의 방향과 이루는 각의 크기가 α인 직선이 있다. $\cos \alpha = \dfrac{1}{2}$일 때, 이 직선의 방정식을 구하시오. (단, $0^\circ < \alpha < 90^\circ$)

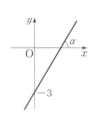

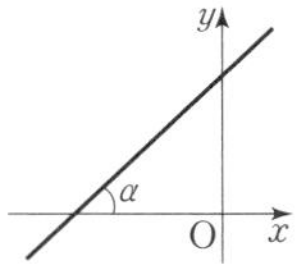

(직선의 기울기)$= \tan \alpha$

03 | 임의의 예각의 삼각비의 값

개념원리 이해

1 예각의 삼각비의 값은 어떻게 구하는가? ○ 핵심문제 1

좌표평면 위에 원점 O를 중심으로 반지름의 길이가 1인 사분원을 그렸을 때, 임의의 예각 x에 대한 삼각비의 값은 다음과 같다.

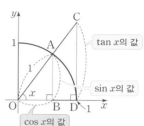

(1) $\sin x = \dfrac{\overline{AB}}{\overline{OA}} = \dfrac{\overline{AB}}{1} = \overline{AB}$

(2) $\cos x = \dfrac{\overline{OB}}{\overline{OA}} = \dfrac{\overline{OB}}{1} = \overline{OB}$

(3) $\tan x = \dfrac{\overline{CD}}{\overline{OD}} = \dfrac{\overline{CD}}{1} = \overline{CD}$

▶ 임의의 예각에 대한 삼각비의 값은 분모가 되는 변의 길이가 1인 직각삼각형을 이용한다.

참고 사분원: 중심각의 크기가 90°인 부채꼴, 즉 원을 4등분한 부채꼴

2 0°, 90°의 삼각비의 값은 얼마인가? ○ 핵심문제 2

> (1) $\sin 0° = 0$, $\cos 0° = 1$, $\tan 0° = 0$
> (2) $\sin 90° = 1$, $\cos 90° = 0$, $\tan 90°$의 값은 정할 수 없다.

설명 오른쪽 그림과 같은 직각삼각형 AOB에서 ∠AOB의 크기가 0°에 가까워지면 $\overline{AB}$의 길이는 0에 가까워지고 $\overline{OB}$의 길이는 1에 가까워지므로 0°에 대한 삼각비의 값은 다음과 같이 정할 수 있다.

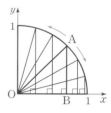

$$\sin 0° = 0, \cos 0° = 1$$

또 ∠AOB의 크기가 90°에 가까워지면 $\overline{AB}$의 길이는 1에 가까워지고 $\overline{OB}$의 길이는 0에 가까워지므로 90°에 대한 삼각비의 값은 다음과 같이 정할 수 있다.

$$\sin 90° = 1, \cos 90° = 0$$

한편 오른쪽 그림과 같은 직각삼각형 COD에서 ∠COD의 크기가 0°에 가까워지면 $\overline{CD}$의 길이는 0에 가까워지고, ∠COD의 크기가 90°에 가까워지면 $\overline{CD}$의 길이는 한없이 길어진다.

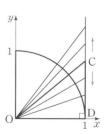

따라서 $\tan 0° = 0$이고, $\tan 90°$의 값은 정할 수 없다.

참고 삼각비의 값의 범위
$0° \leq x \leq 90°$일 때, $0 \leq \sin x \leq 1$, $0 \leq \cos x \leq 1$, $\tan x \geq 0$

3 각의 크기에 따른 삼각비의 값의 대소 관계는 어떠한가? ○ 핵심문제 3, 4

(1) x의 크기가 $0°$에서 $90°$까지 증가하면
　① $\sin x$의 값은 0에서 1까지 증가한다.
　② $\cos x$의 값은 1에서 0까지 감소한다.
　③ $\tan x$의 값은 0에서 무한히 증가한다.
(2) ① $0° \le x < 45°$일 때 $\Rightarrow \sin x < \cos x$
　② $x = 45°$일 때 $\Rightarrow \sin x = \cos x < \tan x$
　③ $45° < x < 90°$일 때 $\Rightarrow \cos x < \sin x < \tan x$

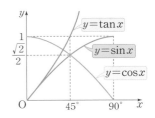

4 삼각비의 표란 무엇인가? ○ 핵심문제 5, 6

(1) **삼각비의 표**: $0°$에서 $90°$까지의 각을 $1°$ 간격으로 나누어서 삼각비의 값을 소수점 아래 다섯째 자리에서 반올림한 값으로 계산하여 만든 표이다.　← p.150 참고
(2) **삼각비의 표를 읽는 방법**: 삼각비의 표에서 가로줄과 세로줄이 만나는 곳의 수를 읽으면 된다.
　⑩ $\sin 15°$의 값은 아래 표에서 $15°$의 가로줄과 $\sin$의 세로줄이 만나는 곳의 수를 읽으면 된다. 즉,
　$\sin 15° = 0.2588$
　같은 방법으로 $\cos 15°$, $\tan 15°$의 값을 각각 구하면
　$\cos 15° = 0.9659$, $\tan 15° = 0.2679$

각도	사인(sin)	코사인(cos)	탄젠트(tan)
$0°$	0.0000	1.0000	0.0000
$1°$	0.0175	0.9998	0.0175
⋮	⋮	⋮	⋮
$15°$ ➡	0.2588	0.9659	0.2679
$16°$	0.2756	0.9613	0.2867
⋮	⋮	⋮	⋮

▶ 삼각비의 표에 있는 삼각비의 값은 대부분 반올림하여 소수점 아래 넷째 자리까지 구한 값이지만 등호 =를 사용하여 나타내기로 한다.

참고　오른쪽 그림은 삼각비의 값을 구할 수 있는 공학용 계산기이다.
　$\sin 30°$의 값을 계산기를 이용하여 구하려면 다음과 같은 순서로 구하면 된다.

① [AC] 또는 [ON/C] 키를 누른다.

② [DRG] 키를 화면 윗부분에 DEG가 표시될 때까지 누른다.
　▶ DEG는 각의 크기의 단위인 도(degree)를 뜻한다.

③ [Sin], [3], [0]을 차례로 누른다.
④ 나타난 수의 값 0.5를 읽는다.

01 오른쪽 그림과 같이 좌표평면 위의 원점 O를 중심으로 하고 반지름의 길이가 1인 사분원을 이용하여 $40°$에 대한 삼각비의 값을 구하려고 한다. 다음 ☐ 안에 알맞은 것을 써넣으시오.

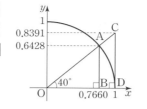

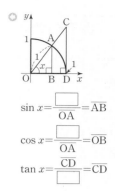

$\sin x = \dfrac{\boxed{}}{\overline{OA}} = \overline{AB}$

$\cos x = \dfrac{\boxed{}}{\overline{OA}} = \overline{OB}$

$\tan x = \dfrac{\overline{CD}}{\boxed{}} = \overline{CD}$

(1) $\sin 40° = \dfrac{\boxed{}}{\overline{OA}} = \overline{AB} = \boxed{}$

(2) $\cos 40° = \dfrac{\boxed{}}{\overline{OA}} = \boxed{} = 0.7660$

(3) $\tan 40° = \dfrac{\overline{CD}}{\boxed{}} = \boxed{} = \boxed{}$

02 다음은 $0°$, $90°$의 삼각비의 값을 나타낸 표이다. 빈칸에 알맞은 수를 써넣으시오.

삼각비 〳 A	$0°$	$90°$
$\sin A$		
$\cos A$		
$\tan A$		

03 다음을 계산하시오.

(1) $\sin 0° - \sin 90° \times \cos 0°$

(2) $\sin 90° - \cos 90°$

(3) $\cos 90° \times \tan 0° + \sin 90°$

04 아래 삼각비의 표를 이용하여 다음 삼각비의 값을 구하시오.

◉ 삼각비의 표에서 가로줄과 세로줄이 만나는 곳의 수를 읽으면 된다.

각도	사인($\sin$)	코사인($\cos$)	탄젠트($\tan$)
$35°$	0.5736	0.8192	0.7002
$36°$	0.5878	0.8090	0.7265
$37°$	0.6018	0.7986	0.7536
$38°$	0.6157	0.7880	0.7813

(1) $\sin 35°$　　　　(2) $\cos 36°$　　　　(3) $\tan 37°$

핵심문제 🔑 익히기

01 사분원을 이용하여 삼각비의 값 구하기

더 다양한 문제는 RPM 중3-2 18쪽

오른쪽 그림과 같이 반지름의 길이가 1인 사분원에서 다음 중 옳지 <u>않은</u> 것은?

① $\sin x = \overline{AB}$　　　　② $\sin y = \overline{OB}$

③ $\cos y = \overline{AB}$　　　　④ $\sin z = \overline{OD}$

⑤ $\tan x = \overline{CD}$

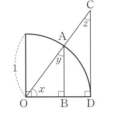

Key Point

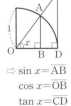

$\Rightarrow \sin x = \overline{AB}$
$\cos x = \overline{OB}$
$\tan x = \overline{CD}$

풀이　① $\sin x = \dfrac{\overline{AB}}{\overline{OA}} = \overline{AB}$　　　② $\sin y = \dfrac{\overline{OB}}{\overline{OA}} = \overline{OB}$　　　③ $\cos y = \dfrac{\overline{AB}}{\overline{OA}} = \overline{AB}$

④ $\overline{AB} /\!/ \overline{CD}$이므로 $z = y$ (동위각)　　∴ $\sin z = \sin y = \dfrac{\overline{OB}}{\overline{OA}} = \overline{OB}$

⑤ $\tan x = \dfrac{\overline{CD}}{\overline{OD}} = \overline{CD}$

∴ ④

확인 1　오른쪽 그림과 같이 반지름의 길이가 1인 사분원에서 $\overline{OB}$의 길이와 그 값이 같은 것을 모두 고르면? (정답 2개)

① $\sin x$　　　　② $\cos x$

③ $\tan x$　　　　④ $\sin y$

⑤ $\cos y$

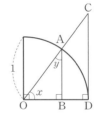

02 0°, 90°의 삼각비의 값

더 다양한 문제는 RPM 중3-2 19쪽

다음 중 옳은 것을 모두 고르면? (정답 2개)

① $\sin 0° + \tan 0° = 1$　　　　② $\sin 90° + \cos 90° = 0$

③ $2 \cos 0° + 3 \sin 90° = 5$　　　　④ $2 \sin 90° + \tan 45° = 3$

⑤ $(\sin 0° + \cos 45°)(\cos 90° - \sin 45°) = 1$

Key Point

$\sin 0° = 0$, $\sin 90° = 1$
$\cos 0° = 1$, $\cos 90° = 0$
$\tan 0° = 0$
$\tan 90°$의 값은 정할 수 없다.

풀이　① (좌변) $= 0 + 0 = 0$　　　　② (좌변) $= 1 + 0 = 1$

③ (좌변) $= 2 \times 1 + 3 \times 1 = 5$　　　④ (좌변) $= 2 \times 1 + 1 = 3$

⑤ (좌변) $= \left(0 + \dfrac{\sqrt{2}}{2}\right) \times \left(0 - \dfrac{\sqrt{2}}{2}\right) = -\dfrac{1}{2}$　　∴ ③, ④

확인 2　다음을 계산하시오.

(1) $\sin 90° \times \cos 90° + \cos 0° \times \tan 0° + \tan 45° \times \sin 0°$

(2) $\cos 90° \times \tan 0° - \sin 90° \times \tan 60° + \cos 30°$

(3) $\sin 45° \times \sin 0° + \tan^2 45° \times \cos 0° + \cos^2 90° - \sin^2 90°$

03 각의 크기에 따른 삼각비의 값의 대소 관계 더 다양한 문제는 RPM 중3-2 19쪽

Key Point

$0° \leq x < 90°$인 범위에서 x의 크기가 증가하면 $\sin x$, $\tan x$의 값은 각각 증가하고, $\cos x$의 값은 감소한다.

다음 중 옳지 <u>않은</u> 것은?

① $\sin 45° = \cos 45°$ ② $\tan 45° > \sin 30°$

③ $\sin 50° < \sin 55°$ ④ $\cos 20° < \cos 25°$

⑤ $\tan 70° < \tan 80°$

풀이 ① $\sin 45° = \cos 45° = \dfrac{\sqrt{2}}{2}$

② $\tan 45° = 1$, $\sin 30° = \dfrac{1}{2}$이므로 $\tan 45° > \sin 30°$

$0° \leq x < 90°$인 범위에서 x의 크기가 증가하면 $\sin x$, $\tan x$의 값은 각각 증가하고, $\cos x$의 값은 감소하므로

③ $\sin 50° < \sin 55°$ ④ $\cos 20° > \cos 25°$ ⑤ $\tan 70° < \tan 80°$

∴ ④

확인3 다음 삼각비의 값을 큰 것부터 차례로 나열할 때, 세 번째에 해당하는 것은?

① $\sin 0°$ ② $\cos 0°$ ③ $\sin 80°$

④ $\cos 80°$ ⑤ $\tan 80°$

04 삼각비의 값의 대소 관계를 이용한 식의 계산 더 다양한 문제는 RPM 중3-2 21쪽

Key Point

삼각비의 값의 대소 관계
① $0° \leq A < 45°$일 때
  ⇨ $\sin A < \cos A$
② $A = 45°$일 때
  ⇨ $\sin A = \cos A < \tan A$
③ $45° < A < 90°$일 때
  ⇨ $\cos A < \sin A < \tan A$

$0° < A < 45°$일 때, $\sqrt{\sin^2 A} + \sqrt{(\sin A - \cos A)^2}$을 간단히 하시오.

풀이 $0° < A < 45°$일 때, $0 < \sin A < \cos A$이므로
$\sin A > 0$, $\sin A - \cos A < 0$
∴ (주어진 식) $= \sin A + \{-(\sin A - \cos A)\}$
$\qquad\qquad\quad = \sin A - \sin A + \cos A$
$\qquad\qquad\quad = \boldsymbol{\cos A}$

확인4 $45° < A < 90°$일 때, $\sqrt{(\sin A - \tan A)^2} + \sqrt{(\cos A - \sin A)^2}$을 간단히 하시오.

05 삼각비의 표를 이용하여 삼각비의 값 구하기   더 다양한 문제는 RPM 중3-2 20쪽

다음 삼각비의 표를 이용하여 $\sin 50° + \cos 49° - \tan 51°$의 값을 구하시오.

각도	사인(sin)	코사인(cos)	탄젠트(tan)
49°	0.7547	0.6561	1.1504
50°	0.7660	0.6428	1.1918
51°	0.7771	0.6293	1.2349

풀이 $\sin 50° = 0.7660$, $\cos 49° = 0.6561$, $\tan 51° = 1.2349$이므로
$\sin 50° + \cos 49° - \tan 51° = 0.7660 + 0.6561 - 1.2349 = \mathbf{0.1872}$

확인 5   아래 삼각비의 표를 이용하여 다음을 구하시오.

각도	사인(sin)	코사인(cos)	탄젠트(tan)
66°	0.9135	0.4067	2.2460
67°	0.9205	0.3907	2.3559
68°	0.9272	0.3746	2.4751

(1) $\sin 68° + \cos 66°$의 값
(2) $\tan x = 2.3559$일 때, x의 크기 (단, $0° < x < 90°$)

Key Point

• 특수한 각이 아닌 예각의 삼각비의 값은 삼각비의 표를 이용하여 구할 수 있다.
• 삼각비의 표에서 가로줄과 세로줄이 만나는 곳의 수를 읽으면 된다.

06 삼각비의 표를 이용하여 변의 길이 구하기   더 다양한 문제는 RPM 중3-2 20쪽

다음 삼각비의 표를 이용하여 직각삼각형 ABC에서 x의 값을 구하시오.

각도	사인(sin)	코사인(cos)	탄젠트(tan)
54°	0.8090	0.5878	1.3764
55°	0.8192	0.5736	1.4281
56°	0.8290	0.5592	1.4826

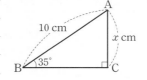

풀이 $\angle A = 180° - (90° + 35°) = 55°$이고 주어진 삼각비의 표에서 $\cos 55° = 0.5736$이므로
$\cos 55° = \dfrac{x}{10} = 0.5736$ ∴ $x = \mathbf{5.736}$

확인 6   다음 삼각비의 표를 이용하여 직각삼각형 ABC에서 $x + y$의 값을 구하시오.

각도	사인(sin)	코사인(cos)	탄젠트(tan)
36°	0.59	0.81	0.73
37°	0.60	0.80	0.75
38°	0.62	0.79	0.78

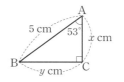

Key Point

삼각비의 표를 이용하여 삼각비의 값을 구한 후 삼각형의 변의 길이를 구한다.

소단원 📖 핵심문제

01 오른쪽 그림과 같이 반지름의 길이가 1인 사분원에서 $\tan x$, $\cos y$의 값을 나타내는 선분을 차례로 나열한 것은?

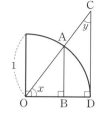

① $\overline{AB}$, $\overline{OA}$　　② $\overline{AB}$, $\overline{OB}$　　③ $\overline{OC}$, $\overline{CD}$
④ $\overline{CD}$, $\overline{AB}$　　⑤ $\overline{CD}$, $\overline{OB}$

★ 생각해 봅시다

분모가 되는 변의 길이가 1인 직각삼각형을 찾는다.

02 다음 중 옳은 것을 모두 고르면? (정답 2개)

① $\sin 30° + \sin 60° = \sin 90°$　　② $\cos 45° = \tan 45°$
③ $\sin 60° = \cos 30°$　　④ $\sin 0° + \cos 90° = 0$
⑤ $\sin 90° \times \cos 0° \times \tan 45° = \sqrt{2}$

03 다음 **보기** 중 옳지 <u>않은</u> 것을 모두 고르시오.

● 보기 ●

ㄱ. $\sin 40° < \sin 50°$　　　　ㄴ. $\cos 22° < \cos 25°$
ㄷ. $\sin 38° > \cos 38°$　　　　ㄹ. $\cos 45° < \tan 45°$

04 $0° < A < 90°$이고 $\tan A = \dfrac{1}{3}$일 때, $\sqrt{(\cos A - 1)^2} - \sqrt{(1 + \cos A)^2}$의 값을 구하시오.

05 다음 삼각비의 표를 이용하여 직각삼각형 ABC에서 $\overline{AC}$의 길이를 구하시오.

각도	사인(sin)	코사인(cos)	탄젠트(tan)
50°	0.7660	0.6428	1.1918
51°	0.7771	0.6293	1.2349
52°	0.7880	0.6157	1.2799

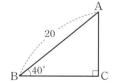

삼각비의 표에서 삼각비의 값을 찾아 $\overline{AC}$의 길이를 구한다.

Step 1 기본문제

01 오른쪽 그림과 같은 직각삼각형 ABC에서 $\cos B$의 값을 구하시오.

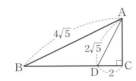

02 오른쪽 그림과 같은 직각삼각형 ABC에서 $\overline{AC}=34$, $\sin A=\dfrac{8}{17}$일 때, $\overline{AB}$의 길이를 구하시오.

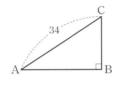

꼭 나와
03 $\angle B=90°$인 직각삼각형 ABC에서 $\tan A=\dfrac{1}{2}$일 때, $\dfrac{\sin A+\cos A}{\sin A-\cos A}$의 값은?

① -3 ② $-\dfrac{1}{3}$ ③ $\dfrac{1}{3}$
④ 1 ⑤ 3

04 오른쪽 그림과 같은 직각삼각형 ABC에서 $\angle ADE=\angle ACB$일 때, $\sin B+\sin C$의 값을 구하시오.

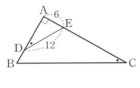

꼭 나와
05 오른쪽 그림과 같은 직사각형 ABCD에서 $\overline{AH}\perp\overline{BD}$일 때, $\sin x+\cos y$의 값을 구하시오.

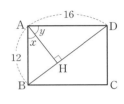

06 다음 중 계산 결과가 나머지 넷과 다른 하나는?

① $\sin 30°+\cos 30°\times\sqrt{3}$
② $2\tan 60°\times\tan 30°$
③ $4(\sin^2 30°+\cos^2 60°)$
④ $2(1-\cos 60°)(1+\cos 60°)$
⑤ $\tan^2 45°\times\tan 60°\div\sin 60°$

07 $\sin(x-15°)=\dfrac{1}{2}$일 때, $\sin x+\cos x$의 값을 구하시오. (단, $15°<x<60°$)

08 오른쪽 그림에서
∠BAC=90°,
∠D=90°, ∠B=45°,
∠DAC=60°이고
$\overline{BC}=2\sqrt{6}$ cm일 때,
$\overline{CD}$의 길이는?

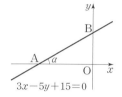

① 2 cm   ② $\sqrt{6}$ cm   ③ $2\sqrt{2}$ cm

④ 3 cm   ⑤ $2\sqrt{3}$ cm

꼭 나와

09 오른쪽 그림과 같이 일차방
정식 $3x-5y+15=0$의
그래프가 x축의 양의 방향
과 이루는 각의 크기를 α라
할 때, $\tan \alpha$의 값은?

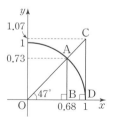

① $\dfrac{2}{5}$ ② $\dfrac{1}{2}$ ③ $\dfrac{3}{5}$

④ $\dfrac{7}{10}$ ⑤ $\dfrac{4}{5}$

10 오른쪽 그림과 같이 좌표평
면 위의 원점 O를 중심으로
하고 반지름의 길이가 1인 사
분원에서 다음 중 옳지 <u>않은</u>
것은?

① $\sin 47°=0.73$

② $\cos 47°=0.68$

③ $\tan 47°=1.07$

④ $\cos 43°=0.73$

⑤ $\sin 43°=0.73$

11 다음을 계산하시오.

$$\cos 0° + \sin 90° - \sin 45° \times \cos 45°$$
$$+\tan 0° - 2\tan 45°$$

12 다음 중 옳지 <u>않은</u> 것은? (단, $0° < A < 90°$)

① A의 크기가 증가하면 $\sin A$의 값도 증가한다.

② A의 크기가 증가하면 $\cos A$의 값은 감소한다.

③ A의 크기가 증가하면 $\tan A$의 값도 증가한다.

④ $0° < A < 45°$일 때 $\sin A < \cos A$이다.

⑤ $45° < A < 90°$일 때 $\sin A > \tan A$이다.

13 오른쪽 그림의 직각삼각형
ABC에서 $\overline{AB}=20$,
$\overline{AC}=17.658$일 때, 다음 삼
각비의 표를 이용하여 ∠B의
크기를 구하시오.

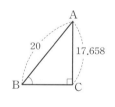

각도	사인(sin)	코사인(cos)	탄젠트(tan)
61°	0.8746	0.4848	1.8040
62°	0.8829	0.4695	1.8807
63°	0.8910	0.4540	1.9626

14 다음 그림과 같이 직사각형 ABCD를 $\overline{EF}$를 접는 선으로 하여 접었더니 꼭짓점 A가 꼭짓점 C와 겹쳐졌다. $\angle AEF = x$라 할 때, $\tan x$의 값은?

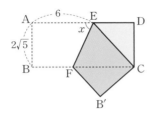

① $\sqrt{5}$ ② $2\sqrt{5}$ ③ $3\sqrt{5}$
④ $4\sqrt{5}$ ⑤ $5\sqrt{5}$

15 오른쪽 그림과 같은 △ABC에서 $\cos B = \dfrac{3}{5}$일 때, $\sin C$의 값을 구하시오.

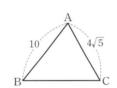

16 오른쪽 그림에서 $\overline{BD} = \overline{DC} = 6$, $\angle B = \angle E = 90°$이고 $\sin x = \dfrac{2}{3}$일 때, $\tan y$의 값을 구하시오.

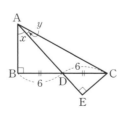

17 오른쪽 그림과 같은 정사면체에서 $\overline{BM} = \overline{CM}$이고 $\angle ADM = x$라 할 때, $\cos x$의 값을 구하시오.

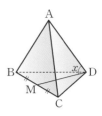

18 이차방정식 $2x^2 + ax - 4 = 0$의 한 근이 $\tan 45° - \cos 60°$일 때, 상수 a의 값은?

① -8 ② -3 ③ 2
④ 5 ⑤ 7

19 세 내각의 크기의 비가 $1 : 2 : 3$인 삼각형이 있다. 세 내각 중 가장 작은 각의 크기를 A라 할 때, $\sin A : \cos A : \tan A$는?

① $3 : 2\sqrt{2} : 3\sqrt{3}$ ② $\sqrt{3} : 2 : 3$
③ $\sqrt{3} : 3 : 2$ ④ $2 : \sqrt{3} : 3$
⑤ $\sqrt{3} : \sqrt{2} : 3$

20 다음 그림과 같이 $\overline{AD} /\!/ \overline{BC}$인 등변사다리꼴 ABCD에서 $\overline{AB} = 4$ cm, $\overline{BC} = 10$ cm이고 $\angle B = 60°$일 때, $\square ABCD$의 넓이를 구하시오.

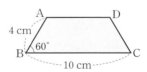

21 오른쪽 그림과 같은 직각 삼각형 ABC에서 $\overline{AB}=16$, $\angle B=30°$이고 $\overline{CD}\perp\overline{AB}$, $\overline{DE}\perp\overline{BC}$일 때, $\overline{DE}$의 길이를 구하시오.

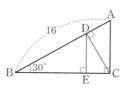

22 오른쪽 그림과 같이 반지름의 길이가 6인 반원 O에서 $\angle AOB=135°$, $\angle ACB=90°$일 때, $\tan x$의 값을 구하시오.

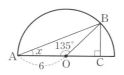

23 점 $(3, 2\sqrt{3})$을 지나는 직선이 x축의 양의 방향과 이루는 예각의 크기가 30°일 때, 이 직선과 x축, y축으로 둘러싸인 삼각형의 넓이를 구하시오.

24 오른쪽 그림과 같이 반지름의 길이가 1인 사분원에서 $\angle EAD=60°$일 때, □BDEC의 넓이를 구하시오.

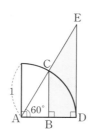

25 $x=53°$일 때, $\sin x$, $\cos x$, $\tan x$의 대소 관계를 바르게 나타낸 식은?

① $\cos x<\tan x<\sin x$

② $\cos x<\sin x<\tan x$

③ $\sin x<\cos x<\tan x$

④ $\sin x<\tan x<\cos x$

⑤ $\tan x<\cos x<\sin x$

26 $45°<A<90°$이고

$$\sqrt{(\sin A+\cos A)^2}+\sqrt{(\cos A-\sin A)^2}=\frac{24}{13}$$

일 때, $\tan A\times\cos A$의 값을 구하시오.

27 오른쪽 그림과 같이 반지름의 길이가 1인 사분원에서 $\overline{BC}=0.6744$일 때, 다음 삼각비의 표를 이용하여 $\overline{CD}$의 길이를 구하시오.

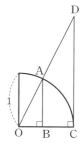

각도	사인(sin)	코사인(cos)	탄젠트(tan)
70°	0.9397	0.3420	2.7475
71°	0.9455	0.3256	2.9042
72°	0.9511	0.3090	3.0777
73°	0.9563	0.2924	3.2709
74°	0.9613	0.2756	3.4874
75°	0.9659	0.2588	3.7321

서술형 대비 문제

1

오른쪽 그림과 같이 밑면의 가로, 세로의 길이가 각각 8, 6이고 높이가 10인 직육면체에서 $\angle BHF=x$라 할 때, $\sqrt{2}\cos x+\tan x$의 값을 구하시오. [7점]

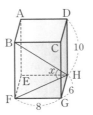

풀이과정

1단계 $\overline{FH}$, $\overline{BH}$의 길이 구하기 [3점]
직각삼각형 FGH에서 $\overline{FH}=\sqrt{8^2+6^2}=\sqrt{100}=10$
직각삼각형 BFH에서 $\overline{BH}=\sqrt{10^2+10^2}=\sqrt{200}=10\sqrt{2}$

2단계 $\cos x$, $\tan x$의 값 구하기 [3점]
$\cos x=\dfrac{\overline{FH}}{\overline{BH}}=\dfrac{10}{10\sqrt{2}}=\dfrac{\sqrt{2}}{2}$, $\tan x=\dfrac{\overline{BF}}{\overline{FH}}=\dfrac{10}{10}=1$

3단계 $\sqrt{2}\cos x+\tan x$의 값 구하기 [1점]
$\therefore \sqrt{2}\cos x+\tan x=\sqrt{2}\times\dfrac{\sqrt{2}}{2}+1=2$

답 2

1-1 오른쪽 그림과 같이 한 모서리의 길이가 2인 정육면체에서 $\angle BHF=x$라 할 때, $\sqrt{3}\sin x+\sqrt{2}\tan x$의 값을 구하시오. [7점]

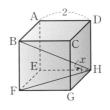

풀이과정

1단계 $\overline{FH}$, $\overline{BH}$의 길이 구하기 [3점]

2단계 $\sin x$, $\tan x$의 값 구하기 [3점]

3단계 $\sqrt{3}\sin x+\sqrt{2}\tan x$의 값 구하기 [1점]

답

2

오른쪽 그림과 같은 △ABC에서 $\overline{AB}=3\sqrt{2}$, $\angle B=45°$, $\angle C=60°$이고 $\overline{AH}\perp\overline{BC}$일 때, $x+\sqrt{3}y$의 값을 구하시오. [6점]

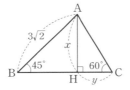

풀이과정

1단계 x의 값 구하기 [2점]
△ABH에서 $\sin 45°=\dfrac{x}{3\sqrt{2}}=\dfrac{\sqrt{2}}{2}$
$\therefore x=3$

2단계 y의 값 구하기 [2점]
△AHC에서 $\tan 60°=\dfrac{3}{y}=\sqrt{3}$
$\therefore y=\sqrt{3}$

3단계 $x+\sqrt{3}y$의 값 구하기 [2점]
$\therefore x+\sqrt{3}y=3+\sqrt{3}\times\sqrt{3}=6$

답 6

2-1 오른쪽 그림에서 $\overline{AB}=2$이고 $\angle ABC=\angle DCB=90°$, $\angle BAC=60°$, $\angle BDC=45°$일 때, $\sqrt{3}x+\sqrt{6}y$의 값을 구하시오. [6점]

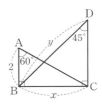

풀이과정

1단계 x의 값 구하기 [2점]

2단계 y의 값 구하기 [2점]

3단계 $\sqrt{3}x+\sqrt{6}y$의 값 구하기 [2점]

답

3 오른쪽 그림과 같은 직각삼각형 ABC에서 $\overline{AC} \perp \overline{ED}$이고 $\overline{AB}=3$, $\overline{BC}=1$일 때, $\sin x \times \cos x \times \tan x$의 값을 구하시오. [7점]

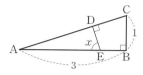

풀이과정

답

5 오른쪽 그림과 같은 직각삼각형 ABC에서 $\overline{AC}=2\sqrt{3}$, $\angle BDA=135°$, $\overline{AD}=\overline{BD}$일 때, $\tan B$의 값을 구하시오. [7점]

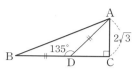

풀이과정

답

4 $\cos(3x-15°)=\dfrac{\sqrt{3}}{2}$일 때,
$\sin(x+45°)+\cos(90°-4x)-\tan 4x$의 값을 구하시오. (단, $5°<x<20°$) [6점]

풀이과정

답

6 다음 식을 간단히 하시오. (단, $45°<A<90°$) [7점]

$$-\sqrt{(\cos A+\sin A)^2} \\ -\sqrt{(\sin A-\tan A)^2}+\sqrt{\cos^2 A}$$

풀이과정

답

'남보다' 잘하려 말고 '전보다' 잘하라.

남보다 잘하려 하지 말고 전보다 잘하려고 노력해.
위대한 경쟁일수록 타인과의 경쟁이 아니라
자기 자신과의 경쟁이다.
경쟁을 통한 성취도 '남보다'라는 바깥의 기준보다
'전보다'라는 안의 기준에 비추어 본 평가가 소중하다.
아무리 남보다 잘해도 전보다 못하면 성취감을 느낄 수 없다.
전보다 잘하려는 노력이 전보다 나은 자기 자신을 만드는
원동력이다.

- 유영만의 「청춘경영」중에서 -

I

삼각비

개념원리
이해

1 **직각삼각형에서의 변의 길이는 어떻게 구하는가?** ◐ 핵심문제 1, 2

직각삼각형에서 한 예각의 크기와 한 변의 길이를 알면 삼각비를 이용하여 나머지 두 변의 길이를 구할 수 있다.
$\angle B = 90°$인 직각삼각형 ABC에서

(1) $\angle A$의 크기와 빗변 AC의 길이 b를 알 때

$$\sin A = \frac{\overline{BC}}{\overline{AC}} = \frac{a}{b} \Rightarrow a = b \sin A$$

$$\cos A = \frac{\overline{AB}}{\overline{AC}} = \frac{c}{b} \Rightarrow c = b \cos A$$

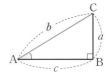

(2) $\angle A$의 크기와 변 AB의 길이 c를 알 때

$$\tan A = \frac{\overline{BC}}{\overline{AB}} = \frac{a}{c} \Rightarrow a = c \tan A$$

$$\cos A = \frac{\overline{AB}}{\overline{AC}} = \frac{c}{b} \Rightarrow b = \frac{c}{\cos A}$$

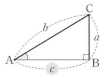

(3) $\angle A$의 크기와 변 BC의 길이 a를 알 때

$$\sin A = \frac{\overline{BC}}{\overline{AC}} = \frac{a}{b} \Rightarrow b = \frac{a}{\sin A}$$

$$\tan A = \frac{\overline{BC}}{\overline{AB}} = \frac{a}{c} \Rightarrow c = \frac{a}{\tan A}$$

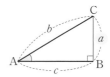

예 (1) 오른쪽 그림과 같은 직각삼각형 ABC에서

$\sin 60° = \dfrac{\overline{BC}}{8}$ $\therefore \overline{BC} = 8 \sin 60° = 8 \times \dfrac{\sqrt{3}}{2} = 4\sqrt{3}$

$\cos 60° = \dfrac{\overline{AB}}{8}$ $\therefore \overline{AB} = 8 \cos 60° = 8 \times \dfrac{1}{2} = 4$

(2) 오른쪽 그림과 같은 직각삼각형 ABC에서

$\sin 30° = \dfrac{3}{\overline{AC}}$ $\therefore \overline{AC} = \dfrac{3}{\sin 30°} = \dfrac{3}{\dfrac{1}{2}} = 6$

$\tan 30° = \dfrac{3}{\overline{AB}}$ $\therefore \overline{AB} = \dfrac{3}{\tan 30°} = \dfrac{3}{\dfrac{\sqrt{3}}{3}} = 3\sqrt{3}$

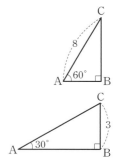

2 일반 삼각형에서의 변의 길이는 어떻게 구하는가? ◎ 핵심문제 3, 4

(1) **두 변의 길이와 그 끼인각의 크기를 알 때, 나머지 한 변의 길이 구하기**

△ABC에서 두 변의 길이 b, c와 그 끼인각인 ∠A의 크기를 알면 삼각비를 이용하여 나머지 한 변 BC의 길이를 구할 수 있다.

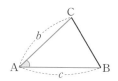

① 길이를 구하는 변이 직각삼각형의 빗변이 되도록 한 꼭짓점에서 그 대변에 수선을 그어 두 직각삼각형을 만든다.

② 삼각비를 이용하여 변의 길이를 구한다.

⇨ $\overline{BC}=\sqrt{(b\sin A)^2+(c-b\cos A)^2}$

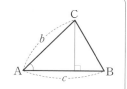

설명 오른쪽 그림과 같이 꼭짓점 C에서 $\overline{AB}$에 내린 수선의 발을 H라 하면

△CAH에서 $\overline{CH}=b\sin A$, $\overline{AH}=b\cos A$이므로

$\overline{BH}=c-b\cos A$

따라서 △CHB에서

$\overline{BC}=\sqrt{\overline{CH}^2+\overline{BH}^2}=\sqrt{(b\sin A)^2+(c-b\cos A)^2}$

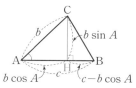

(2) **한 변의 길이와 그 양 끝 각의 크기를 알 때, 나머지 두 변의 길이 구하기**

△ABC에서 한 변의 길이 c와 그 양 끝 각인 ∠A, ∠B의 크기를 알면 삼각비를 이용하여 나머지 두 변 AC, BC의 길이를 구할 수 있다.

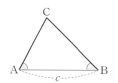

① 직각삼각형이 만들어지도록 한 꼭짓점에서 그 대변에 수선을 긋는다.

② 삼각비를 이용하여 변의 길이를 구한다.

⇨ $\overline{AC}=\dfrac{c\sin B}{\sin C}$, $\overline{BC}=\dfrac{c\sin A}{\sin C}$ ← ∠C=180°−(∠A+∠B)

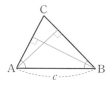

설명 오른쪽 그림과 같이 꼭짓점 A에서 $\overline{BC}$에 내린 수선의 발을 H라 하면

△ABH와 △ACH에서

$\overline{AH}=c\sin B=\overline{AC}\sin C$

$\therefore \overline{AC}=\dfrac{c\sin B}{\sin C}$

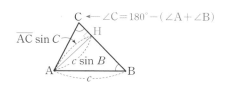

오른쪽 그림과 같이 꼭짓점 B에서 $\overline{AC}$에 내린 수선의 발을 H′이라 하면

△ABH′과 △CBH′에서

$\overline{BH'}=c\sin A=\overline{BC}\sin C$

$\therefore \overline{BC}=\dfrac{c\sin A}{\sin C}$

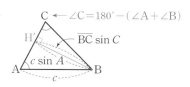

3 삼각형의 높이는 어떻게 구하는가? ✪ 핵심문제 5, 6

$\triangle ABC$에서 한 변의 길이 c와 그 양 끝 각인 $\angle A$, $\angle B$의 크기를 알면 $\tan$의 값을 이용하여 삼각형의 높이 h를 구할 수 있다.

(1) 주어진 각이 모두 예각인 경우

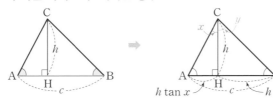

$$\Rightarrow h = \frac{c}{\tan x + \tan y}$$

> **설명** $\triangle ABC$의 꼭짓점 C에서 $\overline{AB}$에 내린 수선의 발 H에 대하여 $\overline{CH} = h$라 하고,
> $x = 90° - \angle A$, $y = 90° - \angle B$라 하면
> $\triangle CAH$에서 $\overline{AH} = h \tan x$
> $\triangle CBH$에서 $\overline{BH} = h \tan y$
> 이때 $\overline{AB} = \overline{AH} + \overline{BH}$이므로
> $c = h \tan x + h \tan y$, $c = h(\tan x + \tan y)$
> $\therefore h = \dfrac{c}{\tan x + \tan y}$

(2) 주어진 각 중 한 각이 둔각인 경우

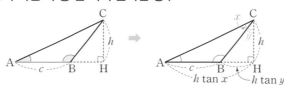

$$\Rightarrow h = \frac{c}{\tan x - \tan y}$$

> **설명** $\triangle ABC$의 꼭짓점 C에서 $\overline{AB}$의 연장선에 내린 수선의 발 H에 대하여 $\overline{CH} = h$라 하고,
> $x = 90° - \angle A$, $y = 90° - \angle CBH$라 하면
> $\triangle CAH$에서 $\overline{AH} = h \tan x$ ┗─ △ABC에서 ∠B의 크기가 주어졌으므로 ∠CBH = 180° − ∠B로 알 수 있다.
> $\triangle CBH$에서 $\overline{BH} = h \tan y$
> 이때 $\overline{AB} = \overline{AH} - \overline{BH}$이므로
> $c = h \tan x - h \tan y$, $c = h(\tan x - \tan y)$
> $\therefore h = \dfrac{c}{\tan x - \tan y}$

개념원리 📖 확인하기

정답과 풀이 p.13

01 다음은 오른쪽 그림과 같은 직각삼각형 ABC에서 $\overline{AC}$, $\overline{BC}$의 길이를 구하는 과정이다. □ 안에 알맞은 수를 써넣으시오.

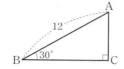

$a = c \cos B$

$b = c$ ☐

(1) $\sin 30° = \dfrac{\overline{AC}}{12}$ 이므로

$\overline{AC} = $ ☐ $\times \sin 30° = $ ☐

(2) $\cos 30° = \dfrac{\overline{BC}}{12}$ 이므로

$\overline{BC} = $ ☐ $\times \cos 30° = $ ☐

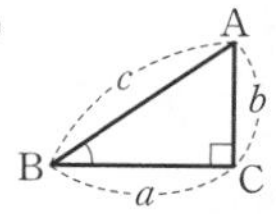

02 오른쪽 그림과 같은 △ABC에서 다음을 구하시오.

(1) $\overline{AH}$의 길이   (2) $\overline{BH}$의 길이

(3) $\overline{CH}$의 길이   (4) $\overline{AC}$의 길이

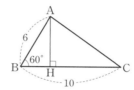

03 다음은 오른쪽 그림과 같은 △ABC에서 $\overline{AC}$의 길이를 구하는 과정이다. □ 안에 알맞은 수를 써넣으시오.

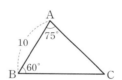

> 한 변의 길이와 그 양 끝 각의 크기를 알 때
> ⇨ 30°, 45°, 60°의 삼각비를 이용할 수 있도록 한 꼭짓점에서 그 대변에 수선을 그어 직각삼각형을 만든다.

꼭짓점 A에서 $\overline{BC}$에 내린 수선의 발을 H라 하면

△ABH에서 $\overline{AH} = 10 \sin 60° = $ ☐

∠C = ☐ °이므로 △AHC에서

$\overline{AC} = \dfrac{\overline{AH}}{\sin \boxed{}°} = $ ☐

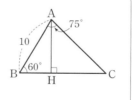

04 오른쪽 그림과 같은 △ABC에서 다음 물음에 답하시오.

(1) $\overline{BH}$의 길이를 h를 사용하여 나타내시오.

(2) $\overline{CH}$의 길이를 h를 사용하여 나타내시오.

(3) h의 값을 구하시오.

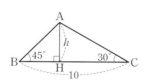

01 **직각삼각형의 변의 길이 구하기** 더 다양한 문제는 RPM 중3-2 30쪽

오른쪽 그림과 같은 직각삼각형 ABC에서 $\overline{BC}=10$ cm,
∠B=42°일 때, $x-y$의 값을 구하시오.
(단, sin 42°=0.6691, cos 42°=0.7431로 계산한다.)

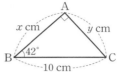

Key Point

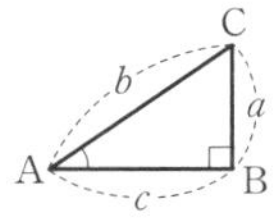

$a=b \sin A$, $c=b \cos A$임을
이용한다.

풀이 $x=10 \cos 42°=10 \times 0.7431=7.431$
$y=10 \sin 42°=10 \times 0.6691=6.691$
∴ $x-y=7.431-6.691=$ **0.74**

확인 1 오른쪽 그림과 같은 직각삼각형 ABC에서 $\overline{AC}=5$,
∠C=35°일 때, 다음 중 $\overline{BC}$의 길이를 나타내는 것을 모
두 고르면? (정답 2개)

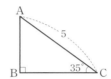

① $5 \sin 35°$ ② $5 \sin 55°$

③ $5 \cos 35°$ ④ $5 \cos 55°$

⑤ $\dfrac{5}{\tan 35°}$

02 **실생활에서의 직각삼각형의 변의 길이 구하기** 더 다양한 문제는 RPM 중3-2 31쪽

오른쪽 그림과 같이 굴뚝으로부터 100 m 떨어진 B지점에서 굴
뚝의 꼭대기를 올려본각의 크기가 34°일 때, 굴뚝의 높이를 구하
시오. (단, tan 34°=0.6745로 계산한다.)

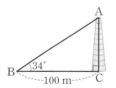

Key Point

주어진 그림에서 직각삼각형을
찾은 후 삼각비를 이용하여 변
의 길이를 구한다.

풀이 굴뚝의 높이는
$\overline{AC}=100 \tan 34°=100 \times 0.6745=$ **67.45(m)**

확인 2 오른쪽 그림과 같이 눈높이가 1.6 m인 시하가 연을
올려본각의 크기가 21°이고 시하의 눈에서 연까지의
거리는 150 m일 때, 지면으로부터 연까지의 높이를
구하시오. (단, sin 21°=0.36으로 계산한다.)

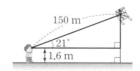

더 다양한 문제는 RPM 중3-2 31쪽

03 삼각형의 변의 길이 구하기
– 두 변의 길이와 그 끼인각의 크기를 아는 경우

오른쪽 그림과 같은 $\triangle ABC$에서 $\overline{AB}=8\sqrt{3}$, $\overline{BC}=20$, $\angle B=30°$일 때, $\overline{AC}$의 길이를 구하시오.

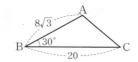

두 변의 길이와 그 끼인각의 크기를 알 때
① 길이를 구하는 변이 직각삼각형의 빗변이 되도록 한 꼭짓점에서 그 대변에 수선을 그어 두 직각삼각형을 만든다.
② 삼각비를 이용하여 변의 길이를 구한다.

풀이 오른쪽 그림과 같이 꼭짓점 A에서 $\overline{BC}$에 내린 수선의 발을 H라 하면
$\triangle ABH$에서 $\overline{AH}=8\sqrt{3}\sin 30°=8\sqrt{3}\times\dfrac{1}{2}=4\sqrt{3}$ 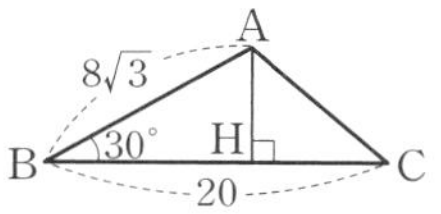

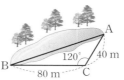

$\overline{BH}=8\sqrt{3}\cos 30°=8\sqrt{3}\times\dfrac{\sqrt{3}}{2}=12$

$\overline{CH}=\overline{BC}-\overline{BH}=20-12=8$이므로
$\triangle AHC$에서 $\overline{AC}=\sqrt{(4\sqrt{3})^2+8^2}=\sqrt{112}=\mathbf{4\sqrt{7}}$

확인3 오른쪽 그림은 호수의 두 지점 A와 B 사이의 거리를 구하기 위하여 C지점에서 각의 크기와 거리를 측정하여 나타낸 것이다. $\overline{BC}=80$ m, $\overline{AC}=40$ m, $\angle C=120°$일 때, 두 지점 A, B 사이의 거리를 구하시오.

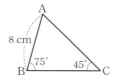

더 다양한 문제는 RPM 중3-2 32쪽

04 삼각형의 변의 길이 구하기
– 한 변의 길이와 그 양 끝 각의 크기를 아는 경우

오른쪽 그림과 같은 $\triangle ABC$에서 $\overline{AB}=8$ cm, $\angle B=75°$, $\angle C=45°$일 때, $\overline{BC}$의 길이를 구하시오.

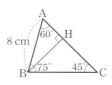

한 변의 길이와 그 양 끝 각의 크기를 알 때
① 30°, 45°, 60°의 삼각비를 이용할 수 있도록 한 꼭짓점에서 그 대변에 수선을 그어 직각삼각형을 만든다.
② 삼각비를 이용하여 변의 길이를 구한다.

풀이 오른쪽 그림과 같이 꼭짓점 B에서 $\overline{AC}$에 내린 수선의 발을 H라 하면
$\angle A=180°-(75°+45°)=60°$이므로
$\triangle ABH$에서 $\overline{BH}=8\sin 60°=8\times\dfrac{\sqrt{3}}{2}=4\sqrt{3}$(cm)

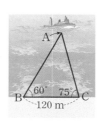

따라서 $\triangle BCH$에서 $\overline{BC}=\dfrac{4\sqrt{3}}{\sin 45°}=\dfrac{4\sqrt{3}}{\frac{\sqrt{2}}{2}}=\mathbf{4\sqrt{6}}\mathbf{(cm)}$

확인4 오른쪽 그림과 같이 120 m 떨어진 해안의 두 지점 B, C에서 바다 위의 배 A를 바라본 각의 크기가 각각 60°, 75°일 때, 두 지점 A, C 사이의 거리를 구하시오.

05 삼각형의 높이 구하기 – 주어진 각이 모두 예각인 경우

더 다양한 문제는 RPM 중3-2 32쪽

오른쪽 그림과 같은 $\triangle ABC$에서 $\overline{BC}=14$ cm, $\angle B=45°$, $\angle C=30°$일 때, $\overline{AH}$의 길이를 구하시오.

Key Point

$\overline{BH}$, $\overline{CH}$를 $\overline{AH}$에 대한 식으로 나타낸 후 $\overline{BC}=\overline{BH}+\overline{CH}$임을 이용한다.

풀이 $\overline{AH}=h$ cm라 하면 $\angle BAH=45°$, $\angle CAH=60°$이므로

$\triangle ABH$에서 $\overline{BH}=h\tan 45°=h$(cm)

$\triangle AHC$에서 $\overline{CH}=h\tan 60°=\sqrt{3}h$(cm)

$\overline{BC}=\overline{BH}+\overline{CH}$이므로 $14=h+\sqrt{3}h$, $(1+\sqrt{3})h=14$

$\therefore h=\dfrac{14}{1+\sqrt{3}}=7(\sqrt{3}-1)$

$\therefore \overline{AH}=\mathbf{7(\sqrt{3}-1)\ cm}$

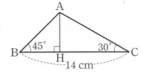

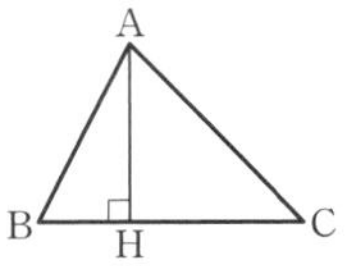

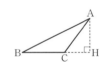

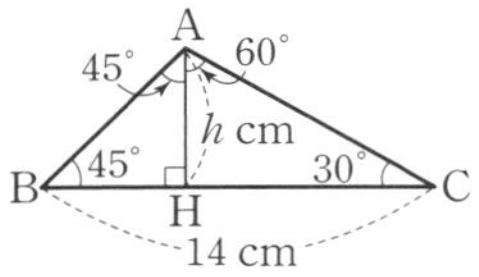

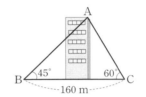

확인 5 오른쪽 그림과 같이 160 m 떨어진 두 지점 B, C에서 건물의 꼭대기 A지점을 올려본각의 크기가 각각 45°, 60°일 때, 이 건물의 높이를 구하시오.

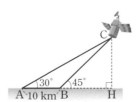

06 삼각형의 높이 구하기 – 주어진 각 중 한 각이 둔각인 경우

더 다양한 문제는 RPM 중3-2 33쪽

오른쪽 그림과 같은 $\triangle ABC$에서 $\overline{BC}=8$ cm, $\angle B=45°$, $\angle ACH=60°$일 때, $\overline{AH}$의 길이를 구하시오.

Key Point

$\overline{BH}$, $\overline{CH}$를 $\overline{AH}$에 대한 식으로 나타낸 후 $\overline{BC}=\overline{BH}-\overline{CH}$임을 이용한다.

풀이 $\overline{AH}=h$ cm라 하면 $\angle BAH=45°$, $\angle CAH=30°$이므로

$\triangle ABH$에서 $\overline{BH}=h\tan 45°=h$(cm)

$\triangle ACH$에서 $\overline{CH}=h\tan 30°=\dfrac{\sqrt{3}}{3}h$(cm)

$\overline{BC}=\overline{BH}-\overline{CH}$이므로 $8=h-\dfrac{\sqrt{3}}{3}h$, $\dfrac{3-\sqrt{3}}{3}h=8$

$\therefore h=\dfrac{24}{3-\sqrt{3}}=4(3+\sqrt{3})$

$\therefore \overline{AH}=\mathbf{4(3+\sqrt{3})\ cm}$

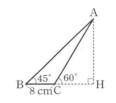

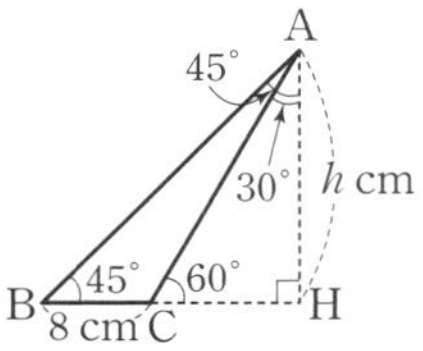

확인 6 오른쪽 그림과 같이 10 km 떨어진 두 관측소 A, B에서 하늘에 떠 있는 인공위성 C를 올려본각의 크기가 각각 30°, 45°일 때, 지면으로부터 인공위성까지의 높이를 구하시오.

소단원 📰 핵심문제

01 오른쪽 그림과 같이 밑면의 반지름의 길이가 3 cm인 원뿔에서 ∠ABO＝60°일 때, 이 원뿔의 부피를 구하시오.

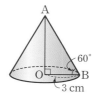

☆ 생각해 봅시다

02 오른쪽 그림과 같이 가로등에서 3 m 떨어진 지점에서 승운이가 가로등의 꼭대기인 A지점을 올려본각의 크기가 45°, 가로등의 밑인 B지점을 내려본각의 크기가 30°일 때, 이 가로등의 높이를 구하시오.

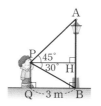

주어진 그림에서 직각삼각형을 찾은 후 삼각비를 이용하여 높이를 구한다.

03 오른쪽 그림과 같은 △ABC에서 $\overline{AB}$＝8, $\overline{BC}$＝10, ∠B＝60°일 때, $\overline{AC}$의 길이를 구하시오.

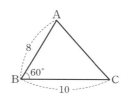

$\overline{AC}$가 직각삼각형의 빗변이 되도록 보조선을 긋는다.

04 오른쪽 그림과 같은 △ABC에서 $\overline{BC}$＝4 cm, ∠B＝30°, ∠C＝105°일 때, $\overline{AC}$의 길이를 구하시오.

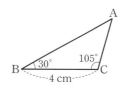

30°, 45°, 60°의 삼각비를 이용할 수 있도록 보조선을 긋는다.

05 오른쪽 그림과 같이 열기구의 아랫부분 A를 지면 위의 두 지점 B, C에서 올려본각의 크기가 각각 30°, 60°이다. 두 지점 B, C 사이의 거리가 6 km일 때, 지면으로부터 열기구까지의 높이 AH를 구하시오.

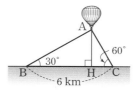

06 오른쪽 그림과 같은 △ABC에서 $\overline{BC}$＝6 cm, ∠B＝30°, ∠ACB＝120°일 때, △ABC의 넓이를 구하시오.

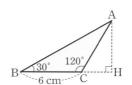

$\overline{BH}$, $\overline{CH}$를 각각 $\overline{AH}$에 대한 식으로 나타낸다.

개념원리 이해

1 삼각형의 넓이는 어떻게 구하는가? ◎ 핵심문제 1~3

△ABC에서 두 변의 길이 a, c와 그 끼인각인 ∠B의 크기를 알면 삼각형의 넓이 S를 구할 수 있다.

---

(1) ∠B가 예각인 경우

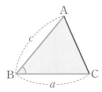

⇒ $S = \dfrac{1}{2}ac \sin B$
　　　　　　넓이

(2) ∠B가 둔각인 경우

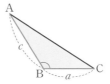

⇒ $S = \dfrac{1}{2}ac \sin(180° - B)$
　　　　　　　　넓이

설명 (1) ∠B가 예각인 경우

오른쪽 그림과 같이 꼭짓점 A에서 $\overline{BC}$에 내린 수선의 발을 H라 하고, $\overline{AH} = h$라 하면

△ABH에서 $h = c \sin B$

∴ △ABC $= \dfrac{1}{2}ah = \dfrac{1}{2}ac \sin B$

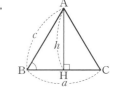

(2) ∠B가 둔각인 경우

오른쪽 그림과 같이 꼭짓점 A에서 $\overline{BC}$의 연장선에 내린 수선의 발을 H라 하고, $\overline{AH} = h$라 하면

△AHB에서 $h = c \sin(180° - B)$

∴ △ABC $= \dfrac{1}{2}ah = \dfrac{1}{2}ac \sin(180° - B)$

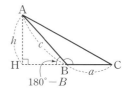

예 다음 그림과 같은 △ABC의 넓이를 구하시오.

(1)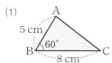

(2)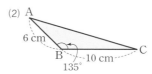

(1) △ABC $= \dfrac{1}{2} \times 8 \times 5 \times \sin 60° = \dfrac{1}{2} \times 8 \times 5 \times \dfrac{\sqrt{3}}{2} = 10\sqrt{3}\,(\text{cm}^2)$

(2) △ABC $= \dfrac{1}{2} \times 10 \times 6 \times \sin(180° - 135°) = \dfrac{1}{2} \times 10 \times 6 \times \sin 45°$

$= \dfrac{1}{2} \times 10 \times 6 \times \dfrac{\sqrt{2}}{2} = 15\sqrt{2}\,(\text{cm}^2)$

2 사각형의 넓이는 어떻게 구하는가? ⊙ 핵심문제 4, 5

(1) 평행사변형 ABCD에서 이웃하는 두 변의 길이 a, b와 그 끼인각인 $\angle B$의 크기를 알면 평행사변형의 넓이 S를 구할 수 있다.

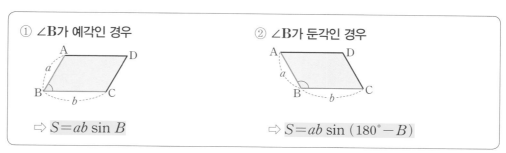

① $\angle B$가 예각인 경우

$\Rightarrow S=ab \sin B$

② $\angle B$가 둔각인 경우

$\Rightarrow S=ab \sin (180°-B)$

(2) 사각형 ABCD에서 두 대각선의 길이 a, b와 두 대각선이 이루는 각인 x의 크기를 알면 사각형의 넓이 S를 구할 수 있다.

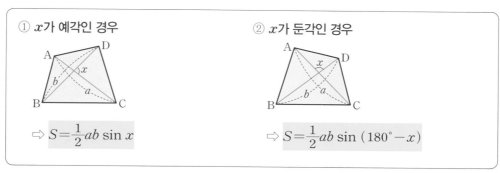

① x가 예각인 경우

$\Rightarrow S=\dfrac{1}{2}ab \sin x$

② x가 둔각인 경우

$\Rightarrow S=\dfrac{1}{2}ab \sin (180°-x)$

설명 (1) 대각선 AC를 그으면

$$\square ABCD=2\triangle ABC=2\times\dfrac{1}{2}ab \sin B=ab \sin B$$

이때 $\angle B$가 둔각인 경우

$$\square ABCD=2\triangle ABC=2\times\dfrac{1}{2}ab \sin (180°-B)=ab \sin (180°-B)$$

(2) 네 점 A, B, C, D를 지나고 대각선 AC, BD에 평행한 직선을 그어 이들이 만나는 점을 각각 E, F, G, H라 하면

$$\square ABCD=\dfrac{1}{2}\square EFGH=\dfrac{1}{2}ab \sin x$$

$\llcorner$→ $\square EFGH$는 평행사변형이다.

이때 x가 둔각인 경우

$$\square ABCD=\dfrac{1}{2}\square EFGH=\dfrac{1}{2}ab \sin (180°-x)$$

예 다음 그림과 같은 $\square ABCD$의 넓이를 구하시오.

(1)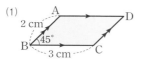

(2)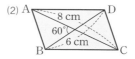

(1) $\square ABCD=2\times 3\times \sin 45°=2\times 3\times \dfrac{\sqrt{2}}{2}=3\sqrt{2}\,(\text{cm}^2)$

(2) $\square ABCD=\dfrac{1}{2}\times 8\times 6\times \sin 60°=\dfrac{1}{2}\times 8\times 6\times \dfrac{\sqrt{3}}{2}=12\sqrt{3}\,(\text{cm}^2)$

01 다음 그림과 같은 △ABC의 넓이를 구하시오.

삼각형의 넓이

① ∠B가 예각인 경우

△ABC =

② ∠B가 둔각인 경우

△ABC =

(1)

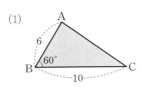

$$\triangle\text{ABC} = \frac{1}{2} \times 6 \times \boxed{} \times \sin\boxed{}° = \boxed{}$$

(2)

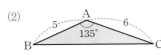

$$\triangle\text{ABC} = \frac{1}{2} \times 5 \times \boxed{} \times \sin(180° - \boxed{}°) = \boxed{}$$

(3)

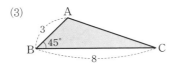

(4)

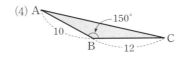

02 다음 그림과 같은 평행사변형 ABCD의 넓이를 구하시오.

평행사변형의 넓이

① ∠B가 예각인 경우

□ABCD =

② ∠B가 둔각인 경우

□ABCD =

(1)

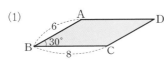

$$\square\text{ABCD} = 6 \times \boxed{} \times \sin\boxed{}° = \boxed{}$$

(2)

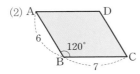

03 다음 그림과 같은 □ABCD의 넓이를 구하시오.

사각형의 넓이

① ∠x가 예각인 경우

□ABCD =

② ∠x가 둔각인 경우

□ABCD =

(1)

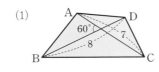

$$\square\text{ABCD} = \frac{1}{2} \times 8 \times \boxed{} \times \sin\boxed{}° = \boxed{}$$

(2)

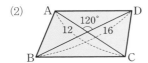

핵심문제 🔑 익히기

정답과 풀이 p.16

01 삼각형의 넓이 – 예각이 주어진 경우

더 다양한 문제는 RPM 중3-2 33쪽

오른쪽 그림과 같이 $\overline{AB}=5$ cm, $\angle B=45°$인 △ABC의 넓이가
$10\sqrt{2}$ cm²일 때, $\overline{BC}$의 길이를 구하시오.

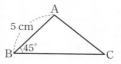

풀이 $△ABC=\dfrac{1}{2}\times 5\times\overline{BC}\times\sin 45°$에서

$10\sqrt{2}=\dfrac{1}{2}\times 5\times\overline{BC}\times\dfrac{\sqrt{2}}{2},\ \dfrac{5\sqrt{2}}{4}\overline{BC}=10\sqrt{2}$ $\therefore \overline{BC}=\mathbf{8(cm)}$

확인 1   오른쪽 그림과 같이 $\overline{AB}=4\sqrt{3}$ cm, $\angle B=30°$인
△ABC의 넓이가 24 cm²일 때, $\overline{BC}$의 길이를
구하시오.

확인 2   오른쪽 그림과 같은 △ABC에서 $\overline{AH}\perp\overline{BC}$이고
$\overline{AB}=8$ cm, $\overline{CH}=6$ cm, $\angle B=60°$일 때, △ABC의
넓이를 구하시오.

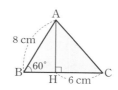

Key Point

$\angle B$가 예각인 경우

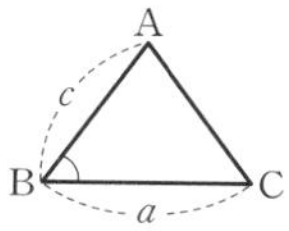

$\Rightarrow △ABC=\dfrac{1}{2}ac\sin B$

02 삼각형의 넓이 – 둔각이 주어진 경우

더 다양한 문제는 RPM 중3-2 34쪽

오른쪽 그림과 같이 $\overline{AB}=3\sqrt{2}$, $\overline{BC}=8$이고 $\angle B$가 둔각인
△ABC의 넓이가 12일 때, $\angle B$의 크기를 구하시오.

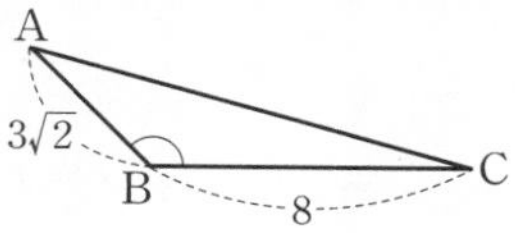

풀이 $△ABC=\dfrac{1}{2}\times 3\sqrt{2}\times 8\times\sin(180°-B)$에서

$12=\dfrac{1}{2}\times 3\sqrt{2}\times 8\times\sin(180°-B)$이므로 $\sin(180°-B)=\dfrac{\sqrt{2}}{2}$

따라서 $180°-\angle B=45°$이므로 $\angle B=\mathbf{135°}$

확인 3   오른쪽 그림과 같이 $\overline{BC}=9$ cm, $\angle C=120°$인 △ABC
의 넓이가 $18\sqrt{3}$ cm²일 때, $\overline{AC}$의 길이를 구하시오.

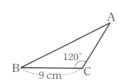

Key Point

$\angle B$가 둔각인 경우

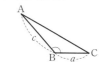

$\Rightarrow △ABC$
$\quad=\dfrac{1}{2}ac\sin(180°-B)$

03 **다각형의 넓이**

더 다양한 문제는 RPM 중3-2 34, 36쪽

Key Point

다각형의 넓이
① 보조선을 그어 다각형을 여러 개의 삼각형으로 나눈다.
② 각 삼각형의 넓이의 합을 구한다.

오른쪽 그림과 같은 □ABCD의 넓이를 구하시오.

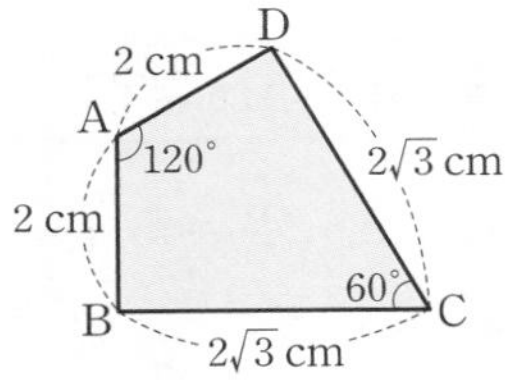

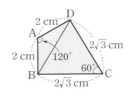

풀이 오른쪽 그림과 같이 $\overline{BD}$를 그으면

$$\square ABCD$$
$$= \triangle ABD + \triangle DBC$$
$$= \frac{1}{2} \times 2 \times 2 \times \sin(180° - 120°) + \frac{1}{2} \times 2\sqrt{3} \times 2\sqrt{3} \times \sin 60°$$
$$= \frac{1}{2} \times 2 \times 2 \times \frac{\sqrt{3}}{2} + \frac{1}{2} \times 2\sqrt{3} \times 2\sqrt{3} \times \frac{\sqrt{3}}{2}$$
$$= \sqrt{3} + 3\sqrt{3} = \mathbf{4\sqrt{3}} \, (\mathbf{cm^2})$$

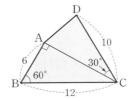

확인4 오른쪽 그림과 같은 □ABCD의 넓이를 구하시오.

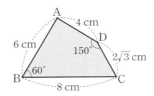

확인5 오른쪽 그림과 같은 □ABCD의 넓이를 구하시오.

확인6 오른쪽 그림과 같이 반지름의 길이가 8 cm인 원 O에 내접하는 정팔각형의 넓이를 구하시오.

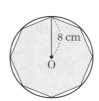

04 평행사변형의 넓이

더 다양한 문제는 RPM 중3-2 35쪽

오른쪽 그림과 같이 $\overline{BC}=6$ cm, $\angle C=135°$인 평행사변형 ABCD의 넓이가 $12\sqrt{2}$ cm²일 때, $\overline{CD}$의 길이를 구하시오.

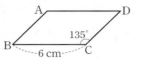

Key Point

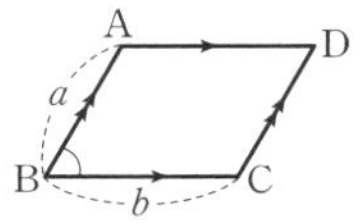

① $\angle B$가 예각인 경우
$$\square ABCD = ab \sin B$$
② $\angle B$가 둔각인 경우
$$\square ABCD = ab \sin (180° - B)$$

풀이 $\square ABCD = 6 \times \overline{CD} \times \sin(180° - 135°)$에서

$12\sqrt{2} = 6 \times \overline{CD} \times \dfrac{\sqrt{2}}{2}$ ∴ $\overline{CD} = \mathbf{4(cm)}$

확인 7 오른쪽 그림과 같이 $\overline{AB}=2$ cm, $\overline{AD}=4$ cm인 평행사변형 ABCD의 넓이가 $4\sqrt{3}$ cm²일 때, $\angle B$의 크기를 구하시오. (단, $0° < \angle B < 90°$)

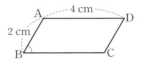

05 사각형의 넓이

더 다양한 문제는 RPM 중3-2 35쪽

오른쪽 그림과 같은 $\square ABCD$의 넓이를 구하시오.

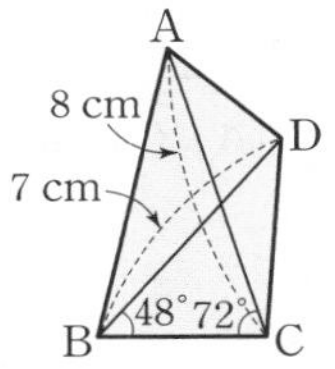

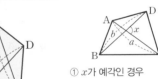

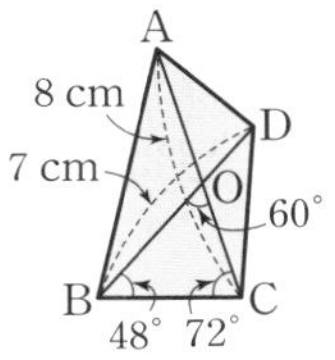

Key Point

① x가 예각인 경우
$$\square ABCD = \dfrac{1}{2} ab \sin x$$
② x가 둔각인 경우
$$\square ABCD = \dfrac{1}{2} ab \sin (180° - x)$$

풀이 두 대각선의 교점을 O라 하면 △OBC에서
$\angle BOC = 180° - (48° + 72°) = 60°$

∴ $\square ABCD = \dfrac{1}{2} \times 8 \times 7 \times \sin 60° = \dfrac{1}{2} \times 8 \times 7 \times \dfrac{\sqrt{3}}{2} = \mathbf{14\sqrt{3}(cm^2)}$

확인 8 오른쪽 그림과 같이 $\overline{AC}=12$ cm, $\overline{BD}=10$ cm인 사각형 ABCD의 넓이가 $30\sqrt{3}$ cm²일 때, 두 대각선이 이루는 예각의 크기를 구하시오.

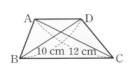

소단원 📖 핵심문제

01 오른쪽 그림과 같은 이등변삼각형 ABC에서
$\overline{AB}=\overline{AC}=5\sqrt{3}$ cm, $\angle B=75°$일 때, $\triangle ABC$의 넓이는?

① $\dfrac{23}{2}$ cm²   ② $\dfrac{75}{4}$ cm²   ③ $\dfrac{75\sqrt{2}}{4}$ cm²

④ $\dfrac{75\sqrt{3}}{4}$ cm²   ⑤ $\dfrac{75}{2}$ cm²

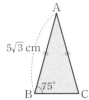

☆ 생각해 봅시다
$\overline{AB}=\overline{AC}$이므로
$\angle B=\angle C$

02 오른쪽 그림에서 $\triangle ABC$는 $\angle A=90°$인 직각삼각형이고
□BDEC는 $\overline{BC}$를 한 변으로 하는 정사각형이다.
$\overline{DE}=16$ cm, $\angle ABC=45°$일 때, $\triangle ABD$의 넓이를 구하시오.

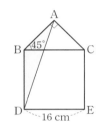

$\overline{BC}$의 길이와 삼각비를 이용하여
$\overline{AB}$의 길이를 먼저 구한다.

03 오른쪽 그림과 같이 반지름의 길이가 4 cm인 반원 O에 내접하는 사각형 ABCD가 있다. $\angle ABC=30°$이고 $\overline{AD}=\overline{DC}$일 때, □ABCD의 넓이를 구하시오.

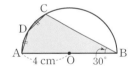

보조선을 그어 □ABCD를 여러 개의 삼각형으로 나눈다.

04 오른쪽 그림과 같이 $\angle B=60°$인 마름모 ABCD의 넓이가 $8\sqrt{3}$일 때, 마름모 ABCD의 한 변의 길이는?

① 2   ② 4   ③ 5
④ 6   ⑤ 8

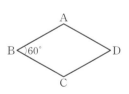

마름모는 네 변의 길이가 모두 같은 사각형이다.

05 오른쪽 그림과 같이 $\overline{AD} /\!/ \overline{BC}$인 등변사다리꼴 ABCD의 넓이를 구하시오.

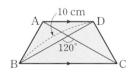

등변사다리꼴의 두 대각선의 길이는 같다.

Step 1 기본문제

01 오른쪽 그림과 같은 직각삼각형 ABC에 대하여 다음 중 옳지 <u>않은</u> 것은?

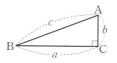

① $a = c \sin A$ ② $b = c \sin B$
③ $b = a \tan B$ ④ $a = c \tan A$
⑤ $c = \dfrac{a}{\cos B}$

02 오른쪽 그림과 같이 지면에 수직으로 서 있던 나무가 부러져서 지면과 30°의 각을 이루게 되었다. 이때 부러지기 전의 나무의 높이는?

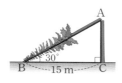

① 16 m ② $14\sqrt{2}$ m ③ $15\sqrt{2}$ m
④ $14\sqrt{3}$ m ⑤ $15\sqrt{3}$ m

꼭 나와

03 산의 높이를 구하기 위해 오른쪽 그림과 같이 수평면 위에 $\overline{AB} = 200$ m가 되도록 두 지점 A, B를 잡고 필요한 부분을 측정하였다. 이때 산의 높이 CH는?

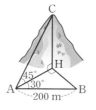

① 100 m ② $100\sqrt{2}$ m ③ $100\sqrt{3}$ m
④ $200\sqrt{2}$ m ⑤ $200\sqrt{3}$ m

04 오른쪽 그림과 같은 △ABC에서 $\overline{AB} = 4\sqrt{2}$, $\overline{BC} = 6$, ∠B = 45°일 때, $\overline{AC}$의 길이를 구하시오.

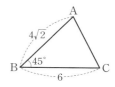

05 오른쪽 그림과 같이 세 지점 A, B, C를 각각 직선으로 연결하는 도로를 건설하려고 한다. $\overline{BC} = 6$ km, ∠B = 105°, ∠C = 45°일 때, 두 지점 A와 C를 연결하는 도로의 길이를 구하시오.

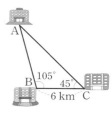

06 오른쪽 그림과 같은 △ABC에서 $\overline{BC} = 4$, ∠B = 40°, ∠ACH = 58°일 때, 다음 중 $\overline{AH}$의 길이를 나타내는 식은?

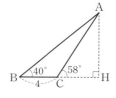

① $\dfrac{4}{\tan 58° - \tan 40°}$

② $\dfrac{4}{\tan 50° - \tan 32°}$

③ $\dfrac{4}{\tan 58° + \tan 40°}$

④ $\dfrac{4}{\tan 50° + \tan 32°}$

⑤ $4(\tan 50° - \tan 32°)$

07 오른쪽 그림과 같이 $\overline{BC}=8$ cm, $\angle B=60°$인 △ABC의 넓이가 $12\sqrt{3}$ cm²일 때, $\overline{AB}$의 길이를 구하시오.

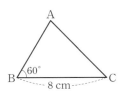

08 오른쪽 그림과 같은 △ABC에서 $\overline{AB}=10$ cm, $\overline{BC}=12$ cm, $\angle B=45°$이고 점 G가 △ABC의 무게중심일 때, △AGC의 넓이를 구하시오.

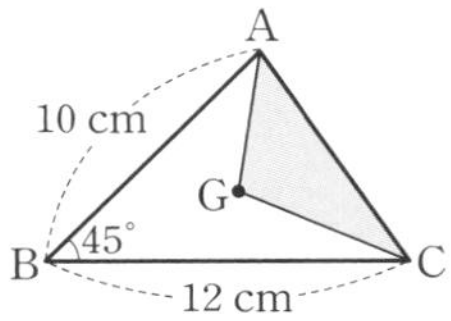

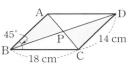

꼭 나와

09 오른쪽 그림과 같은 평행사변형 ABCD에서 두 대각선 AC와 BD의 교점을 P라 할 때, 색칠한 부분의 넓이를 구하시오.

10 오른쪽 그림과 같은 □ABCD의 넓이가 $40\sqrt{3}$일 때, x의 크기를 구하시오. (단, $90°<x<180°$)

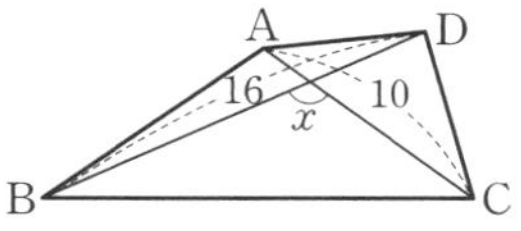

Step **2** **발전문제**

11 오른쪽 그림과 같은 직육면체에서 $\overline{FG}=4$ cm, $\overline{GH}=2\sqrt{3}$ cm, $\angle CFG=60°$일 때, 이 직육면체의 부피를 구하시오.

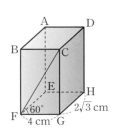

12 오른쪽 그림과 같이 한 변의 길이가 3 cm인 정사각형 ABCD를 점 A를 중심으로 30°만큼 회전시켜 정사각형 AB′C′D′을 만들었다. 이때 두 정사각형이 겹치는 부분의 넓이를 구하시오.

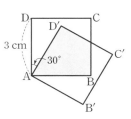

↑Up

13 오른쪽 그림과 같이 길이가 40 cm인 실에 매달린 추가 $\overline{OA}$를 기준으로 좌우로 30°의 각을 이루며 움직이고 있다. 이때 지점 B는 지점 A보다 몇 cm 더 높은지 구하시오.

(단, 추의 크기는 생각하지 않는다.)

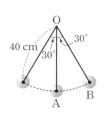

14 오른쪽 그림과 같은 평행사변형 ABCD에서 대각선 BD의 길이를 구하시오.

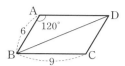

⇧UP
15 오른쪽 그림과 같이 겹쳐진 두 직각삼각형 ABC, DBC에서 ∠A=60°, ∠DBC=45°이고 $\overline{DC}=4\sqrt{2}$일 때, △EBC의 넓이를 구하시오.

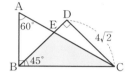

16 오른쪽 그림과 같은 △ABC에서 $\overline{AB}=6$, $\overline{BC}=8$이고 $\tan B=\sqrt{2}$일 때, △ABC의 넓이를 구하시오. (단, 0°<∠B<90°)

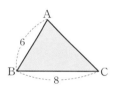

17 오른쪽 그림에서 $\overline{AE}$∥$\overline{DB}$이고 $\overline{DC}=5$ cm, $\overline{EC}=8$ cm, ∠C=60°일 때, □ABCD의 넓이를 구하시오.

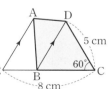

⇧UP
18 오른쪽 그림과 같은 △ABC에서 $\overline{AB}=15$ cm, $\overline{AC}=10$ cm이고 ∠BAD=∠CAD=30°일 때, $\overline{AD}$의 길이는?

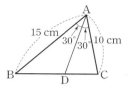

① 5 cm   ② 6 cm   ③ $6\sqrt{2}$ cm
④ $5\sqrt{3}$ cm   ⑤ $6\sqrt{3}$ cm

19 오른쪽 그림과 같이 한 변의 길이가 4 cm인 정육각형 ABCDEF의 넓이는?

① 30 cm²   ② $18\sqrt{3}$ cm²
③ 36 cm²   ④ $24\sqrt{3}$ cm²
⑤ 42 cm²

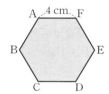

20 오른쪽 그림과 같은 평행사변형 ABCD에서 $\overline{AB}=8$, $\overline{AD}=6\sqrt{3}$, ∠C=120°이고 $\overline{BE}:\overline{EC}=2:1$일 때, △BED의 넓이는?

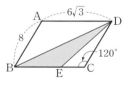

① 12   ② 18   ③ 24
④ 30   ⑤ 36

서술형 대비 문제

1

오른쪽 그림과 같이 B지점과 C 지점에서 산꼭대기 A지점을 올려본각의 크기가 각각 30°, 45° 이고 $\overline{BC}=80$ m일 때, 산의 높이를 구하시오. [6점]

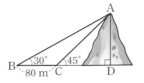

풀이과정

1단계 $\overline{BD}$의 길이를 $\overline{AD}$의 길이로 나타내기 [2점]

$\overline{AD}=x$ m라 하면

∠BAD=60°이므로

$\overline{BD}=x\tan 60°=\sqrt{3}x$ (m)

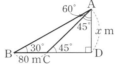

2단계 $\overline{CD}$의 길이를 $\overline{AD}$의 길이로 나타내기 [2점]

∠CAD=45°이므로

$\overline{CD}=x\tan 45°=x$ (m)

3단계 산의 높이 구하기 [2점]

$\overline{BC}=\overline{BD}-\overline{CD}$이므로 $80=\sqrt{3}x-x$ ∴ $x=40(\sqrt{3}+1)$

따라서 산의 높이는 $40(\sqrt{3}+1)$ m이다.

답 $40(\sqrt{3}+1)$ m

1-1

오른쪽 그림과 같이 90 m 떨어져 있는 두 지점 B, C에서 건물의 꼭대기 A지점을 올려본각의 크기가 각각 45°, 60°일 때, 이 건물의 높이를 구하시오. [6점]

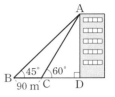

풀이과정

1단계 $\overline{BD}$의 길이를 $\overline{AD}$의 길이로 나타내기 [2점]

2단계 $\overline{CD}$의 길이를 $\overline{AD}$의 길이로 나타내기 [2점]

3단계 건물의 높이 구하기 [2점]

답

2

오른쪽 그림과 같은 □ABCD의 넓이를 구하시오. [7점]

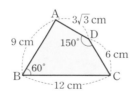

풀이과정

1단계 △ABC의 넓이 구하기 [3점]

오른쪽 그림과 같이 $\overline{AC}$를 그으면

$\triangle ABC=\dfrac{1}{2}\times 9\times 12\times\sin 60°$
$\qquad =27\sqrt{3}$ (cm²)

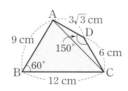

2단계 △ACD의 넓이 구하기 [3점]

$\triangle ACD=\dfrac{1}{2}\times 3\sqrt{3}\times 6\times\sin(180°-150°)=\dfrac{9\sqrt{3}}{2}$ (cm²)

3단계 □ABCD의 넓이 구하기 [1점]

∴ $\square ABCD=27\sqrt{3}+\dfrac{9\sqrt{3}}{2}=\dfrac{63\sqrt{3}}{2}$ (cm²)

답 $\dfrac{63\sqrt{3}}{2}$ cm²

2-1

오른쪽 그림과 같은 □ABCD의 넓이를 구하시오. [7점]

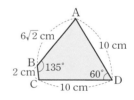

풀이과정

1단계 △ABC의 넓이 구하기 [3점]

2단계 △ACD의 넓이 구하기 [3점]

3단계 □ABCD의 넓이 구하기 [1점]

답

3 오른쪽 그림과 같은 □ABCD에 대하여 다음 물음에 답하시오. [8점]

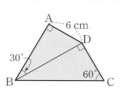

(1) □ABCD의 둘레의 길이를 구하시오. [4점]

(2) □ABCD의 넓이를 구하시오. [4점]

풀이과정

(1)

(2)

답 (1)   (2)

4 폭이 9 cm, 6 cm로 각각 일정한 두 종이 테이프가 오른쪽 그림과 같이 겹쳐 있을 때, 겹쳐진 부분의 넓이를 구하시오. [6점]

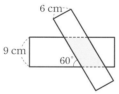

풀이과정

답

5 오른쪽 그림과 같이 반지름의 길이가 6 cm인 반원 O에서 ∠CAB=30°일 때, 색칠한 부분의 넓이를 구하시오. [7점]

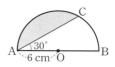

풀이과정

답

6 오른쪽 그림과 같이 ∠B=60°인 평행사변형 ABCD의 넓이가 $9\sqrt{3}$ cm²이고 $2\overline{AB}=\overline{BC}$일 때, □ABCD의 둘레의 길이를 구하시오. [7점]

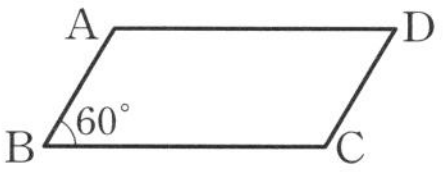

풀이과정

답

대단원 핵심 한눈에 보기

01 삼각비

(1) 삼각비

① $\sin A = \dfrac{(\boxed{})}{(\text{빗변의 길이})} = \dfrac{a}{b}$

② $\cos A = \dfrac{(\boxed{} \text{의 길이})}{(\text{빗변의 길이})} = \dfrac{c}{b}$

③ $\tan A = \dfrac{(\text{높이})}{(\boxed{} \text{의 길이})} = \dfrac{a}{c}$

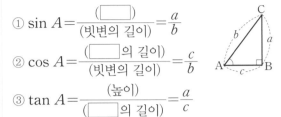

(2) 30°, 45°, 60°의 삼각비의 값

삼각비＼A	30°	45°	60°
$\sin A$	$\boxed{}$	$\dfrac{\sqrt{2}}{2}$	$\dfrac{\sqrt{3}}{2}$
$\cos A$	$\dfrac{\sqrt{3}}{2}$	$\boxed{}$	$\dfrac{1}{2}$
$\tan A$	$\dfrac{\sqrt{3}}{3}$	1	$\boxed{}$

(3) 임의의 예각의 삼각비의 값

오른쪽 그림과 같이 반지름의 길이가 1인 사분원에서

$\sin x = \overline{\text{AB}}$

$\cos x = \boxed{}$

$\tan x = \boxed{}$

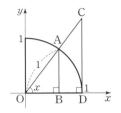

(4) 0°, 90°의 삼각비의 값

① $\sin 0° = 0$

$\cos 0° = \boxed{}$

$\tan 0° = 0$

② $\sin 90° = \boxed{}$

$\cos 90° = 0$

$\tan 90°$의 값은 정할 수 없다.

02 삼각비의 활용

(1) 직각삼각형의 변의 길이

① $\sin A = \dfrac{a}{b}$ 에서

$a = \boxed{}$, $b = \dfrac{a}{\sin A}$

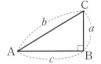

② $\cos A = \dfrac{c}{b}$ 에서

$b = \boxed{}$, $c = b \cos A$

③ $\tan A = \dfrac{a}{c}$ 에서

$a = c \tan A$, $c = \boxed{}$

(2) 삼각형의 넓이

① ∠B가 예각이면

$\triangle \text{ABC} = \dfrac{1}{2}ac \sin B$

② ∠B가 둔각이면

$\triangle \text{ABC} = \dfrac{1}{2}ac \sin(180° - \boxed{})$

(3) 평행사변형의 넓이

① ∠B가 예각이면

$\square \text{ABCD} = \boxed{}$

② ∠B가 둔각이면

$\square \text{ABCD} = ab \sin(180° - B)$

답 **01** (1) ① 높이 ② 밑변 ③ 밑변 (2) $\frac{1}{2}$, $\frac{\sqrt{2}}{2}$, $\sqrt{3}$ (3) $\overline{\text{OB}}$, $\overline{\text{CD}}$ (4) ① 1 ② 1 **02** (1) ① $b \sin A$ ② $\frac{c}{\cos A}$ ③ $\frac{a}{\tan A}$ (2) ② B (3) ① $ab \sin B$

II

원의 성질

**개념원리
이해**

1 현의 수직이등분선에는 어떤 성질이 있는가? ○ 핵심문제 1~4

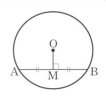

(1) 원의 중심에서 현에 내린 수선은 그 현을 이등분한다.
  ⇨ $\overline{AB} \perp \overline{OM}$이면 $\overline{AM} = \overline{BM}$
(2) 원에서 현의 수직이등분선은 그 원의 중심을 지난다.

설명 (1) 오른쪽 그림과 같이 원 O의 중심에서 현 AB에 내린 수선의 발을 M이라 하면
  △OAM과 △OBM에서
  $\angle OMA = \angle OMB = 90°$, $\overline{OA} = \overline{OB}$ (반지름), $\overline{OM}$은 공통
  이므로 △OAM ≡ △OBM (RHS 합동)
  ∴ $\overline{AM} = \overline{BM}$
  즉, 원의 중심에서 현에 내린 수선은 그 현을 이등분한다.

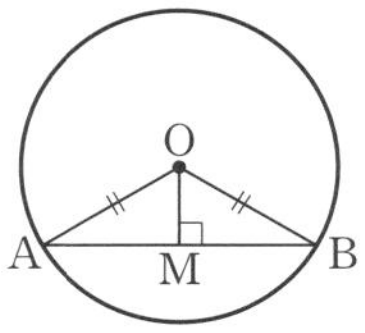

(2) 오른쪽 그림과 같이 원 O에서 현 AB의 수직이등분선을 l이라 하면 두 점
  A, B로부터 같은 거리에 있는 점들은 모두 직선 l 위에 있다.
  따라서 두 점 A, B로부터 같은 거리에 있는 원의 중심 O도 직선 l 위에 있다.
  즉, 원에서 현의 수직이등분선은 그 원의 중심을 지난다.

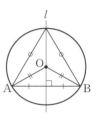

참고 **직각삼각형의 합동 조건**
  ① RHA 합동: 빗변(H)의 길이와 한 예각(A)의 크기가 각각 같을 때
  ② RHS 합동: 빗변(H)의 길이와 다른 한 변(S)의 길이가 각각 같을 때

예 다음 그림의 원 O에서 x의 값을 구하시오.

(1)
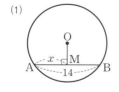

(2)
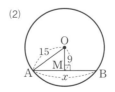

(1) 원의 중심에서 현에 내린 수선은 그 현을 이등분하므로
  $\overline{AM} = \overline{BM} = \dfrac{1}{2} \overline{AB} = \dfrac{1}{2} \times 14 = 7$　　∴ $x = 7$

(2) 직각삼각형 OAM에서 $\overline{AM} = \sqrt{15^2 - 9^2} = \sqrt{144} = 12$
  원의 중심에서 현에 내린 수선은 그 현을 이등분하므로
  $\overline{AB} = 2\overline{AM} = 2 \times 12 = 24$　　∴ $x = 24$

2 현의 길이에는 어떤 성질이 있는가? ◎ 핵심문제 5, 6

> (1) 한 원에서 중심으로부터 같은 거리에 있는 두 현의 길이는 같다.
>   ⇨ $\overline{OM}=\overline{ON}$이면 $\overline{AB}=\overline{CD}$
> (2) 한 원에서 길이가 같은 두 현은 원의 중심으로부터 같은 거리에 있다.
>   ⇨ $\overline{AB}=\overline{CD}$이면 $\overline{OM}=\overline{ON}$

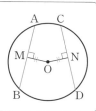

설명 (1) 원 O의 중심에서 같은 거리에 있는 두 현 AB, CD에 내린 수선의 발을 각각 M, N이라 하면 △OAM과 △OCN에서

∠OMA = ∠ONC = 90°, $\overline{OA}=\overline{OC}$ (반지름), $\overline{OM}=\overline{ON}$

이므로 △OAM ≡ △OCN (RHS 합동)

∴ $\overline{AM}=\overline{CN}$

이때 원의 중심에서 현에 내린 수선은 그 현을 이등분하므로

$\overline{AB}=2\overline{AM}$, $\overline{CD}=2\overline{CN}$ ∴ $\overline{AB}=\overline{CD}$

즉, 한 원에서 중심으로부터 같은 거리에 있는 두 현의 길이는 같다.

(2) 원 O의 중심에서 길이가 같은 두 현 AB, CD에 내린 수선의 발을 각각 M, N이라 하면 원의 중심에서 현에 내린 수선은 그 현을 이등분하므로

$\overline{AM}=\dfrac{1}{2}\overline{AB}$, $\overline{CN}=\dfrac{1}{2}\overline{CD}$

그런데 $\overline{AB}=\overline{CD}$이므로 $\overline{AM}=\overline{CN}$

△OAM과 △OCN에서

∠OMA = ∠ONC = 90°, $\overline{OA}=\overline{OC}$ (반지름), $\overline{AM}=\overline{CN}$

이므로 △OAM ≡ △OCN (RHS 합동)

∴ $\overline{OM}=\overline{ON}$

즉, 한 원에서 길이가 같은 두 현은 원의 중심으로부터 같은 거리에 있다.

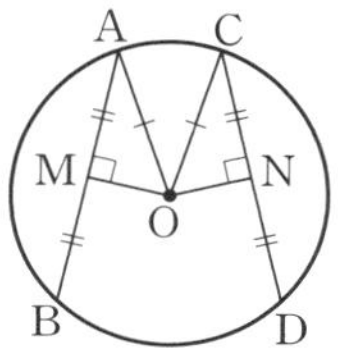

참고 (1) 원의 중심으로부터 두 변까지의 거리가 같은 삼각형
　　⇨ $\overline{AB}=\overline{AC}$이므로 △ABC는 이등변삼각형이다.
(2) 원의 중심으로부터 세 변까지의 거리가 같은 삼각형
　　⇨ $\overline{AB}=\overline{BC}=\overline{CA}$이므로 △ABC는 정삼각형이다.

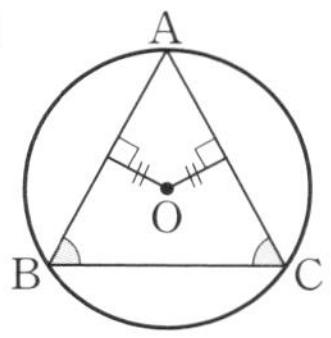

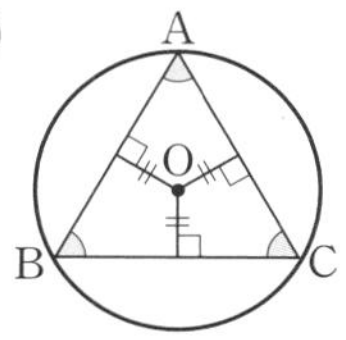

예 다음 그림의 원 O에서 x의 값을 구하시오.

(1) 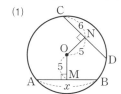　　　(2)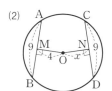

(1) 한 원에서 중심으로부터 같은 거리에 있는 두 현의 길이는 같으므로
　　$\overline{AB}=\overline{CD}=2\overline{CN}=2\times6=12$ ∴ $x=12$

(2) 한 원에서 길이가 같은 두 현은 원의 중심으로부터 같은 거리에 있으므로
　　$\overline{ON}=\overline{OM}=4$ ∴ $x=4$

정답과 풀이 **p. 22**

01 다음 ☐ 안에 알맞은 것을 써넣으시오.

◉ 현의 수직이등분선

(1) 원의 중심에서 현에 내린 수선은 그 현을 ☐☐☐한다.

⇨ $\overline{AB} \perp \overline{OM}$이면 ☐☐=☐☐

(2) 원에서 현의 수직이등분선은 그 원의 ☐☐☐을 지난다.

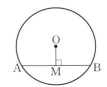

02 다음 그림의 원 O에서 x의 값을 구하시오.

(1)
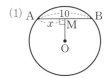

(2)
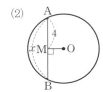

(3)
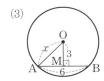

03 다음 ☐ 안에 알맞은 것을 써넣으시오.

◉ 현의 길이

(1) 한 원에서 중심으로부터 같은 거리에 있는 두 ☐☐의 길이는 같다.

⇨ $\overline{OM} = \overline{ON}$이면 ☐☐=☐☐

(2) 한 원에서 길이가 같은 두 현은 원의 중심으로부터 ☐☐☐ 거리에 있다.

⇨ $\overline{AB} = \overline{CD}$이면 ☐☐=☐☐

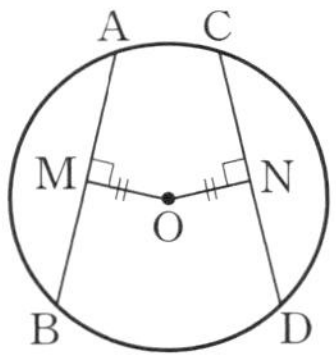

04 다음 그림의 원 O에서 x의 값을 구하시오.

(1)

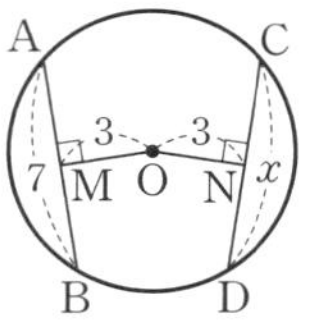

(2)
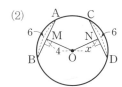

(3)
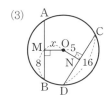

핵심문제 🔑 익히기

정답과 풀이 p.22

01 현의 수직이등분선 (1)

더 다양한 문제는 RPM 중3-2 46쪽

오른쪽 그림의 원 O에서 $\overline{AB} \perp \overline{OM}$이고 $\overline{OA}=5$ cm,
$\overline{OM}=3$ cm일 때, $\overline{AB}$의 길이를 구하시오.

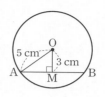

Key Point

원의 중심에서 현에 내린 수선은 그 현을 이등분한다.

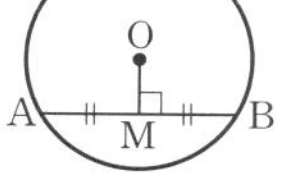

⇨ $\overline{AB} \perp \overline{OM}$이면
$\overline{AM}=\overline{BM}$

풀이 직각삼각형 OAM에서 $\overline{AM}=\sqrt{5^2-3^2}=\sqrt{16}=4$(cm)
$\overline{AB} \perp \overline{OM}$이므로 $\overline{AM}=\overline{BM}$
∴ $\overline{AB}=2\overline{AM}=2 \times 4=\mathbf{8(cm)}$

확인 1 오른쪽 그림의 원 O에서 $\overline{AB} \perp \overline{OH}$이고 $\overline{AB}=12$ cm,
$\overline{OH}=4$ cm일 때, 원 O의 넓이를 구하시오.

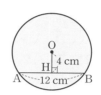

02 현의 수직이등분선 (2)

더 다양한 문제는 RPM 중3-2 46쪽

오른쪽 그림의 원 O에서 $\overline{AB} \perp \overline{OC}$이고 $\overline{AC}=4\sqrt{5}$, $\overline{CM}=4$일 때,
x의 값을 구하시오.

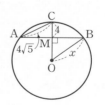

Key Point

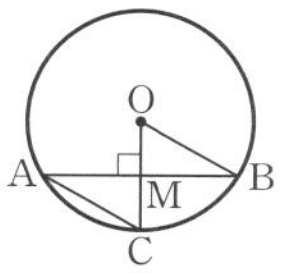

① $\overline{AM}=\overline{BM}$
② $\overline{OB}=\overline{OC}$
③ $\overline{OB}^2=\overline{BM}^2+\overline{OM}^2$

풀이 직각삼각형 AMC에서 $\overline{AM}=\sqrt{(4\sqrt{5})^2-4^2}=\sqrt{64}=8$
$\overline{AB} \perp \overline{OC}$이므로 $\overline{BM}=\overline{AM}=8$
또 $\overline{OC}=\overline{OB}=x$이므로 $\overline{OM}=x-4$
따라서 직각삼각형 OBM에서
$x^2=(x-4)^2+8^2$, $8x=80$ ∴ $x=\mathbf{10}$

확인 2 오른쪽 그림의 원 O에서 $\overline{AB} \perp \overline{OC}$이고 $\overline{OB}=6$ cm,
$\overline{OM}=2$ cm일 때, $\overline{AC}$의 길이를 구하시오.

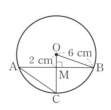

03 현의 수직이등분선 – 원의 일부분이 주어진 경우

더 다양한 문제는 RPM 중3-2 47쪽

Key Point

- 원에서 현의 수직이등분선은 그 원의 중심을 지난다.
- 원의 일부분이 주어진 경우
  ⇨ 원의 중심을 찾아 반지름의 길이를 r로 놓고 피타고라스 정리를 이용하여 식을 세운다.

오른쪽 그림에서 $\widehat{AB}$는 원의 일부분이다. $\overline{AB}\perp\overline{CM}$이고 $\overline{AM}=\overline{BM}=12$, $\overline{CM}=6$일 때, 이 원의 반지름의 길이를 구하시오.

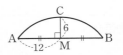

풀이 오른쪽 그림과 같이 원의 중심을 O라 하면 $\overline{CM}$의 연장선은 이 원의 중심 O를 지난다.
이때 원 O의 반지름의 길이를 r라 하면
$\overline{OA}=r$, $\overline{OM}=\overline{OC}-\overline{CM}=r-6$
직각삼각형 AOM에서
$r^2=(r-6)^2+12^2$, $12r=180$ $\therefore r=15$
따라서 원의 반지름의 길이는 **15**이다.

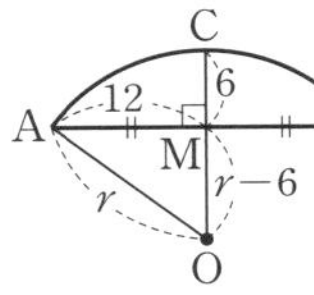

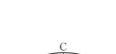

확인 3 오른쪽 그림에서 $\widehat{AB}$는 반지름의 길이가 15 cm인 원의 일부분이다. $\overline{AB}\perp\overline{CD}$, $\overline{AD}=\overline{BD}$이고 $\overline{AB}=18$ cm일 때, $\overline{CD}$의 길이를 구하시오.

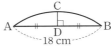

04 현의 수직이등분선 – 원이 접힌 경우

더 다양한 문제는 RPM 중3-2 47쪽

Key Point

원주 위의 한 점이 원의 중심에 오도록 원이 접힌 경우
⇨ 원의 중심에서 현에 수선을 긋고, 피타고라스 정리를 이용하여 식을 세운다.

오른쪽 그림과 같이 원 O의 원주 위의 한 점이 원의 중심에 겹쳐지도록 접었다. $\overline{AB}=10\sqrt{3}$ cm일 때, 원 O의 반지름의 길이를 구하시오.

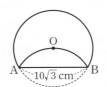

풀이 오른쪽 그림과 같이 원의 중심 O에서 $\overline{AB}$에 내린 수선의 발을 H라 하면
$\overline{AH}=\frac{1}{2}\overline{AB}=\frac{1}{2}\times10\sqrt{3}=5\sqrt{3}$(cm)
원 O의 반지름의 길이를 r cm라 하면
$\overline{OA}=r$ cm, $\overline{OH}=\frac{1}{2}r$ cm
직각삼각형 OAH에서
$r^2=\left(\frac{1}{2}r\right)^2+(5\sqrt{3})^2$, $r^2=100$ $\therefore r=10$ ($\because r>0$)
따라서 원 O의 반지름의 길이는 **10 cm**이다.

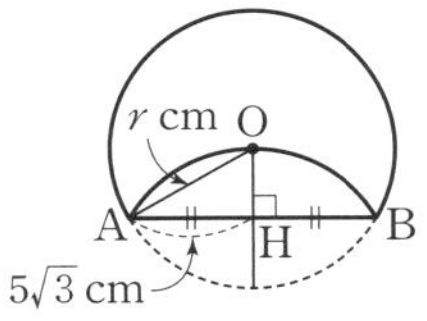

확인 4 오른쪽 그림과 같이 원 O의 원주 위의 한 점이 원의 중심에 겹쳐지도록 접었다. 원 O의 반지름의 길이가 6 cm일 때, $\overline{AB}$의 길이를 구하시오.

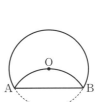

05 현의 길이

더 다양한 문제는 RPM 중3-2 48쪽

오른쪽 그림의 원 O에서 $\overline{AB} \perp \overline{OM}$, $\overline{CD} \perp \overline{ON}$이고
$\overline{OM} = \overline{ON} = 4$ cm, $\overline{OC} = 4\sqrt{2}$ cm일 때, $\overline{AB}$의 길이를 구하시오.

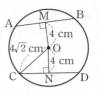

Key Point

한 원에서 중심으로부터 같은 거리에 있는 두 현의 길이는 같다.

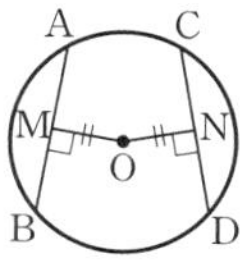

⇨ $\overline{OM} = \overline{ON}$이면
$\overline{AB} = \overline{CD}$

풀이 직각삼각형 OCN에서 $\overline{CN} = \sqrt{(4\sqrt{2})^2 - 4^2} = \sqrt{16} = 4 \text{(cm)}$
$\overline{CD} \perp \overline{ON}$이므로 $\overline{CN} = \overline{DN}$ ∴ $\overline{CD} = 2\overline{CN} = 2 \times 4 = 8 \text{(cm)}$
$\overline{OM} = \overline{ON}$이므로 $\overline{AB} = \overline{CD} = \mathbf{8 \text{ cm}}$

확인5 오른쪽 그림의 원 O에서 $\overline{AB} \perp \overline{OM}$, $\overline{CD} \perp \overline{ON}$이고
$\overline{OM} = \overline{ON} = 6$ cm, $\overline{AB} = 8$ cm일 때, $\overline{OD}$의 길이를 구하시오.

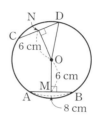

06 현의 길이 – 삼각형이 주어진 경우

더 다양한 문제는 RPM 중3-2 48쪽

오른쪽 그림의 원 O에서 $\overline{AB} \perp \overline{OM}$, $\overline{AC} \perp \overline{ON}$이고 $\overline{OM} = \overline{ON}$이다. ∠BAC$= 55°$일 때, ∠ABC의 크기를 구하시오.

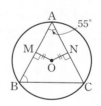

Key Point

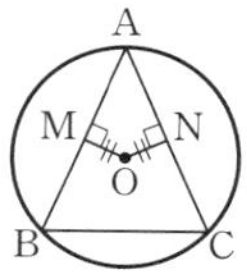

⇨ $\overline{OM} = \overline{ON}$이면 $\overline{AB} = \overline{AC}$
이므로 △ABC는
$\overline{AB} = \overline{AC}$인 이등변삼각형
이다.

풀이 $\overline{OM} = \overline{ON}$이므로 $\overline{AB} = \overline{AC}$
즉, △ABC는 $\overline{AB} = \overline{AC}$인 이등변삼각형이므로 ∠ABC$=$∠ACB
∴ ∠ABC$= \dfrac{1}{2} \times (180° - 55°) = \mathbf{62.5°}$

확인6 오른쪽 그림의 원 O에서 $\overline{AB} \perp \overline{OD}$, $\overline{BC} \perp \overline{OE}$, $\overline{CA} \perp \overline{OF}$이고 $\overline{OD} = \overline{OE} = \overline{OF}$이다. $\overline{AB} = 6$ cm일 때, △ABC의 둘레의 길이를 구하시오.

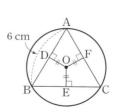

소단원 📖 핵심문제

생각해 봅시다

01 오른쪽 그림의 원 O에서 $\overline{AB} \perp \overline{OC}$이고 $\overline{OM}=8$ cm, $\overline{AB}=30$ cm일 때, 원 O의 반지름의 길이를 구하시오.

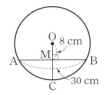

02 오른쪽 그림의 원 O에서 $\overline{AB} \perp \overline{OC}$이고 $\overline{AM}=8$ cm, $\overline{OD}=10$ cm일 때, $\overline{AC}$의 길이를 구하시오.

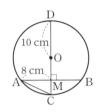

$\overline{AB} \perp \overline{OC}$이면
$\overline{AM}=\overline{BM}$

03 오른쪽 그림은 원 모양의 접시가 깨져서 생긴 조각이다. $\overline{AB} \perp \overline{CM}$이고 $\overline{AM}=\overline{BM}=4$ cm, $\overline{CM}=2$ cm일 때, 깨지기 전의 접시의 반지름의 길이를 구하시오.

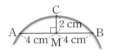

원의 중심을 찾아 반지름의 길이를 r cm로 놓는다.

04 오른쪽 그림과 같이 원 모양의 종이를 $\overline{AB}$를 접는 선으로 하여 $\overparen{AB}$가 원의 중심 O를 지나도록 접었다. $\overline{AB}=18$ cm일 때, 원 O의 반지름의 길이를 구하시오.

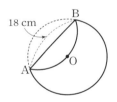

05 오른쪽 그림의 원 O에서 $\overline{AB}=\overline{CD}$이고 $\overline{CD} \perp \overline{OM}$이다. $\overline{OA}=5\sqrt{2}$, $\overline{OM}=5$일 때, $\triangle OAB$의 넓이를 구하시오.

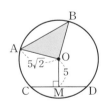

06 오른쪽 그림의 원 O에서 $\overline{AB} \perp \overline{OM}$, $\overline{AC} \perp \overline{ON}$이고 $\overline{OM}=\overline{ON}$이다. $\angle ABC=62°$일 때, $\angle BAC$의 크기를 구하시오.

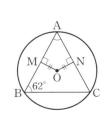

$\overline{OM}=\overline{ON}$이면 $\overline{AB}=\overline{AC}$이므로 $\triangle ABC$는 이등변삼각형이다.

02 | 원의 접선 (1)

개념원리 이해

1 원의 접선의 길이에는 어떤 성질이 있는가? ⊙ 핵심문제 1~3, 5, 6

(1) **원의 접선의 길이**

원 O 밖의 한 점 P에서 이 원에 그을 수 있는 접선은 2개이다. 이 두 접선의 접점을 각각 A, B라 할 때, 점 P에서 접점까지의 거리, 즉 $\overline{PA}$, $\overline{PB}$의 길이를 점 P에서 원 O에 그은 접선의 길이라 한다.

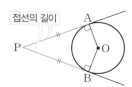

(2) **원의 접선의 길이의 성질**

원 밖의 한 점에서 그 원에 그은 두 접선의 길이는 같다.
⇨ $\overline{PA} = \overline{PB}$

설명 (2) 원 O 밖의 한 점 P에서 이 원에 그은 두 접선의 접점을 각각 A, B라

하면 △PAO와 △PBO에서

∠PAO=∠PBO=90°, $\overline{OP}$는 공통, $\overline{OA}=\overline{OB}$ (반지름)

이므로 △PAO≡△PBO (RHS 합동)

∴ $\overline{PA}=\overline{PB}$

즉, 원 밖의 한 점에서 그 원에 그은 두 접선의 길이는 같다.

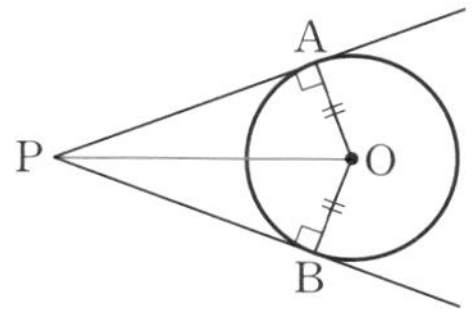

참고 원의 접선은 원과 한 점에서 만나는 직선이고 접점을 지나는 반지름에 수직이다. 즉, 직선 l이 원 O의 접선이면
⇨ $\overline{OT} \perp l$

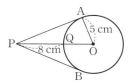

예 오른쪽 그림에서 $\overline{PA}$, $\overline{PB}$는 원 O의 접선이고 두 점 A, B는 각각 그 접점일 때, $\overline{PB}$의 길이를 구하시오.

$\overline{PO}=8+5=13$(cm)이고 ∠PAO=90°이므로

직각삼각형 POA에서 $\overline{PA}=\sqrt{13^2-5^2}=\sqrt{144}=12$(cm)

따라서 원의 접선의 길이의 성질에 의하여 $\overline{PB}=\overline{PA}=12$ cm

2 원의 접선과 각의 크기 사이에는 어떤 성질이 있는가? ⊙ 핵심문제 3, 4

원 O 밖의 한 점 P에 대하여 $\overline{PA}$, $\overline{PB}$는 원 O의 접선이고 두 점 A, B는 각각 그 접점일 때

(1) □APBO의 내각의 크기의 합은 360°이므로
∠APB+∠AOB=180°

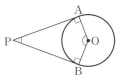

(2) △PBA는 $\overline{PA}=\overline{PB}$인 이등변삼각형이므로
∠PAB=∠PBA

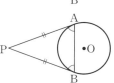

01 다음 그림에서 $\overline{PA}$는 원 O의 접선이고 점 A는 그 접점일 때, $\angle x$의 크기를 구하시오.

🔵 원의 접선은 그 접점을 지나는 원의 반지름에 ▢이다.

(1)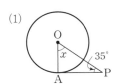

(2)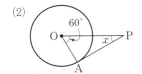

02 다음 그림에서 $\overline{PA}$, $\overline{PB}$는 원 O의 접선이고 두 점 A, B는 각각 그 접점일 때, x의 값을 구하시오.

🔵 원 밖의 한 점에서 그 원에 그은 두 접선의 길이는 같다.

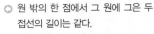

$\Rightarrow \overline{PA} = $ ▢

(1)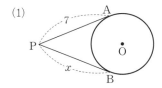

(2)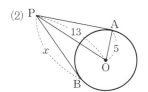

03 다음 그림에서 $\overline{PA}$, $\overline{PB}$는 원 O의 접선이고 두 점 A, B는 각각 그 접점일 때, $\angle x$의 크기를 구하시오.

🔵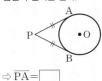

$\Rightarrow \angle\alpha + \angle\beta = $ ▢

(1)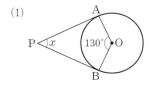

(2)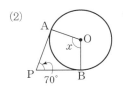

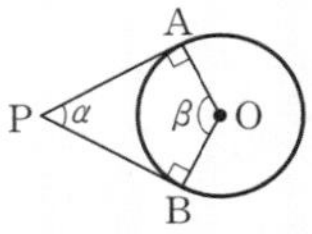

04 다음 그림에서 $\overline{PA}$, $\overline{PB}$는 원 O의 접선이고 두 점 A, B는 각각 그 접점일 때, $\angle x$의 크기를 구하시오.

🔵

$\Rightarrow \angle PAB = $ ▢

(1)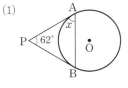

(2)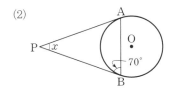

핵심문제 🔑 익히기

정답과 풀이 **p.24**

01 원의 접선과 반지름

더 다양한 문제는 RPM 중3-2 49쪽

오른쪽 그림에서 점 A는 원 O의 접점이고 $\overline{PA}=15$ cm,
$\overline{OB}=8$ cm일 때, $\overline{PB}$의 길이를 구하시오.

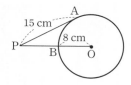

Key Point

원의 접선은 그 접점을 지나는
원의 반지름에 수직이다.

풀이 오른쪽 그림과 같이 $\overline{OA}$를 그으면 △POA에서
$\angle PAO=90°$이고 $\overline{OA}=\overline{OB}=8$ cm이므로
$\overline{OP}=\sqrt{15^2+8^2}=\sqrt{289}=17\,(\text{cm})$
∴ $\overline{PB}=\overline{OP}-\overline{OB}=17-8=\mathbf{9(cm)}$

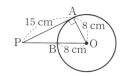

확인 1 오른쪽 그림에서 점 T는 원 O의 접점이고
$\overline{OA}=3$ cm, $\overline{PA}=6$ cm일 때, △OTP의 넓이를 구
하시오.

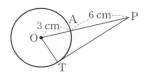

02 원의 접선과 반지름 – 중심이 같은 원이 주어지는 경우

더 다양한 문제는 RPM 중3-2 52쪽

오른쪽 그림과 같이 중심이 같은 두 원에서 큰 원의 현 AB는 작은
원의 접선이고 점 C는 그 접점이다. $\overline{OC}=3$, $\overline{OD}=5$일 때, $\overline{AB}$의
길이를 구하시오.

Key Point

중심이 같고 반지름의 길이가
다른 두 원에서 큰 원의 현 AB
가 작은 원의 접선이고 점 H가
접점일 때

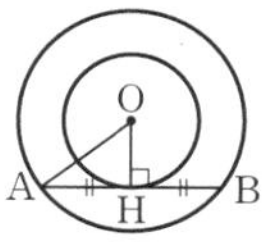

① $\overline{OH}\perp\overline{AB}$
② $\overline{AH}=\overline{BH}$
③ $\overline{OA}^2=\overline{OH}^2+\overline{AH}^2$

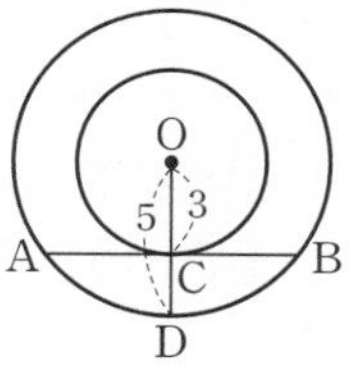

풀이 $\overline{AB}$가 작은 원의 접선이면서 큰 원의 현이므로
$\overline{OC}\perp\overline{AB}$, $\overline{AC}=\overline{BC}$
오른쪽 그림과 같이 $\overline{OA}$를 그으면 △OAC에서
$\overline{AC}=\sqrt{5^2-3^2}=\sqrt{16}=4$
∴ $\overline{AB}=2\overline{AC}=2\times4=8$

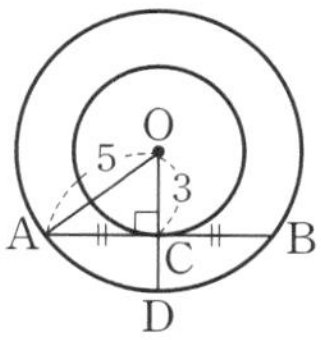

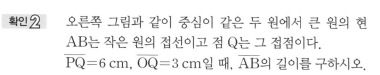

확인 2 오른쪽 그림과 같이 중심이 같은 두 원에서 큰 원의 현
AB는 작은 원의 접선이고 점 Q는 그 접점이다.
$\overline{PQ}=6$ cm, $\overline{OQ}=3$ cm일 때, $\overline{AB}$의 길이를 구하시오.

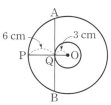

03   원의 접선의 길이 (1)   더 다양한 문제는 **RPM** 중3-2 49쪽

더 다양한 문제는 **RPM** 중3-2 49쪽

Key Point

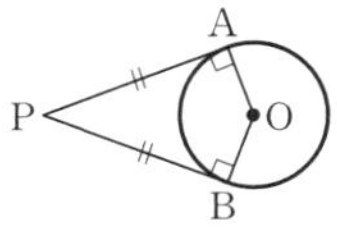

① $\overline{PA}=\overline{PB}$
② $\angle PAO=\angle PBO=90°$

다음 그림에서 두 점 A, B는 점 P에서 원 O에 그은 두 접선의 접점일 때, x의 값을 구하시오.

(1) 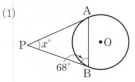   (2)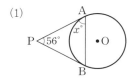

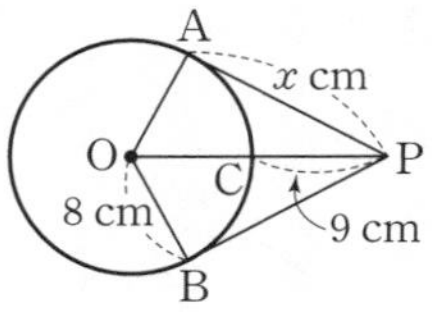

풀이   (1) $\overline{PA}=\overline{PB}$이므로 △APB는 이등변삼각형이다. 즉, $\angle PAB=\angle PBA=68°$이므로
     $\angle APB=180°-(68°+68°)=44°$ ∴ $x=\mathbf{44}$
  (2) △OBP에서 $\angle OBP=90°$이고 $\overline{OC}=\overline{OB}=8\,cm$, $\overline{OP}=8+9=17(cm)$이므로
     $\overline{PB}=\sqrt{17^2-8^2}=\sqrt{225}=15(cm)$ ∴ $\overline{PA}=\overline{PB}=15\,cm$ ∴ $x=\mathbf{15}$

확인③   다음 그림에서 두 점 A, B는 점 P에서 원 O에 그은 두 접선의 접점일 때, x의 값을 구하시오.

(1) 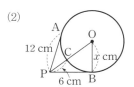   (2)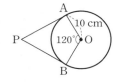

---

04   원의 접선의 길이 (2)   더 다양한 문제는 **RPM** 중3-2 50쪽

더 다양한 문제는 **RPM** 중3-2 50쪽

Key Point

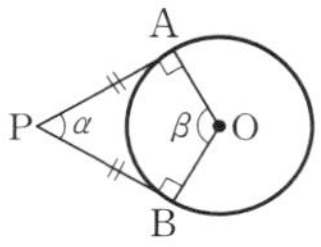

⇨ $\angle\alpha+\angle\beta=180°$

오른쪽 그림에서 두 점 A, B는 점 P에서 원 O에 그은 두 접선의 접점이고 $\angle AOB=120°$, $\overline{OA}=10\,cm$일 때, 다음을 구하시오.

(1) $\angle P$의 크기   (2) $\overline{PA}$의 길이

풀이   (1) □APBO의 내각의 크기의 합은 360°이고 $\angle PAO=\angle PBO=90°$이므로
     $\angle P=360°-(90°+120°+90°)=\mathbf{60°}$
  (2) 오른쪽 그림과 같이 $\overline{OP}$를 그으면 $\angle AOP=\dfrac{1}{2}\times120°=60°$

     따라서 △POA에서 $\overline{PA}=\overline{OA}\tan60°=10\times\sqrt{3}=\mathbf{10\sqrt{3}(cm)}$

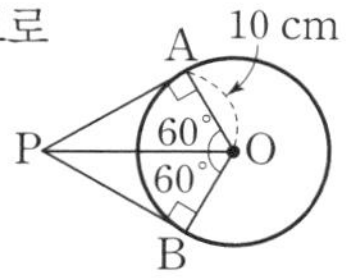

확인④   오른쪽 그림에서 두 점 A, B는 점 P에서 원 O에 그은 두 접선의 접점이고 $\angle APB=60°$, $\overline{PB}=12\,cm$일 때, 다음을 구하시오.

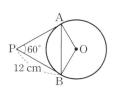

    (1) $\angle AOB$의 크기
    (2) $\angle BAO$의 크기
    (3) $\overline{OB}$의 길이

05 원의 접선의 길이의 응용

더 다양한 문제는 RPM 중3-2 50쪽

오른쪽 그림에서 $\overline{AD}$, $\overline{AE}$, $\overline{BC}$는 원 O의 접선이고 세 점 D, E, F는 각각 그 접점이다. $\overline{AB}=7$ cm, $\overline{AC}=8$ cm, $\overline{BC}=5$ cm일 때, $\overline{AE}$의 길이를 구하시오.

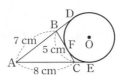

풀이 $\overline{BD}=\overline{BF}$, $\overline{CE}=\overline{CF}$이므로

$$\overline{AD}+\overline{AE}=\overline{AB}+\overline{BD}+\overline{AC}+\overline{CE}=\overline{AB}+\overline{BF}+\overline{AC}+\overline{CF}$$
$$=\overline{AB}+(\overline{BF}+\overline{CF})+\overline{AC}=\overline{AB}+\overline{BC}+\overline{AC}$$
$$=7+5+8=20(\text{cm})$$

이때 $\overline{AD}=\overline{AE}$이므로 $\overline{AE}=\frac{1}{2}\times 20=\mathbf{10(cm)}$

Key Point

$\overline{AD}$, $\overline{AE}$, $\overline{BC}$가 원 O의 접선이고 세 점 D, E, F가 접점일 때

① $\overline{AD}=\overline{AE}$, $\overline{BD}=\overline{BF}$, $\overline{CE}=\overline{CF}$

② (△ABC의 둘레의 길이) $=2\overline{AD}=2\overline{AE}$

확인 5 오른쪽 그림에서 $\overline{AD}$, $\overline{AE}$, $\overline{BC}$는 원 O의 접선이고 세 점 D, E, F는 각각 그 접점이다. $\overline{AB}=12$ cm, $\overline{AD}=18$ cm, $\overline{AC}=14$ cm일 때, 다음을 구하시오.

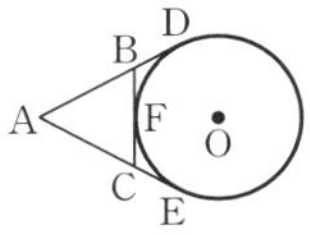

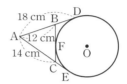

(1) $\overline{BC}$의 길이

(2) △ABC의 둘레의 길이

06 반원에서의 접선의 길이

더 다양한 문제는 RPM 중3-2 51쪽

오른쪽 그림에서 $\overline{AB}$는 반원 O의 지름이고 $\overline{AD}$, $\overline{BC}$, $\overline{CD}$는 반원 O의 접선이다. $\overline{AD}=4$ cm, $\overline{BC}=9$ cm일 때, $\overline{AB}$의 길이를 구하시오. (단, 점 E는 접점이다.)

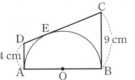

풀이 $\overline{DE}=\overline{DA}=4$ cm, $\overline{CE}=\overline{CB}=9$ cm이므로

$\overline{DC}=4+9=13(\text{cm})$

오른쪽 그림과 같이 점 D에서 $\overline{BC}$에 내린 수선의 발을 H라 하면

$\overline{HB}=\overline{DA}=4$ cm이므로 $\overline{CH}=\overline{CB}-\overline{HB}=9-4=5(\text{cm})$

직각삼각형 CDH에서 $\overline{DH}=\sqrt{13^2-5^2}=\sqrt{144}=12(\text{cm})$

$\therefore$ $\overline{AB}=\overline{DH}=\mathbf{12\ cm}$

Key Point

$\overline{AD}$, $\overline{BC}$, $\overline{CD}$가 반원 O의 접선일 때, 점 D에서 $\overline{BC}$에 내린 수선의 발을 H라 하면

⇨ $\overline{AB}=\overline{DH}=\sqrt{\overline{CD}^2-\overline{CH}^2}$

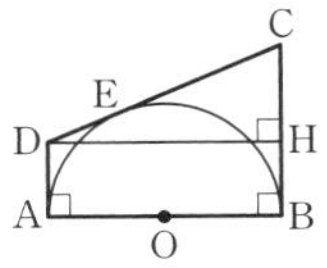

확인 6 오른쪽 그림에서 $\overline{AB}$는 반원 O의 지름이고 $\overline{AD}$, $\overline{BC}$, $\overline{CD}$는 반원 O의 접선이다. $\overline{AD}=6$ cm, $\overline{BC}=3$ cm일 때, □ABCD의 넓이를 구하시오.

(단, 점 E는 접점이다.)

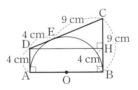

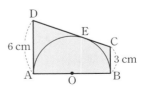

소단원 📖 핵심문제

🌟 생각해 봅시다

01 오른쪽 그림에서 점 T는 원 O의 접점이고 $\overline{PT}=4\sqrt{3}$ cm,
∠POT=60°일 때, $\overline{PA}$의 길이를 구하시오.

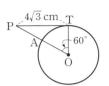

02 오른쪽 그림과 같이 중심이 같은 두 원에서 큰 원의 현 AB는
작은 원의 접선이다. $\overline{AB}=20$ cm일 때, 색칠한 부분의 넓이
를 구하시오.

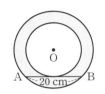

03 오른쪽 그림에서 두 점 A, B는 점 P에서 원 O에 그은
두 접선의 접점이고 $\overline{OP}=5$ cm, $\overline{OA}=2$ cm일 때,
$\overline{PB}$의 길이를 구하시오.

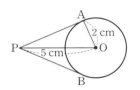

∠PAO=90°이고
$\overline{PA}=\overline{PB}$

04 오른쪽 그림에서 두 점 A, B는 점 P에서 원 O에 그은
두 접선의 접점이고 ∠P=48°일 때, ∠x의 크기는?

① 20°　　　② 21°　　　③ 22°
④ 23°　　　⑤ 24°

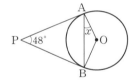

△PBA는 $\overline{PA}=\overline{PB}$인 이등변삼각
형이므로
∠PAB=∠PBA

05 오른쪽 그림에서 $\overline{PA}$, $\overline{PB}$, $\overline{DE}$는 원 O의 접선이고
세 점 A, B, C는 각각 그 접점이다. $\overline{OB}=5$ cm,
$\overline{OP}=13$ cm일 때, △PED의 둘레의 길이를 구하시오.

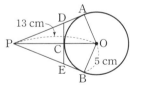

06 오른쪽 그림은 한 변의 길이가 8 cm인 정사각형
ABCD에 $\overline{BC}$를 지름으로 하는 반원 O를 그린 것이다.
$\overline{DE}$가 반원 O의 접선이고 점 P는 그 접점일 때, $\overline{EB}$의
길이를 구하시오.

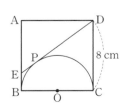

$\overline{DP}=\overline{DC}=8$ cm
$\overline{EB}=\overline{EP}$

03 | 원의 접선 (2)

개념원리 이해

1 삼각형의 내접원에는 어떤 성질이 있는가? ◐ 핵심문제 1, 2

오른쪽 그림과 같이 △ABC의 내접원 O가 세 변 AB, BC, CA와 접하는 점을 각각 D, E, F라 하고, 원 O의 반지름의 길이를 r라 하면

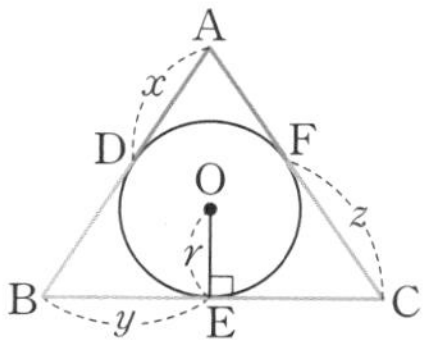

(1) $\overline{AD}=\overline{AF}$, $\overline{BE}=\overline{BD}$, $\overline{CF}=\overline{CE}$

(2) △ABC의 둘레의 길이: $\overline{AB}+\overline{BC}+\overline{CA}=2(x+y+z)$

(3) △ABC의 넓이: $\triangle ABC=\dfrac{1}{2}r(\overline{AB}+\overline{BC}+\overline{CA})$

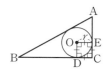

▶ **직각삼각형의 내접원**
∠C=90°인 직각삼각형 ABC의 내접원 O의 반지름의 길이를 r라 하면 □ODCE는 한 변의 길이가 r인 정사각형이다.

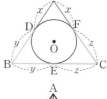

설명 (2) △ABC에서 $\overline{BD}=\overline{BE}=y$, $\overline{CE}=\overline{CF}=z$, $\overline{AF}=\overline{AD}=x$이므로

$$(\triangle ABC의 둘레의 길이)=\overline{AB}+\overline{BC}+\overline{CA}$$
$$=(x+y)+(y+z)+(z+x)$$
$$=2(x+y+z)$$

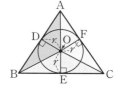

(3) $\triangle ABC=\triangle OAB+\triangle OBC+\triangle OCA$
$$=\dfrac{1}{2}\times\overline{AB}\times r+\dfrac{1}{2}\times\overline{BC}\times r+\dfrac{1}{2}\times\overline{CA}\times r$$
$$=\dfrac{1}{2}r(\overline{AB}+\overline{BC}+\overline{CA})$$

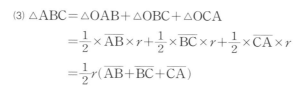

2 원에 외접하는 사각형에는 어떤 성질이 있는가? ◐ 핵심문제 3, 4

(1) 원에 외접하는 사각형에서 두 쌍의 대변의 길이의 합은 같다.
즉, $\overline{AB}+\overline{CD}=\overline{AD}+\overline{BC}$

(2) 두 쌍의 대변의 길이의 합이 같은 사각형은 원에 외접한다.

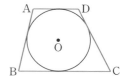

설명 (1) 사각형 ABCD가 원 O에 외접할 때, 그 접점을 각각 P, Q, R, S라 하자.
이때 원 밖의 한 점에서 그 원에 그은 두 접선의 길이는 같으므로

$$\overline{AP}=\overline{AS}, \overline{BP}=\overline{BQ}, \overline{CR}=\overline{CQ}, \overline{DR}=\overline{DS}$$
$$\therefore \overline{AB}+\overline{CD}=(\overline{AP}+\overline{BP})+(\overline{CR}+\overline{DR})$$
$$=(\overline{AS}+\overline{BQ})+(\overline{CQ}+\overline{DS})$$
$$=(\overline{AS}+\overline{DS})+(\overline{BQ}+\overline{CQ})$$
$$=\overline{AD}+\overline{BC}$$

즉, 원에 외접하는 사각형에서 두 쌍의 대변의 길이의 합은 같다.

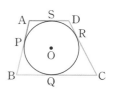

01 다음 그림에서 원 O는 △ABC의 내접원이고 세 점 D, E, F는 접점일 때, x, y, z의 값을 각각 구하시오.

◯ 삼각형의 내접원

$\overline{AD}=$ ☐, $\overline{BE}=$ ☐,

$\overline{CF}=$ ☐

(1)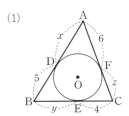

(2)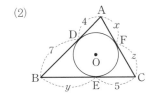

02 오른쪽 그림에서 원 O는 △ABC의 내접원이고 세 점 D, E, F는 접점일 때, 다음은 x의 값을 구하는 과정이다. ☐ 안에 알맞은 수를 써넣으시오.

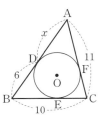

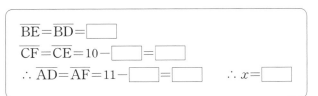

$\overline{BE}=\overline{BD}=$ ☐

$\overline{CF}=\overline{CE}=10-$ ☐ $=$ ☐

$\therefore \overline{AD}=\overline{AF}=11-$ ☐ $=$ ☐ $\qquad \therefore x=$ ☐

03 다음 그림에서 ▢ABCD가 원 O에 외접할 때, x의 값을 구하시오.

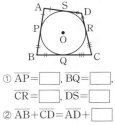

◯ 원에 외접하는 사각형

① $\overline{AP}=$ ☐, $\overline{BQ}=$ ☐,

$\overline{CR}=$ ☐, $\overline{DS}=$ ☐

② $\overline{AB}+\overline{CD}=\overline{AD}+$ ☐

(1)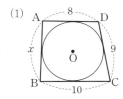

(2)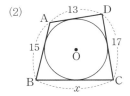

04 오른쪽 그림에서 ▢ABCD가 원 O에 외접하고 네 점 E, F, G, H는 접점일 때, 다음은 x의 값을 구하는 과정이다. ☐ 안에 알맞은 것을 써넣으시오.

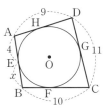

$\overline{AB}+\overline{CD}=\overline{AD}+$ ☐ 이므로

$(4+x)+11=9+$ ☐

$\therefore x=$ ☐

핵심문제 🔑 익히기

01 삼각형의 내접원

더 다양한 문제는 RPM 중3-2 52쪽

오른쪽 그림에서 원 O는 △ABC의 내접원이고 세 점 D, E, F는 접점이다. $\overline{AB}=12$ cm, $\overline{BC}=14$ cm, $\overline{CA}=10$ cm일 때, $\overline{AF}$의 길이를 구하시오.

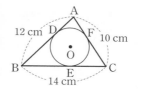

Key Point

원 O가 △ABC의 내접원이고 세 점 D, E, F가 접점일 때

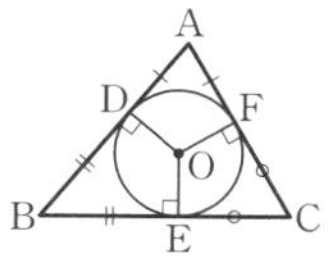

$\Rightarrow \overline{AD}=\overline{AF}, \overline{BE}=\overline{BD},$
$\overline{CF}=\overline{CE}$

풀이 $\overline{AF}=\overline{AD}=x$ cm라 하면
$\overline{BE}=\overline{BD}=(12-x)$ cm, $\overline{CE}=\overline{CF}=(10-x)$ cm
$\overline{BC}=\overline{BE}+\overline{CE}$이므로 $14=(12-x)+(10-x)$
$2x=8$ ∴ $x=4$ ∴ $\overline{AF}=$ **4 cm**

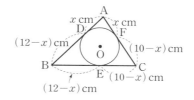

확인 1 오른쪽 그림에서 원 O는 △ABC의 내접원이고 세 점 D, E, F는 접점이다. $\overline{AB}=9$ cm, $\overline{AC}=10$ cm, $\overline{AF}=4$ cm일 때, $\overline{BC}$의 길이를 구하시오.

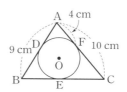

02 직각삼각형의 내접원

더 다양한 문제는 RPM 중3-2 53쪽

오른쪽 그림에서 원 O는 ∠C=90°인 직각삼각형 ABC의 내접원이고 세 점 D, E, F는 접점이다. $\overline{BC}=12$ cm, $\overline{AC}=5$ cm일 때, 원 O의 반지름의 길이를 구하시오.

Key Point

원 O가 ∠C=90°인 직각삼각형 ABC의 내접원일 때

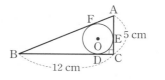

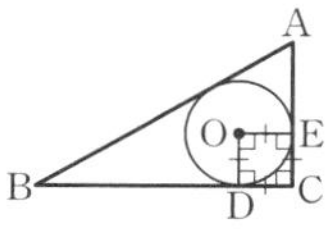

$\Rightarrow$ □ODCE는 정사각형이다.

풀이 $\overline{AB}=\sqrt{12^2+5^2}=\sqrt{169}=13$ (cm)
원 O의 반지름의 길이를 r cm라 하면 $\overline{CD}=\overline{CE}=r$ cm
$\overline{AF}=\overline{AE}=(5-r)$ cm, $\overline{BF}=\overline{BD}=(12-r)$ cm
$\overline{AB}=\overline{AF}+\overline{BF}$이므로 $13=(5-r)+(12-r)$
$2r=4$ ∴ $r=2$
따라서 원 O의 반지름의 길이는 **2 cm**이다.

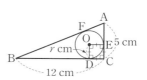

확인 2 오른쪽 그림에서 원 O는 ∠C=90°인 직각삼각형 ABC의 내접원이고 세 점 D, E, F는 접점이다. $\overline{BC}=8$ cm, $\overline{AC}=6$ cm일 때, 원 O의 넓이를 구하시오.

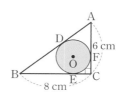

03 원에 외접하는 사각형

더 다양한 문제는 RPM 중3-2 53쪽

오른쪽 그림에서 □ABCD는 원 O에 외접하고 네 점 E, F, G, H는 접점일 때, x의 값을 구하시오.

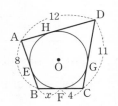

□ABCD가 원 O에 외접할 때

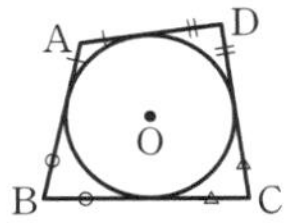

⇨ $\overline{AB}+\overline{CD}=\overline{AD}+\overline{BC}$

풀이 $\overline{AB}+\overline{CD}=\overline{AD}+\overline{BC}$이므로
$8+11=12+(x+4)$ ∴ $x=3$

확인❸ 오른쪽 그림과 같이 원 O에 외접하는 □ABCD의 둘레의 길이가 30 cm일 때, x, y의 값을 각각 구하시오.

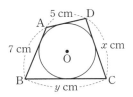

04 원에 외접하는 사각형의 응용

더 다양한 문제는 RPM 중3-2 55쪽

오른쪽 그림에서 원 O는 직사각형 ABCD의 세 변과 접하고 $\overline{DE}$는 원 O의 접선이다. $\overline{CE}=6$ cm, $\overline{DE}=10$ cm일 때, $\overline{BE}$의 길이를 구하시오.

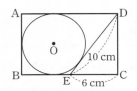

• 직각삼각형 DEC에서
$\overline{DC}=\sqrt{\overline{DE}^2-\overline{EC}^2}$
• □ABED가 원 O에 외접한다.
⇨ $\overline{AB}+\overline{DE}=\overline{AD}+\overline{BE}$

풀이 직각삼각형 DEC에서 $\overline{DC}=\sqrt{10^2-6^2}=\sqrt{64}=8$ (cm)
$\overline{BE}=x$ cm라 하면 $\overline{AD}=\overline{BC}=(x+6)$ cm
□ABED가 원 O에 외접하므로 $\overline{AB}+\overline{DE}=\overline{AD}+\overline{BE}$
$8+10=(x+6)+x$, $2x=12$ ∴ $x=6$
∴ $\overline{BE}=$ **6 cm**

확인❹ 오른쪽 그림과 같이 원 O가 직사각형 ABCD의 세 변과 점 E, F, G에서 접하고, $\overline{DI}$와 점 H에서 접한다. $\overline{AB}=8$ cm, $\overline{AD}=10$ cm일 때, $\overline{GI}$의 길이를 구하시오.

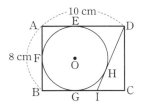

소단원 📰 핵심문제

01 오른쪽 그림에서 원 O는 △ABC의 내접원이고 세 점 D, E, F는 접점이다. $\overline{AB}=11$ cm, $\overline{AC}=10$ cm, $\overline{AD}=4$ cm일 때, $\overline{BC}$의 길이는?

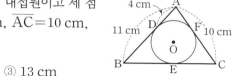

① 11 cm ② 12 cm ③ 13 cm
④ 14 cm ⑤ 15 cm

☆ 생각해 봅시다
원 밖의 한 점에서 그 원에 그은 두 접선의 길이는 같음을 이용한다.

02 오른쪽 그림에서 원 O는 ∠C=90°인 직각삼각형 ABC의 내접원이다. $\overline{AB}=17$ cm, $\overline{BC}=15$ cm일 때, 원 O의 둘레의 길이를 구하시오.

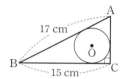

03 오른쪽 그림에서 □ABCD는 원 O에 외접하고 네 점 P, Q, R, S는 접점일 때, □ABCD의 둘레의 길이를 구하시오.

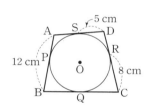

$\overline{AB}+\overline{CD}=\overline{AD}+\overline{BC}$

04 오른쪽 그림과 같이 원 O에 외접하는 □ABCD에서 ∠A=∠B=90°이고 $\overline{AD}=12$ cm, $\overline{BC}=18$ cm이다. 이때 원 O의 반지름의 길이를 구하시오.

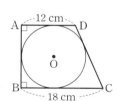

$\overline{AB}$의 길이가 원의 지름의 길이와 같음을 이용한다.

05 오른쪽 그림과 같이 원 O가 직사각형 ABCD의 세 변과 점 E, F, G에서 접하고, $\overline{DI}$와 점 H에서 접한다. $\overline{AB}=6$ cm, $\overline{AD}=8$ cm일 때, △CDI의 둘레의 길이를 구하시오.

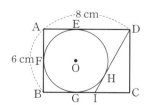

Step 1 **기본문제**

01 오른쪽 그림과 같이 반지름의 길이가 6 cm인 원 O에서 반지름 OP를 수직이등분하는 현 AB의 길이를 구하시오.

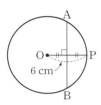

02 오른쪽 그림의 원 O에서 $\overline{AB} \perp \overline{OC}$이고 $\overline{AM}=8$ cm, $\overline{CM}=4$ cm일 때, $\overline{OB}$의 길이는?

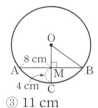

① 9 cm ② 10 cm ③ 11 cm
④ 12 cm ⑤ 13 cm

03 오른쪽 그림과 같이 반지름의 길이가 8 cm인 원 O를 현 AB를 접는 선으로 하여 접었더니 $\overset{\frown}{AB}$가 원의 중심 O를 지났다. 이때 현 AB의 길이는?

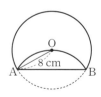

① $6\sqrt{3}$ cm ② $6\sqrt{5}$ cm ③ $8\sqrt{3}$ cm
④ $8\sqrt{5}$ cm ⑤ $12\sqrt{3}$ cm

04 오른쪽 그림의 원 O에서 $\overline{AB} \perp \overline{OE}$이고 $\overline{AB}=\overline{CD}$이다. $\overline{OE}=4$ cm, $\overline{BE}=5$ cm일 때, △OCD의 넓이를 구하시오.

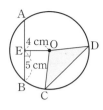

05 오른쪽 그림과 같이 원 O의 중심에서 두 현 AB, AC에 내린 수선의 발을 각각 M, N이라 하자. $\overline{OM}=\overline{ON}$이고 ∠MON=140°일 때, ∠ABC의 크기를 구하시오.

06 오른쪽 그림에서 점 O는 △ABC의 외접원의 중심이고, $\overline{AB} \perp \overline{OP}$, $\overline{AC} \perp \overline{OQ}$, $\overline{OP}=\overline{OQ}$이다. $\overline{AB}=10\sqrt{3}$, ∠BAC=60°일 때, 원 O의 반지름의 길이를 구하시오.

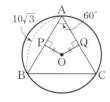

07 오른쪽 그림에서 점 T는 원 O의 접점이고 $\overline{OT}=5$ cm, $\overline{PT}=5\sqrt{3}$ cm일 때, $\overline{PQ}$의 길이를 구하시오.

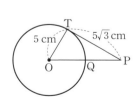

08 오른쪽 그림에서 두 점 A, B는 점 P에서 원 O에 그은 두 접선의 접점 이고 $\overline{PA}$=8 cm, ∠P=60°일 때, $\overline{AB}$의 길이는?

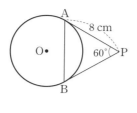

① 6 cm   ② 7 cm   ③ 8 cm

④ 9 cm   ⑤ 10 cm

09 오른쪽 그림에서 $\overline{PT}$, $\overline{PT'}$, $\overline{AB}$는 원 O의 접선 이고 세 점 T, T′, C는 각각 그 접점이다. $\overline{OT}$=8 cm, $\overline{PC}$=9 cm일 때, △ABP의 둘레 의 길이는?

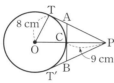

① 18 cm   ② 21 cm   ③ 24 cm

④ 27 cm   ⑤ 30 cm

꼭 나와

10 오른쪽 그림에서 $\overline{AD}$, $\overline{BC}$, $\overline{AF}$는 원 O의 접선 이고 세 점 D, E, F는 각각 그 접점이다. $\overline{AB}$=7 cm, $\overline{AC}$=5 cm, $\overline{BC}$=6 cm일 때, $\overline{BE}$의 길이를 구하시오.

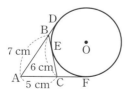

11 오른쪽 그림에서 $\overline{AB}$ 는 반원 O의 지름이고 $\overline{AD}$, $\overline{BC}$, $\overline{CD}$는 반원 O의 접선이다. $\overline{AD}$=8 cm, $\overline{BC}$=4 cm일 때, □ABCD의 둘 레의 길이를 구하시오. (단, 점 E는 접점이다.)

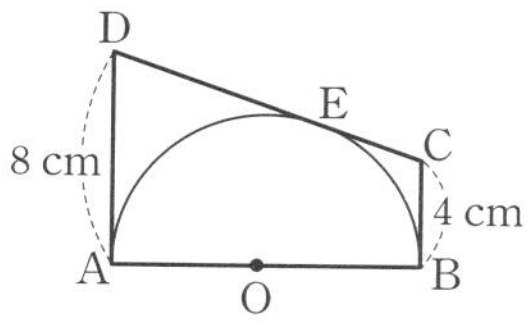

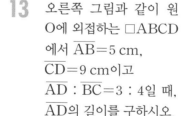

12 오른쪽 그림에서 원 O 는 △ABC의 내접원 이고 세 점 D, E, F는 접점이다. △ABC의 둘레의 길이가 16 cm일 때, $\overline{AF}$의 길이를 구하 시오.

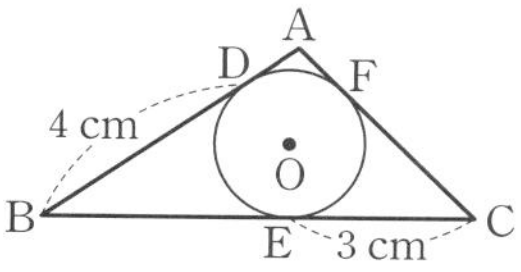

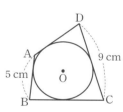

13 오른쪽 그림과 같이 원 O에 외접하는 □ABCD 에서 $\overline{AB}$=5 cm, $\overline{CD}$=9 cm이고 $\overline{AD}$: $\overline{BC}$=3 : 4일 때, $\overline{AD}$의 길이를 구하시오.

14 오른쪽 그림과 같이 □ABCD는 반지름의 길 이가 4 cm인 원 O에 외접 한다. ∠B=90°이고 $\overline{BC}$=10 cm, $\overline{CD}$=9 cm 일 때, $\overline{DP}$의 길이를 구하시오.

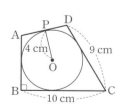

(단, 점 P는 접점이다.)

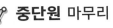

Step 2 **발전문제**

15 오른쪽 그림과 같이 반지름의 길이가 7 cm인 원 O에서 $\overline{AB} \parallel \overline{CD}$이고 $\overline{AB} = \overline{CD} = 10$ cm일 때, 두 현 AB와 CD 사이의 거리는?

① $4\sqrt{3}$ cm ② 7 cm ③ $4\sqrt{5}$ cm
④ $4\sqrt{6}$ cm ⑤ $7\sqrt{2}$ cm

16 오른쪽 그림과 같이 △ABC의 외접원의 중심 O에서 세 변 AB, BC, CA에 내린 수선의 발을 각각 D, E, F라 하자. $\overline{OD} = \overline{OE} = \overline{OF}$이고 $\overline{AB} = 12$ cm일 때, 원 O의 넓이는?

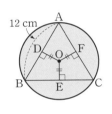

① 32π cm² ② 40π cm² ③ 45π cm²
④ 48π cm² ⑤ 52π cm²

17 오른쪽 그림과 같이 중심이 같은 두 원에서 큰 원의 현 AB는 작은 원의 접선이다. 색칠한 부분의 넓이가 36π cm²일 때, $\overline{AB}$의 길이는?

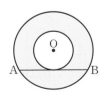

① 8 cm ② 10 cm ③ 12 cm
④ 14 cm ⑤ 16 cm

18 오른쪽 그림에서 두 점 A, B는 점 P에서 원 O에 그은 두 접선의 접점이다. $\angle AOB = 120°$, $\overline{OA} = 12$ cm일 때, 다음 중 옳지 않은 것은?

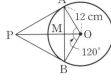

① $\angle APO = 30°$ ② $\overline{PO} = 24$ cm
③ $\overline{PA} = 12\sqrt{3}$ cm ④ $\overline{AB} = 12\sqrt{3}$ cm
⑤ △OAB $= 32\sqrt{3}$ cm²

19 오른쪽 그림에서 두 점 A, B는 점 P에서 원 O에 그은 두 접선의 접점이다. $\overline{PA} = 20$, $\overline{OA} = 10$일 때, $\overline{AB}$의 길이를 구하시오.

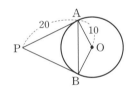

20 오른쪽 그림과 같이 점 A에서 원 O에 그은 두 접선의 접점을 각각 P, Q라 하고 $\overline{AO}$가 원 O와 만나는 점을 D, 점 D에서의 접선이 $\overline{AP}$, $\overline{AQ}$와 만나는 점을 각각 B, C라 하자. $\overline{AC} = 5$ cm, $\overline{CQ} = 3$ cm일 때, 원 O의 넓이를 구하시오.

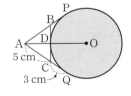

21 오른쪽 그림에서 $\overline{AC}$, $\overline{BD}$, $\overline{CD}$는 반원 O의 접선이다. $\overline{AC}=5$ cm, $\overline{BD}=3$ cm일 때, △COD의 넓이를 구하시오. (단, 점 P는 접점이다.)

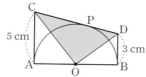

22 오른쪽 그림에서 원 O는 △ABC의 내접원이고 세 점 D, E, F는 접점이다. $\overline{AB}=10$ cm, $\overline{BE}=6$ cm, $\overline{OG}=3$ cm 일 때, $\overline{AG}$의 길이는?

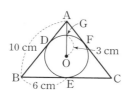

① $\dfrac{7}{4}$ cm   ② 2 cm   ③ $\dfrac{9}{4}$ cm

④ $\dfrac{5}{2}$ cm   ⑤ $\dfrac{11}{4}$ cm

꼭 나와
23 오른쪽 그림에서 원 O는 △ABC의 내접원이고 세 점 P, Q, R는 접점이다. $\overline{DE}$가 원 O의 접선이고 $\overline{AB}=18$ cm, $\overline{BC}=16$ cm, $\overline{CA}=12$ cm일 때, △DBE의 둘레의 길이는?

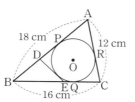

① 20 cm   ② 21 cm   ③ 22 cm
④ 23 cm   ⑤ 24 cm

24 오른쪽 그림에서 원 O는 ∠C=90°인 직각삼각형 ABC의 내접원이고 세 점 D, E, F는 접점이다. $\overline{AD}=3$, $\overline{BD}=2$ 일 때, △ABC의 넓이를 구하시오.

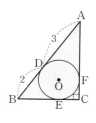

25 오른쪽 그림과 같이 $\overline{AD} \parallel \overline{BC}$인 등변사다리꼴 ABCD가 원 O에 외접한다. $\overline{AD}=8$ cm, $\overline{BC}=18$ cm일 때, 원 O의 지름의 길이는?

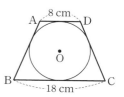

① 11 cm   ② 12 cm   ③ 13 cm
④ 14 cm   ⑤ 15 cm

UP
26 오른쪽 그림과 같이 육각형 ABCDEF가 원 O에 외접할 때, $\overline{EF}$의 길이를 구하시오.

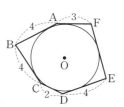

UP
27 오른쪽 그림과 같이 가로와 세로의 길이가 각각 25 cm, 18 cm인 직사각형 ABCD에 접하는 두 원 O, O′이 외접할 때, 원 O′의 반지름의 길이를 구하시오.

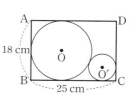

서술형 대비 문제

정답과 풀이 p.31

1

오른쪽 그림의 원 O에서 $\overline{AB}\perp\overline{OM}$, $\overline{CD}\perp\overline{ON}$이고 $\overline{OM}=\overline{ON}=7$ cm, $\overline{AB}=14$ cm일 때, $\overline{CO}$의 길이를 구하시오. [6점]

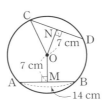

풀이과정

1단계 $\overline{CD}$의 길이 구하기 [2점]

$\overline{OM}=\overline{ON}$이므로 $\overline{CD}=\overline{AB}=14$ cm

2단계 $\overline{CN}$의 길이 구하기 [2점]

$\overline{CD}\perp\overline{ON}$이므로 $\overline{CN}=\overline{DN}$

$\therefore \overline{CN}=\dfrac{1}{2}\overline{CD}=\dfrac{1}{2}\times14=7\,(\text{cm})$

3단계 $\overline{CO}$의 길이 구하기 [2점]

직각삼각형 CON에서
$\overline{CO}=\sqrt{7^2+7^2}=\sqrt{98}=7\sqrt{2}\,(\text{cm})$

답 $7\sqrt{2}$ cm

1-1 오른쪽 그림의 원 O에서 $\overline{AB}\perp\overline{OM}$, $\overline{CD}\perp\overline{ON}$이고 $\overline{OM}=\overline{ON}=2$ cm, $\overline{OA}=6$ cm일 때, $\overline{CD}$의 길이를 구하시오. [6점]

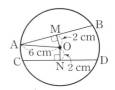

풀이과정

1단계 $\overline{AM}$의 길이 구하기 [2점]

2단계 $\overline{AB}$의 길이 구하기 [2점]

3단계 $\overline{CD}$의 길이 구하기 [2점]

답

2

오른쪽 그림에서 원 O는 $\angle C=90°$인 직각삼각형 ABC의 내접원이고 세 점 D, E, F는 접점이다. $\overline{AB}=26$ cm, $\overline{AC}=24$ cm일 때, 원 O의 둘레의 길이를 구하시오. [7점]

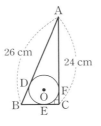

풀이과정

1단계 $\overline{BC}$의 길이 구하기 [1점]

$\overline{BC}=\sqrt{26^2-24^2}=\sqrt{100}=10\,(\text{cm})$

2단계 원 O의 반지름의 길이 구하기 [4점]

원 O의 반지름의 길이를 r cm라 하면
$\overline{CE}=\overline{CF}=r$ cm이므로
$\overline{AD}=\overline{AF}=(24-r)$ cm, $\overline{BD}=\overline{BE}=(10-r)$ cm
$\overline{AB}=\overline{AD}+\overline{BD}$이므로 $26=(24-r)+(10-r)$
$2r=8 \qquad \therefore r=4$

3단계 원 O의 둘레의 길이 구하기 [2점]

따라서 원 O의 둘레의 길이는 $2\pi\times4=8\pi\,(\text{cm})$

답 8π cm

2-1 오른쪽 그림에서 원 O는 $\angle C=90°$인 직각삼각형 ABC의 내접원이고 세 점 D, E, F는 접점이다. $\overline{AB}=15$ cm, $\overline{BC}=12$ cm일 때, 원 O의 넓이를 구하시오. [7점]

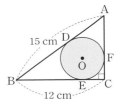

풀이과정

1단계 $\overline{AC}$의 길이 구하기 [1점]

2단계 원 O의 반지름의 길이 구하기 [4점]

3단계 원 O의 넓이 구하기 [2점]

답

3 오른쪽 그림에서 $\overline{AB}$는 원 O의 지름이다. $\overline{AB}=12$ cm, $\overline{CD}=8$ cm일 때, $\triangle COD$의 넓이를 구하시오. [7점]

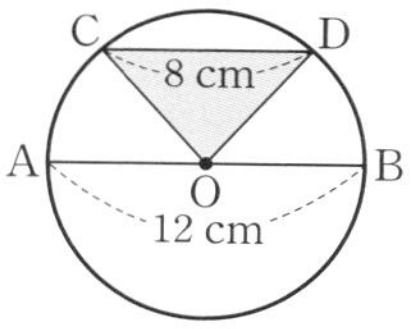

풀이과정 ─────────────────

답

4 오른쪽 그림에서 $\overarc{AB}$는 원의 일부분이다. $\overline{AB} \perp \overline{CM}$, $\overline{AM}=\overline{BM}$이고 $\overline{AB}=12$ cm, $\overline{CM}=3$ cm일 때, 이 원의 둘레의 길이를 구하시오. [8점]

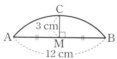

풀이과정 ─────────────────

답

5 오른쪽 그림과 같이 □ABCD가 원에 외접하고 있다. $\overline{AC}=15$ cm, $\overline{BC}=12$ cm, $\overline{CD}=13$ cm, $\angle B=90°$일 때, $\overline{AD}$의 길이를 구하시오. [6점]

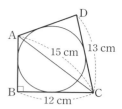

풀이과정 ─────────────────

답

6 오른쪽 그림에서 원 O는 직사각형 ABCD의 세 변과 접하고 $\overline{AE}$는 원 O의 접선이다. $\overline{AB}=4$ cm, $\overline{AD}=6$ cm일 때, $\overline{AE}$의 길이를 구하시오.

(단, 점 P, Q, R, S는 접점이다.) [8점]

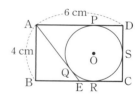

풀이과정 ─────────────────

답

운명을 개척한 개구리

개구리 한 마리가 길에 패인 웅덩이에 빠져서 나올 수가 없었습니다.

사정을 안 친구들도 도와주려고 했지만 워낙 진창인데다 깊어서 도와줄 수가 없었답니다.

그러다 어둠이 깔리고 친구들은 그를 운명에 맡긴 채 집으로 돌아갔습니다.

그런데 그 다음 날 친구들이 그가 어찌 되었나 궁금해서 다시 그 장소로 찾아가 보니 그 개구리는 웅덩이에서 빠져 나와 뛰어다니고 있었습니다.

친구들은 궁금해서 물었습니다.

"아니, 어떻게 된거니? 어떻게 빠져 나온거야?"

그러자 그 개구리는 대답했습니다.

"응, 아침에 트럭이 다가오길래 온 힘을 다해 빠져 나왔지.

그냥 앉아서 죽기에는 너무 억울하잖니."

II

원의 성질

**개념원리
이해**

1 원주각과 중심각 사이에는 어떤 관계가 있는가? ○ 핵심문제 1, 2

(1) **원주각**

원 O에서 $\overarc{AB}$ 위에 있지 않은 점 P에 대하여 ∠APB를 $\overarc{AB}$에 대한 **원주각**이라 하고, $\overarc{AB}$를 원주각 ∠APB에 대한 호라 한다.

(2) **원주각과 중심각의 크기**

한 원에서 한 호에 대한 원주각의 크기는 그 호에 대한 중심각의 크기의 $\frac{1}{2}$이다. 즉, ∠APB = $\frac{1}{2}$∠AOB

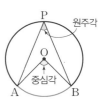

▶ $\overarc{AB}$에 대한 중심각 ∠AOB는 하나로 정해지지만 원주각 ∠APB는 점 P의 위치에 따라 무수히 많다.

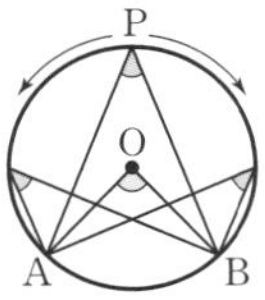

설명 (2) (ⅰ) 중심 O가 ∠APB의 한 변 위에 있는 경우 (ⅱ) 중심 O가 ∠APB의 내부에 있는 경우 (ⅲ) 중심 O가 ∠APB의 외부에 있는 경우

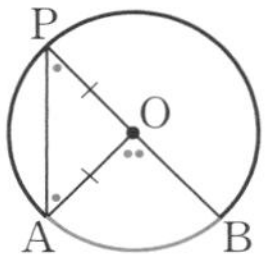

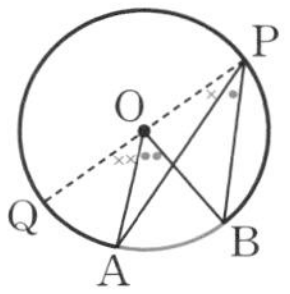

∠OPA = ∠OAP이므로
∠AOB
= ∠OPA + ∠OAP
= 2∠APB
∴ ∠APB = $\frac{1}{2}$∠AOB

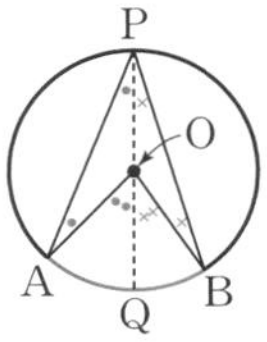

지름 PQ를 그으면
∠APB
= ∠APQ + ∠BPQ
= $\frac{1}{2}$(∠AOQ + ∠BOQ)
= $\frac{1}{2}$∠AOB

지름 PQ를 그으면
∠APB
= ∠QPB − ∠QPA
= $\frac{1}{2}$(∠QOB − ∠QOA)
= $\frac{1}{2}$∠AOB

2 원주각에는 어떤 성질이 있는가? ○ 핵심문제 3~6

(1) 한 원에서 한 호에 대한 원주각의 크기는 모두 같다.
즉, ∠APB = ∠AQB = ∠ARB
(2) 반원에 대한 원주각의 크기는 90°이다.
즉, $\overline{AB}$가 원 O의 지름이면
∠APB = 90°

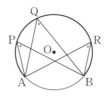
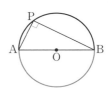

설명 (2) 오른쪽 그림과 같이 원 O에서 $\overarc{AB}$가 반원일 때, 중심각 ∠AOB의 크기는
180°이므로 원주각 ∠APB의 크기는
$$\angle APB = \frac{1}{2}\angle AOB = \frac{1}{2} \times 180° = 90°$$

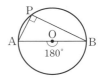

3 원주각의 크기와 호의 길이 사이에는 어떤 관계가 있는가? ◉ 핵심문제 7, 8

한 원에서

(1) 길이가 같은 호에 대한 원주각의 크기는 같다.

　즉, $\overset{\frown}{AB}=\overset{\frown}{CD}$이면 $\angle APB=\angle CQD$

(2) 크기가 같은 원주각에 대한 호의 길이는 같다.

　즉, $\angle APB=\angle CQD$이면 $\overset{\frown}{AB}=\overset{\frown}{CD}$

(3) 호의 길이는 그 호에 대한 원주각의 크기에 정비례한다.

▶ 중심각의 크기와 현의 길이는 정비례하지 않으므로 원주각의 크기와 현의 길이도 정비례하지 않는다.

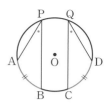

설명 (1) 원주각의 크기는 중심각의 크기의 $\frac{1}{2}$이므로

$$\angle APB=\frac{1}{2}\angle AOB, \quad \angle CQD=\frac{1}{2}\angle COD$$

이때 $\overset{\frown}{AB}=\overset{\frown}{CD}$이므로 $\angle AOB=\angle COD$

$$\therefore \angle APB=\angle CQD$$

(2) $\angle AOB=2\angle APB, \quad \angle COD=2\angle CQD$

이때 $\angle APB=\angle CQD$이므로 $\angle AOB=\angle COD$

$$\therefore \overset{\frown}{AB}=\overset{\frown}{CD}$$

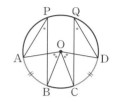

4 원주각의 성질을 이용한 네 점이 한 원 위에 있을 조건은 무엇인가? ◉ 핵심문제 9

두 점 C, D가 직선 AB에 대하여 같은 쪽에 있을 때,

$$\angle ACB=\angle ADB$$

이면 네 점 A, B, C, D는 한 원 위에 있다.

▶ 네 점 A, B, C, D가 한 원 위에 있다는 것은 □ABDC가 원에 내접하는 사각형이라는 것이다.

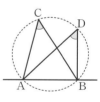

설명 (i) 점 D가 원의 내부에 있는 경우　(ii) 점 D가 원 위에 있는 경우　(iii) 점 D가 원의 외부에 있는 경우

$\overline{AD}$의 연장선과 원 O의 교점을 D′이라 하면 △BD′D에서

$$\angle ADB>\angle AD'B$$
$$\scriptsize \to \bullet+\times \quad \to \bullet$$

$\angle AD'B=\angle ACB$이므로

$$\angle ACB<\angle ADB$$

$\angle ACB$와 $\angle ADB$는 모두 $\overset{\frown}{AB}$에 대한 원주각이므로

$$\angle ACB=\angle ADB$$

$\overline{AD}$와 원 O의 교점을 D′이라 하면 △BDD′에서

$$\angle AD'B>\angle ADB$$
$$\scriptsize \to \bullet+\times \quad \to \bullet$$

$\angle AD'B=\angle ACB$이므로

$$\angle ACB>\angle ADB$$

⇨ 따라서 $\angle ACB=\angle ADB$인 경우는 (ii)이며, 이때 네 점 A, B, C, D는 한 원 위에 있음을 알 수 있다.

01 다음 그림에서 ∠x의 크기를 구하시오.

(1)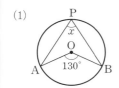

(2)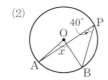

(3)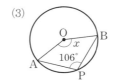

◯ 한 원에서 한 호에 대한 원주각의 크기는 그 호에 대한 중심각의 크기의 ☐ 이다.

02 다음 그림에서 ∠x의 크기를 구하시오.

(1)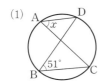

(2)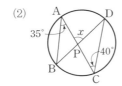

(3)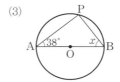

◯ ① 한 원에서 한 호에 대한 원주각의 크기는 모두 ☐.
② 반원에 대한 원주각의 크기는 ☐ 이다.

03 다음 그림에서 x의 값을 구하시오.

(1)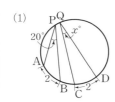

(2)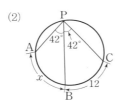

(3)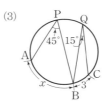

◯ 한 원에서
① 길이가 같은 호에 대한 원주각의 크기는 같다.
② 크기가 같은 원주각에 대한 호의 길이는 같다.
③ 호의 길이는 그 호에 대한 원주각의 크기에 ☐ 한다.

04 다음 **보기** 중에서 네 점 A, B, C, D가 한 원 위에 있는 경우를 모두 찾으시오.

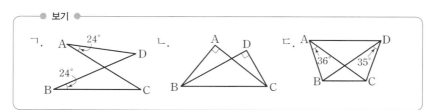

● 보기 ●

◯

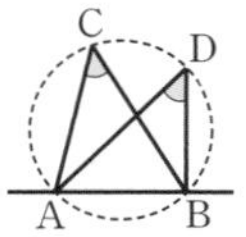

두 점 C, D가 직선 AB에 대하여 같은 쪽에 있을 때,
∠ACB = ∠ADB이면 네 점 A, B, C, D는 한 원 위에 있다.

핵심문제 🔑 익히기

정답과 풀이 p.33

01 원주각과 중심각의 크기

더 다양한 문제는 RPM 중3-2 64쪽

오른쪽 그림의 원 O에서 ∠AOB＝140°일 때, ∠x, ∠y의 크기를 각각 구하시오.

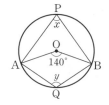

Key Point

• (원주각의 크기)
 ＝$\frac{1}{2}$×(중심각의 크기)
• (중심각의 크기)
 ＝2×(원주각의 크기)

풀이 $\overparen{\text{AQB}}$에 대한 중심각의 크기는 140°이므로

$$\angle x＝\frac{1}{2}×140°＝\textbf{70}°$$

$\overparen{\text{APB}}$에 대한 중심각의 크기는 360°－140°＝220°이므로

$$\angle y＝\frac{1}{2}×220°＝\textbf{110}°$$

확인 1 다음 그림에서 ∠x의 크기를 구하시오.

(1) 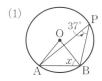　(2) 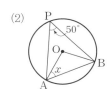　(3)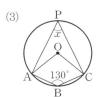

02 원주각과 중심각의 크기 – 두 접선이 주어진 경우

더 다양한 문제는 RPM 중3-2 65쪽

오른쪽 그림에서 $\overline{\text{PA}}$, $\overline{\text{PB}}$는 원 O의 접선이고 두 점 A, B는 각각 그 접점이다. ∠APB＝50°일 때, ∠x의 크기를 구하시오.

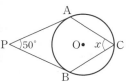

Key Point

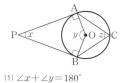

(1) ∠x＋∠y＝180°

(2) ∠z＝$\frac{1}{2}$∠y, ∠y＝2∠z

풀이 오른쪽 그림과 같이 $\overline{\text{OA}}$, $\overline{\text{OB}}$를 그으면

∠PAO＝∠PBO＝90°이므로 □APBO에서

∠AOB＝360°－(90°＋50°＋90°)＝130°

∴ ∠x＝$\frac{1}{2}$∠AOB＝$\frac{1}{2}$×130°＝**65**°

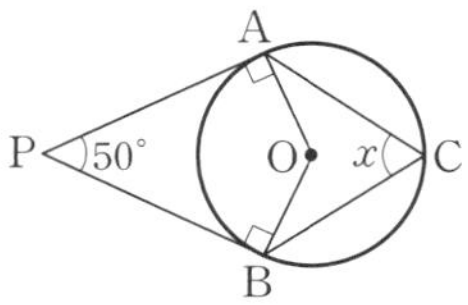

확인 2 오른쪽 그림에서 $\overline{\text{PA}}$, $\overline{\text{PB}}$는 원 O의 접선이고 두 점 A, B는 각각 그 접점이다. ∠ACB＝55°일 때, ∠x의 크기를 구하시오.

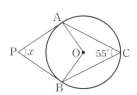

03 원주각의 성질

더 다양한 문제는 RPM 중3-2 65쪽

오른쪽 그림에서 $\angle PAQ=20°$, $\angle ARB=70°$일 때, $\angle y-\angle x$의 크기를 구하시오.

풀이 $\angle x=\angle PAQ=20°$이므로 $\triangle RBQ$에서
$70°=20°+\angle y$ $\quad\therefore \angle y=50°$
$\therefore \angle y-\angle x=50°-20°=\mathbf{30°}$

Key Point

한 원에서 한 호에 대한 원주각의 크기는 모두 같다.

⇨ $\angle APB=\angle AQB=\angle ARB$

확인 3 다음 그림에서 $\angle x$의 크기를 구하시오.

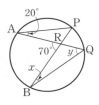

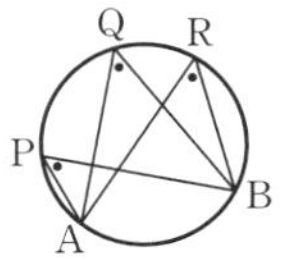

(1)

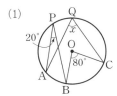

(2)

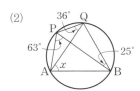

(3)

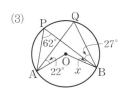

04 반원에 대한 원주각의 크기

더 다양한 문제는 RPM 중3-2 66쪽

오른쪽 그림에서 $\overline{AB}$는 원 O의 지름이고 $\angle ACD=64°$일 때, $\angle x$의 크기를 구하시오.

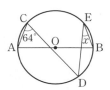

풀이 오른쪽 그림과 같이 $\overline{AE}$를 그으면 $\angle AED=\angle ACD=64°$
이때 $\overline{AB}$는 원 O의 지름이므로 $\angle AEB=90°$
$\therefore \angle x=90°-64°=\mathbf{26°}$

Key Point

반원에 대한 원주각의 크기는 90°이다.

⇨ $\angle APB=\angle AQB$
$=90°$

확인 4 다음 그림에서 $\angle x$의 크기를 구하시오.

(1)

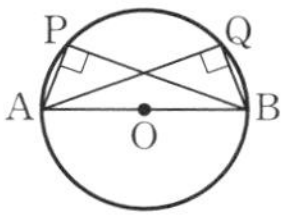

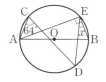

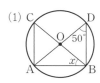

(2)

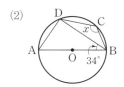

(3)

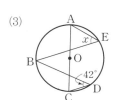

05 반원에 대한 원주각의 크기의 응용

더 다양한 문제는 RPM 중3-2 66쪽

Key Point

보조선을 그어 크기가 90°인 원주각을 찾는다.

오른쪽 그림에서 $\overline{AB}$는 반원 O의 지름이고 $\angle COD=36°$일 때, $\angle APB$의 크기를 구하시오.

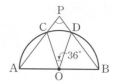

풀이 　오른쪽 그림과 같이 $\overline{AD}$를 그으면 $\overline{AB}$는 반원 O의 지름이므로
$\angle ADB=90°$
$\angle CAD=\dfrac{1}{2}\angle COD=\dfrac{1}{2}\times 36°=18°$이므로 △PAD에서
$\angle APB=180°-(90°+18°)=\mathbf{72°}$

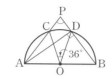

확인 ⑤ 　오른쪽 그림에서 $\overline{AB}$는 반원 O의 지름이고
$\angle APB=75°$일 때, $\angle COD$의 크기를 구하시오.

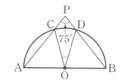

06 원주각의 성질과 삼각비의 값

더 다양한 문제는 RPM 중3-2 67쪽

Key Point

반원에 대한 원주각의 크기가 90°임을 이용하여 직각삼각형을 찾아 삼각비의 값을 구한다.

오른쪽 그림과 같이 반지름의 길이가 6 cm인 원 O에 내접하는 △ABC에서 $\overline{BC}=8$ cm일 때, $\tan A$의 값을 구하시오.

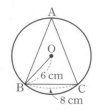

풀이 　오른쪽 그림과 같이 $\overline{BO}$의 연장선이 원 O와 만나는 점을 A′이라 하면
$\angle BAC=\angle BA′C$
또 반원에 대한 원주각의 크기는 90°이므로 $\angle BCA′=90°$
△A′BC에서 $\overline{A′B}=2\times 6=12(cm)$이므로
$\overline{A′C}=\sqrt{12^2-8^2}=\sqrt{80}=4\sqrt{5}(cm)$
∴ $\tan A=\tan A′=\dfrac{\overline{BC}}{\overline{A′C}}=\dfrac{8}{4\sqrt{5}}=\dfrac{2\sqrt{5}}{5}$

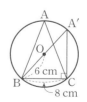

확인 ⑥ 　오른쪽 그림과 같이 원 O에 내접하는 △ABC에서
$\angle A=60°$, $\overline{BC}=9$ cm일 때, 원 O의 반지름의 길이를 구하시오.

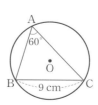

07 **원주각의 크기와 호의 길이 (1)**   더 다양한 문제는 RPM 중3-2 68, 69쪽

다음 그림에서 x 또는 y의 값을 구하시오.

(1)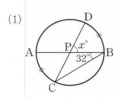

(2)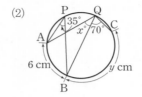

풀이   (1) $\overset{\frown}{AC}=\overset{\frown}{BD}$이므로 $\angle DCB=\angle ABC=32°$

△PCB에서 $\angle DPB=32°+32°=64°$ ∴ $x=64$

(2) $\angle AQB=\angle APB=35°$이므로 $x=35$

또 $\angle APB:\angle BQC=\overset{\frown}{AB}:\overset{\frown}{BC}$이므로 $35:70=6:y$ ∴ $y=12$

확인7   다음 그림에서 x의 값을 구하시오.

(1)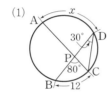

(2)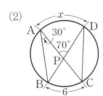

(3)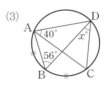

08 **원주각의 크기와 호의 길이 (2)**   더 다양한 문제는 RPM 중3-2 69쪽

오른쪽 그림의 원 O에서 $\overset{\frown}{AB}:\overset{\frown}{BC}:\overset{\frown}{CA}=3:4:5$일 때, $\angle A$, $\angle B$, $\angle C$의 크기를 각각 구하시오.

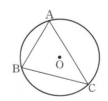

풀이 $\overset{\frown}{AB}:\overset{\frown}{BC}:\overset{\frown}{CA}=3:4:5$이므로 $\angle C:\angle A:\angle B=3:4:5$

$\angle A+\angle B+\angle C=180°$이므로

$\angle A=180°\times\dfrac{4}{3+4+5}=60°$, $\angle B=180°\times\dfrac{5}{3+4+5}=75°$,

$\angle C=180°\times\dfrac{3}{3+4+5}=45°$

확인8   오른쪽 그림의 원 O에서 $\overset{\frown}{AB}:\overset{\frown}{BC}:\overset{\frown}{CA}=2:3:4$일 때, △ABC의 가장 큰 내각의 크기를 구하시오.

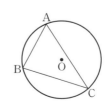

09 네 점이 한 원 위에 있을 조건

더 다양한 문제는 **RPM** 중3-2 70쪽

Key Point

네 점 A, B, C, D가 한 원 위에
있을 조건

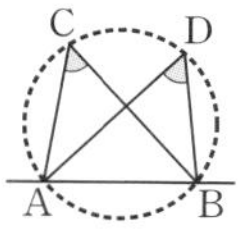

⇨ ∠ACB＝∠ADB

다음 중 네 점 A, B, C, D가 한 원 위에 있는 것을 모두 고르면? (정답 2개)

①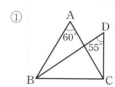
②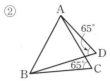
③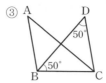
④
⑤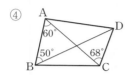
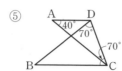

풀이
① 선분 BC에 대하여 ∠BAC≠∠BDC이므로
네 점 A, B, C, D는 한 원 위에 있지 않다.
② 선분 AB에 대하여 ∠ACB＝∠ADB＝65°이므로
네 점 A, B, C, D는 한 원 위에 있다.
③ 선분 BC에 대하여 ∠BAC와 ∠BDC의 크기가 같은지 알 수 없으므로
네 점 A, B, C, D가 한 원 위에 있다고 할 수 없다.
④ 선분 AD에 대하여 ∠ABD≠∠ACD이므로
네 점 A, B, C, D는 한 원 위에 있지 않다.
⑤ △DBC에서 ∠DBC＝180°－(70°＋70°)＝40°
즉, 선분 CD에 대하여 ∠DAC＝∠DBC＝40°이므로
네 점 A, B, C, D는 한 원 위에 있다.
따라서 네 점 A, B, C, D가 한 원 위에 있는 것은 ②, ⑤이다.

확인 9 다음 중 네 점 A, B, C, D가 한 원 위에 있지 <u>않은</u> 것은?

①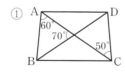
②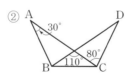
③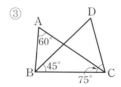
④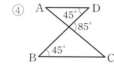
⑤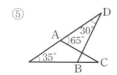

확인 10 오른쪽 그림에서 네 점 A, B, C, D가 한 원 위에 있
을 때, ∠x의 크기를 구하시오.

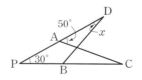

01 오른쪽 그림과 같이 반지름의 길이가 8 cm인 원에서 $\overset{\frown}{BC}$에 대한 원주각의 크기가 30°일 때, $\overset{\frown}{BC}$의 길이를 구하시오.

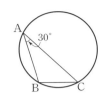

☆ 생각해 봅시다

(중심각의 크기)
=2×(원주각의 크기)

02 오른쪽 그림과 같이 반지름의 길이가 3 cm인 원 O에서 ∠ABC=100°일 때, 색칠한 부분의 넓이를 구하시오.

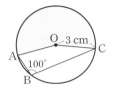

03 오른쪽 그림에서 $\overline{PA}$, $\overline{PB}$는 원 O의 접선이고 두 점 A, B는 각각 그 접점이다. ∠APB=80°일 때, ∠x− ∠y의 크기를 구하시오.

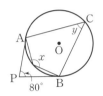

원의 접선은 그 접점을 지나는 원의 반지름과 서로 수직이다.

04 오른쪽 그림과 같이 두 현 AB, CD의 연장선의 교점을 P, 두 현 AD, BC의 교점을 E라 하자. ∠P=20°, ∠BED=50°일 때, ∠x의 크기를 구하시오.

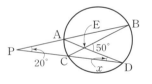

05 오른쪽 그림과 같이 반지름의 길이가 6 cm인 반원 O에서 $\overline{AB}$∥$\overline{CD}$이고 ∠CAD=30°일 때, $\overset{\frown}{BD}$의 길이를 구하시오.

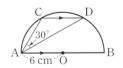

반원에 대한 원주각의 크기는 90°이다.

06 오른쪽 그림과 같이 원 O에 내접하는 △ABC에서 $\overline{BC}$=4 cm이고 $\tan A=\sqrt{2}$일 때, 원 O의 넓이를 구하시오.

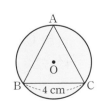

07 오른쪽 그림의 원 O에서 $\stackrel{\frown}{AB}=\frac{1}{2}\stackrel{\frown}{BC}$이고 ∠AEB=25°
일 때, ∠x+∠y의 크기를 구하시오.

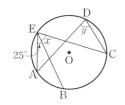

★ 생각해 봅시다

호의 길이는 그 호에 대한 원주각의
크기에 정비례한다.

08 오른쪽 그림에서 $\overline{AB}$와 $\overline{CD}$는 원 O의 지름이고
∠DCB=30°, $\stackrel{\frown}{DB}=6$ cm일 때, $\stackrel{\frown}{AD}$의 길이를 구하시오.

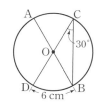

09 오른쪽 그림의 원 O에서 $\stackrel{\frown}{AB}:\stackrel{\frown}{BC}:\stackrel{\frown}{CA}=3:1:2$일 때,
∠A의 크기를 구하시오.

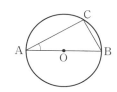

10 오른쪽 그림에서 $\stackrel{\frown}{AB}$, $\stackrel{\frown}{CD}$의 길이가 각각 원의 둘레의 길이의 $\frac{1}{6}$, $\frac{1}{9}$일 때, ∠x의 크기를 구하시오.

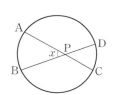

호의 길이가 원의 둘레의 길이의 $\frac{1}{k}$
이면 그 호에 대한 원주각의 크기는
$180°\times\frac{1}{k}$이다.

11 다음 중 네 점 A, B, C, D가 한 원 위에 있는 것을 모두 고르면? (정답 2개)

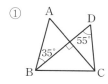

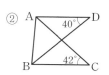

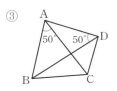

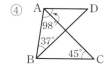

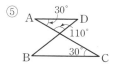

1 원에 내접하는 사각형에는 어떤 성질이 있는가? ◐ 핵심문제 1~5

(1) 원에 내접하는 사각형에서 한 쌍의 대각의 크기의 합은 180°이다.
   즉, $\angle A + \angle C = 180°$, $\angle B + \angle D = 180°$

(2) 원에 내접하는 사각형의 한 외각의 크기는 그 외각에 이웃한 내각에 대한 대각의 크기와 같다.
   즉, $\angle DCE = \angle A$

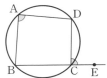

설명 (1) 오른쪽 그림에서 $\overarc{BCD}$에 대한 중심각의 크기를 $\angle x$, $\overarc{BAD}$에 대한 중심각의 크기를 $\angle y$라 하면

$$\angle A = \frac{1}{2} \angle x, \ \angle C = \frac{1}{2} \angle y$$

$$\therefore \ \angle A + \angle C = \frac{1}{2} \angle x + \frac{1}{2} \angle y = \frac{1}{2}(\angle x + \angle y) = \frac{1}{2} \times 360° = 180°$$

마찬가지 방법으로 $\angle B + \angle D = 180°$

(2) □ABCD의 변 BC의 연장선 위에 점 E를 잡으면 □ABCD가 원에 내접하므로

$\angle A + \angle BCD = 180°$ ...... ㉠

또 $\angle BCD + \angle DCE = 180°$ ...... ㉡

㉠, ㉡에서 $\angle A = \angle DCE$

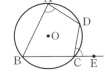

2 사각형이 원에 내접하기 위한 조건은 무엇인가? ◐ 핵심문제 6

(1) 사각형에서 한 쌍의 대각의 크기의 합이 180°이면 이 사각형은 원에 내접한다.

(2) 사각형에서 한 외각의 크기가 그 외각에 이웃한 내각에 대한 대각의 크기와 같으면 이 사각형은 원에 내접한다.

▶ 정사각형, 직사각형, 등변사다리꼴은 모두 한 쌍의 대각의 크기의 합이 180°이므로 항상 원에 내접한다.

개념원리 📖 확인하기

정답과 풀이 p.36

01 다음 그림에서 ∠x, ∠y의 크기를 각각 구하시오.

(1)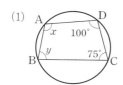

(2)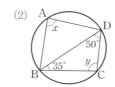

○ 원에 내접하는 사각형에서 한 쌍의 대각의 크기의 합은 ☐ 이다.

02 다음 그림에서 ∠x의 크기를 구하시오.

(1)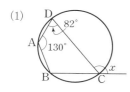

(2)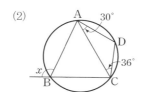

○ 원에 내접하는 사각형의 한 외각의 크기는 그 외각에 이웃한 내각에 대한 ☐ 의 크기와 같다.

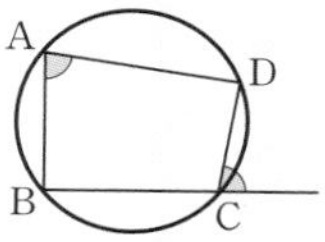

03 다음 그림에서 □ABCD가 원에 내접하도록 하는 ∠x의 크기를 구하시오.

(1)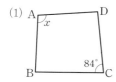

(2)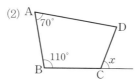

○ **사각형이 원에 내접하기 위한 조건**
① 한 쌍의 대각의 크기의 합이 180° 일 때
② 한 외각의 크기가 그 외각에 이웃한 내각에 대한 대각의 크기와 같을 때

더 다양한 문제는 RPM 중3-2 70쪽

01 원에 내접하는 사각형의 성질 (1)

오른쪽 그림에서 □ABCD가 원 O에 내접하고 $\overline{CD}$는 원 O의 지름이다. ∠BDC=25°일 때, ∠x의 크기를 구하시오.

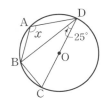

Key Point

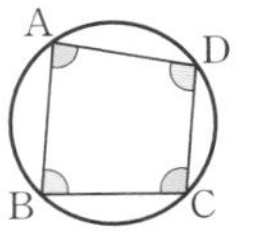

□ABCD가 원에 내접하면
∠A+∠C=∠B+∠D
=180°

풀이　$\overline{CD}$가 원 O의 지름이므로 ∠DBC=90°
　　　△BCD에서 ∠BCD=180°−(90°+25°)=65°
　　　이때 □ABCD가 원 O에 내접하므로 ∠x+∠BCD=180°
　　　∴ ∠x=180°−65°=**115°**

확인1　다음 그림에서 □ABCD가 원에 내접할 때, ∠x, ∠y의 크기를 각각 구하시오.

(1)
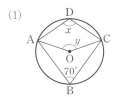

(2)
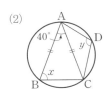

(3)
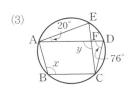

더 다양한 문제는 RPM 중3-2 71쪽

02 원에 내접하는 사각형의 성질 (2)

오른쪽 그림에서 □ABCD가 원에 내접할 때, ∠x, ∠y의 크기를 각각 구하시오.

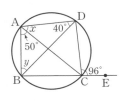

Key Point

□ABCD가 원에 내접하면
∠DCE=∠A

풀이　□ABCD가 원에 내접하므로 ∠BAD=∠DCE=96°
　　　50°+∠x=96°　　∴ ∠x=**46°**
　　　△ABD에서 (50°+∠x)+∠y+40°=180°
　　　(50°+46°)+∠y+40°=180°　　∴ ∠y=**44°**

확인2　다음 그림에서 □ABCD가 원에 내접할 때, ∠x, ∠y의 크기를 각각 구하시오.

(1)
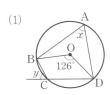

(2)
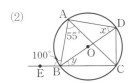

(3)
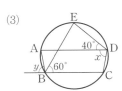

03 원에 내접하는 사각형의 성질의 응용

더 다양한 문제는 RPM 중3-2 72쪽

Key Point

오른쪽 그림과 같이 원에 내접하는 □ABCD에서 $\overline{AB}$와 $\overline{CD}$의
연장선의 교점을 E, $\overline{AD}$와 $\overline{BC}$의 연장선의 교점을 F라 하자.
∠AED=43°, ∠AFB=37°일 때, ∠x의 크기를 구하시오.

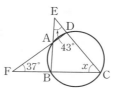

풀이 □ABCD가 원에 내접하므로 ∠FAB=∠DCB=∠x
△EBC에서 ∠EBF=43°+∠x
△AFB에서 ∠x+37°+(43°+∠x)=180°
2∠x=100°   ∴ ∠x=**50°**

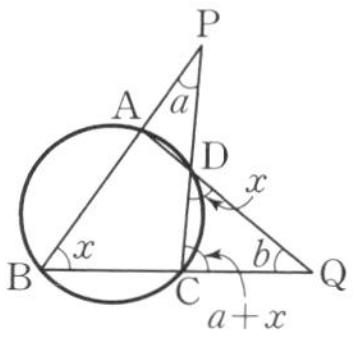

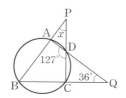

① ∠ABC=∠CDQ=∠x
② ∠DCQ=∠a+∠x
③ ∠x+(∠a+∠x)+∠b
  =180°

확인❸ 오른쪽 그림과 같이 원에 내접하는 □ABCD에서 $\overline{AB}$
와 $\overline{CD}$의 연장선의 교점을 P, $\overline{AD}$와 $\overline{BC}$의 연장선의 교
점을 Q라 하자. ∠ADC=127°, ∠CQD=36°일 때,
∠x의 크기를 구하시오.

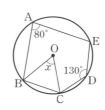

04 원에 내접하는 다각형

더 다양한 문제는 RPM 중3-2 72쪽

Key Point

오른쪽 그림과 같이 오각형 ABCDE가 원 O에 내접하고
∠BAE=80°, ∠CDE=130°일 때, ∠x의 크기를 구하시오.

원에 내접하는 다각형
⇨ 보조선을 그어 원에 내접하
는 사각형을 만든다.

풀이 오른쪽 그림과 같이 $\overline{BD}$를 그으면 □ABDE가 원 O에 내접하므로
∠BAE+∠BDE=180°
∴ ∠BDE=180°−80°=100°
따라서 ∠BDC=130°−100°=30°이므로
∠x=2∠BDC=2×30°=**60°**

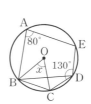

확인❹ 오른쪽 그림과 같이 오각형 ABCDE가 원 O에 내접하고
∠BCD=120°, ∠DOE=70°일 때, ∠BAE의 크기를 구
하시오.

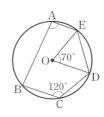

05 두 원에서 내접하는 사각형의 성질의 응용 더 다양한 문제는 RPM 중3-2 73쪽

더 다양한 문제는 RPM 중3-2 73쪽

오른쪽 그림과 같이 두 원이 두 점 P, Q에서 만나고
$\angle PAB=95°$, $\angle ABQ=85°$일 때, $\angle PDC$의 크기를 구하시오.

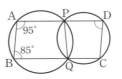

Key Point

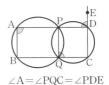

$\angle A = \angle PQC = \angle PDE$

풀이 □ABQP가 원에 내접하므로 $\angle PQC = \angle PAB = 95°$
□PQCD가 원에 내접하므로
$\angle PQC + \angle PDC = 180°$ ∴ $\angle PDC = 180° - 95° = \mathbf{85°}$

확인 5 다음 그림과 같이 두 원 O, O′이 두 점 P, Q에서 만날 때, $\angle x$의 크기를 구하시오.

(1)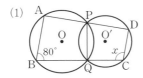

(2)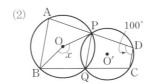

06 사각형이 원에 내접하기 위한 조건 더 다양한 문제는 RPM 중3-2 73쪽

더 다양한 문제는 RPM 중3-2 73쪽

다음 중 □ABCD가 원에 내접하지 <u>않는</u> 것을 모두 고르면? (정답 2개)

①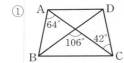

②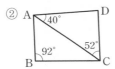

③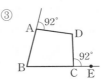

④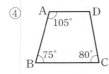

⑤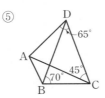

Key Point

사각형이 원에 내접하기 위한 조건
① 한 선분에 대하여 같은 쪽에 있는 두 각의 크기가 같을 때
② 한 쌍의 대각의 크기의 합이 180°일 때
③ 한 외각의 크기가 그 외각에 이웃한 내각에 대한 대각의 크기와 같을 때

풀이
① $\angle BDC = 106° - 42° = 64°$ ∴ $\angle BAC = \angle BDC$
② $\angle ADC = 180° - (40° + 52°) = 88°$ ∴ $\angle B + \angle D = 92° + 88° = 180°$
③ $\angle BAD = 180° - 92° = 88°$ ∴ $\angle BAD \neq \angle DCE$
④ $\angle A + \angle C = 105° + 80° = 185° \neq 180°$
⑤ $\angle DAC = 180° - (65° + 45°) = 70°$ ∴ $\angle DAC = \angle DBC$
따라서 □ABCD가 원에 내접하지 않는 것은 ③, ④이다.

확인 6 오른쪽 그림의 □ABCD가 원에 내접하고 $\angle ADB=30°$, $\angle BCD=80°$일 때, $\angle ABD$의 크기를 구하시오.

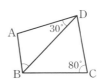

소단원 📖 핵심문제

01 다음 그림에서 □ABCD가 원에 내접할 때, $\angle x$, $\angle y$의 크기를 각각 구하시오.

(1)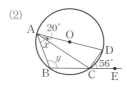
(2)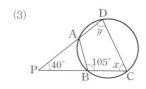
(3)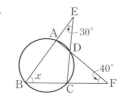

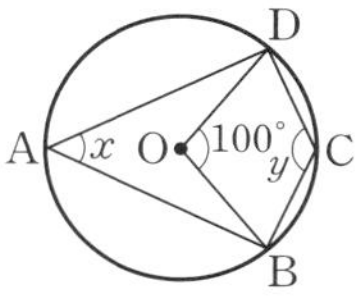

02 오른쪽 그림과 같이 원에 내접하는 □ABCD에서 $\overline{AB}$와 $\overline{CD}$의 연장선의 교점을 E, $\overline{AD}$와 $\overline{BC}$의 연장선의 교점을 F라 하자. $\angle AED=30°$, $\angle DFC=40°$일 때, $\angle x$의 크기를 구하시오.

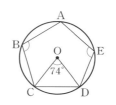

03 오른쪽 그림과 같이 오각형 ABCDE가 원 O에 내접하고 $\angle COD=74°$일 때, $\angle ABC+\angle AED$의 크기를 구하시오.

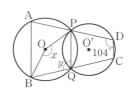

$\overline{CE}$를 그으면
$\angle CED=\frac{1}{2}\angle COD$

04 오른쪽 그림과 같이 두 원 O, O′이 두 점 P, Q에서 만나고 $\angle PDC=104°$일 때, $\angle x+\angle y$의 크기를 구하시오.

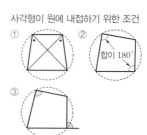

05 다음 중 □ABCD가 원에 내접하지 <u>않는</u> 것은?

①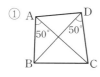
②
③
④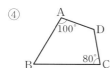
⑤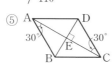

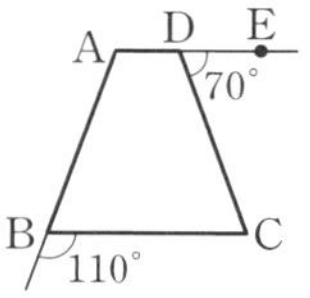

사각형이 원에 내접하기 위한 조건

개념원리
이해

1 원의 접선과 현이 이루는 각에는 어떤 성질이 있는가? ◑ 핵심문제 1~4

원의 접선과 그 접점을 지나는 현이 이루는 각의 크기는 그 각의 내부에 있는 호에 대한 원주각의 크기와 같다.

즉, $\angle BAT = \angle BCA$

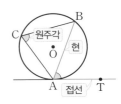

참고 원 O에서 $\angle BAT = \angle BCA$이면 직선 AT는 원 O의 접선이다.

설명 다음과 같이 $\angle BAT$가 직각, 예각, 둔각인 세 가지 경우로 나눌 수 있다.

(ⅰ) $\angle BAT$가 직각인 경우

$\overline{AB}$가 원 O의 지름이므로 $\angle BCA$는 반원에 대한 원주각이다. 즉,

$\angle BCA = 90°$

$\therefore \angle BAT = \angle BCA = 90°$

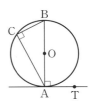

(ⅱ) $\angle BAT$가 예각인 경우

오른쪽 그림과 같이 지름 PA와 선분 PC를 그으면

$\angle PAT = \angle PCA = 90°$

$\angle PAB$, $\angle PCB$는 $\overset{\frown}{BP}$에 대한 원주각이므로

$\angle PAB = \angle PCB$

이때 $\angle BAT = \angle PAT - \angle PAB = 90° - \angle PAB$이고

$\angle BCA = \angle PCA - \angle PCB = 90° - \angle PAB$이므로

$\angle BAT = \angle BCA$

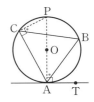

(ⅲ) $\angle BAT$가 둔각인 경우

오른쪽 그림과 같이 지름 PA와 선분 PC를 그으면

$\angle PAT = \angle PCA = 90°$

$\angle BCP$, $\angle BAP$는 $\overset{\frown}{BP}$에 대한 원주각이므로

$\angle BCP = \angle BAP$

이때 $\angle BAT = \angle BAP + \angle PAT = \angle BAP + 90°$이고

$\angle BCA = \angle BCP + \angle PCA = \angle BAP + 90°$이므로

$\angle BAT = \angle BCA$

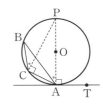

(ⅰ)~(ⅲ)에 의하여 $\angle BAT = \angle BCA$이다.

예 오른쪽 그림에서 직선 TT'이 원 O의 접선이고 점 A가 접점일 때, $\angle x$, $\angle y$의 크기를 각각 구하시오.

$\angle x = \angle BAT' = 70°$

$\angle y = \angle CAT = 55°$

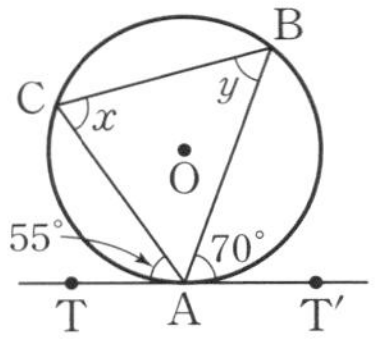

2 두 원에서 접선과 현이 이루는 각에는 어떤 성질이 있는가? ○ 핵심문제 5, 6

직선 PQ가 두 원 O, O′의 공통인 접선이고 점 T가 접점일 때, 다음의 각 경우에 대하여 $\overline{AB}/\!/\overline{CD}$가 성립한다.

(1) 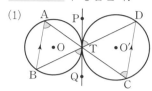　　　　　　　　(2)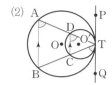

설명 (1) 직선 PQ가 두 원 O, O′의 공통인 접선이므로

　　원 O에서 ∠BAT＝∠BTQ

　　또 ∠BTQ＝∠DTP(맞꼭지각)

　　원 O′에서 ∠DTP＝∠DCT

　　∴ ∠BAT＝∠DCT

　　따라서 엇각의 크기가 같으므로

　　$\overline{AB}/\!/\overline{CD}$

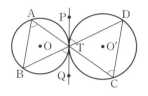

(2) 직선 PQ가 두 원 O, O′의 공통인 접선이므로

　　원 O에서 ∠BAT＝∠CTQ

　　원 O′에서 ∠CDT＝∠CTQ

　　∴ ∠BAT＝∠CDT

　　따라서 동위각의 크기가 같으므로

　　$\overline{AB}/\!/\overline{CD}$

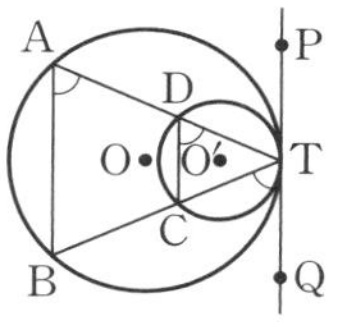

예 다음 그림에서 직선 PQ가 두 원의 공통인 접선이고 점 T가 접점일 때, ∠x, ∠y의 크기를 각각 구하시오.

(1) 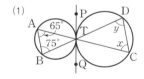　　　　　　　　(2)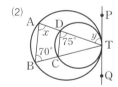

(1) ∠BTQ＝∠BAT＝65°

　　∠DTP＝∠BTQ＝65°(맞꼭지각)

　　∴ ∠x＝∠DTP＝65°

　　∠ATP＝∠ABT＝75°

　　∠CTQ＝∠ATP＝75°(맞꼭지각)

　　∴ ∠y＝∠CTQ＝75°

(2) ∠y＝∠ABT＝70°

　　∠CTQ＝∠CDT＝75°이므로

　　∠x＝∠CTQ＝75°

01 다음 그림에서 직선 AT가 원 O의 접선이고 점 A가 접점일 때, ∠x의 크기를 구하시오.

(1)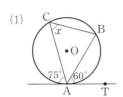

(2)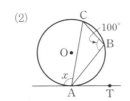

(3)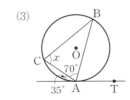

○ 접선과 현이 이루는 각

직선 AT가 원의 접선일 때

∠x = [ ]

∠y = [ ]

02 다음은 오른쪽 그림에서 직선 AT가 원 O의 접선이고 점 A가 접점일 때, ∠x의 크기를 구하는 과정이다. □ 안에 알맞은 것을 써넣으시오.

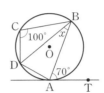

○ 원에 내접하는 사각형에서 한 쌍의 대각의 크기의 합은 [ ]이다.

□ABCD가 원 O에 내접하므로

$100° + ∠DAB =$ [   ]

∴ ∠DAB = [   ]

또 ∠BDA = ∠[   ] = [   ]

따라서 △BDA에서

∠x = 180° − (∠BDA + ∠DAB)

= 180° − ([   ] + [   ]) = [   ]

03 오른쪽 그림에서 직선 PQ가 두 원 O, O′의 공통인 접선이고 점 T가 접점일 때, 다음을 구하시오.

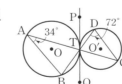

(1) ∠BTQ의 크기

(2) ∠DTP의 크기

(3) ∠DCT의 크기

(4) $\overline{AB}$와 평행한 선분

핵심문제 🔑 익히기

---

01 접선과 현이 이루는 각 (1) 더 다양한 문제는 RPM 중3-2 74쪽

오른쪽 그림에서 직선 AT는 원 O의 접선이고 점 A는 접점이다.
∠AOB=112°일 때, ∠BAT의 크기를 구하시오.

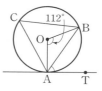

Key Point

직선 TT′이 원의 접선일 때

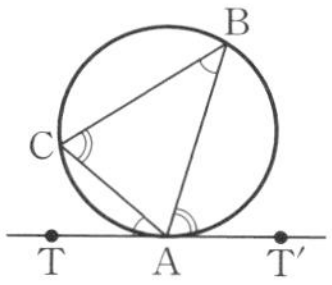

① ∠BAT′=∠BCA
② ∠CAT=∠CBA

풀이 $\angle ACB = \dfrac{1}{2}\angle AOB = \dfrac{1}{2}\times 112° = 56°$

∴ ∠BAT=∠ACB=**56°**

확인 1 다음 그림에서 직선 AT가 원 O의 접선이고 점 A가 접점일 때, ∠x, ∠y의 크기를 각각 구하시오.

(1)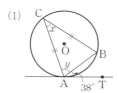

(2)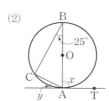

(3)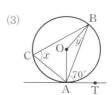

---

02 접선과 현이 이루는 각 (2) 더 다양한 문제는 RPM 중3-2 75쪽

오른쪽 그림에서 직선 AT는 원의 접선이고 점 A는 접점이다.
∠ABD=50°, ∠BCD=110°일 때, ∠BAT의 크기를 구하시오.

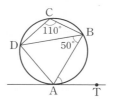

Key Point

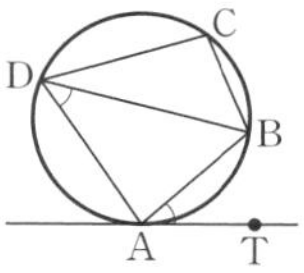

① □ABCD가 원에 내접하므로
  ∠DCB+∠DAB=180°
② ∠BAT=∠BDA

풀이 □ABCD가 원에 내접하므로 ∠BAD+∠BCD=180° ∴ ∠BAD=180°−110°=70°

△ABD에서 ∠BDA=180°−(50°+70°)=60°

∴ ∠BAT=∠BDA=**60°**

확인 2 다음 그림에서 직선 AT가 원의 접선이고 점 A가 접점일 때, ∠x, ∠y의 크기를 각각 구하시오.

(1)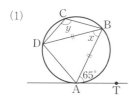

(2)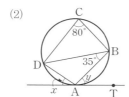

(3)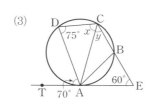

03 접선과 현이 이루는 각의 응용 (1)

더 다양한 문제는 RPM 중3-2 76쪽

오른쪽 그림에서 직선 PT는 원 O의 접선이고 점 A는 접점이다. $\overline{CP}$가 원 O의 중심을 지나고 ∠CAT=68°일 때, ∠x, ∠y의 크기를 각각 구하시오.

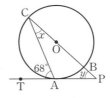

Key Point

$\overline{BP}$가 원 O의 중심을 지날 때

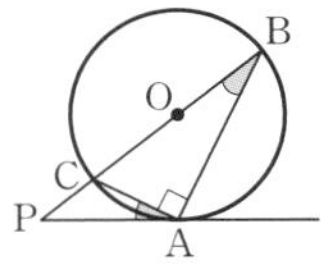

① ∠CAB=90°
② ∠PAC=∠ABC

풀이 오른쪽 그림과 같이 $\overline{AB}$를 그으면
$\overline{BC}$가 원 O의 지름이므로 ∠CAB=90°
∠CBA=∠CAT=68°
△ABC에서 ∠x=180°−(90°+68°)=**22°**
∠BAP=∠x=22°이므로
△APB에서 68°=22°+∠y ∴ ∠y=**46°**

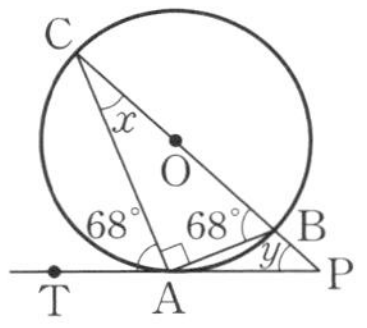

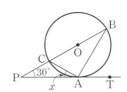

확인 ③ 오른쪽 그림에서 직선 PT는 원 O의 접선이고 점 A는 접점이다. $\overline{BP}$가 원 O의 중심을 지나고 ∠CPA=30°일 때, ∠x의 크기를 구하시오.

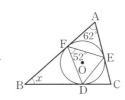

04 접선과 현이 이루는 각의 응용 (2)

더 다양한 문제는 RPM 중3-2 76쪽

오른쪽 그림에서 원 O는 △ABC의 내접원이면서 △DEF의 외접원이다. 세 점 D, E, F는 접점이고, ∠BAC=58°, ∠BCA=70°일 때, ∠x의 크기를 구하시오.

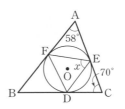

Key Point

원 밖의 한 점에서 원에 그은 두 접선이 있는 경우

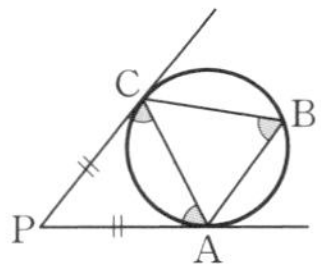

두 직선 PA, PC가 원의 접선이고 두 점 A, C가 각각 그 접점일 때, $\overline{PA}=\overline{PC}$이므로
∠PAC=∠PCA=∠ABC

풀이 △ABC에서 ∠ABC=180°−(58°+70°)=52°
원 O 밖의 한 점 B에서 원 O에 그은 두 접선의 길이는 같으므로 $\overline{BD}=\overline{BF}$
즉, △BDF는 $\overline{BD}=\overline{BF}$인 이등변삼각형이므로
∠BDF=∠BFD=$\frac{1}{2}$×(180°−52°)=64°
$\overline{BC}$가 원 O의 접선이므로 ∠x=∠BDF=**64°**

확인 ④ 오른쪽 그림에서 원 O는 △ABC의 내접원이면서 △DEF의 외접원이다. 세 점 D, E, F는 접점이고, ∠BAC=62°, ∠EFD=52°일 때, ∠x의 크기를 구하시오.

05 두 원에서 접선과 현이 이루는 각 (1)

더 다양한 문제는 **RPM** 중3–2 77쪽

오른쪽 그림에서 직선 PQ는 두 원의 공통인 접선이고 점 T는 접점이다. ∠BAT=55°, ∠CDT=60°일 때, ∠DTC의 크기를 구하시오.

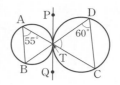

Key Point

직선 PQ가 두 원의 공통인 접선일 때

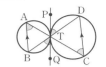

① ∠BAT=∠BTQ
　　　=∠DTP
　　　=∠DCT
② $\overline{AB}$∥$\overline{CD}$

풀이　∠BTQ=∠BAT=55°
　　　　∠DTP=∠BTQ=55° (맞꼭지각)
　　　　∠DCT=∠DTP=55°이므로
　　　　△DTC에서 ∠DTC=180°−(60°+55°)=**65°**

확인 5　다음 그림에서 직선 PQ가 두 원의 공통인 접선이고 점 T가 접점일 때, ∠x 또는 ∠y의 크기를 구하시오.

(1)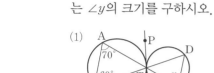

(2)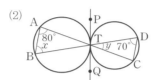

---

06 두 원에서 접선과 현이 이루는 각 (2)

더 다양한 문제는 **RPM** 중3–2 77쪽

오른쪽 그림에서 직선 PQ는 두 원의 공통인 접선이고 점 T는 접점이다. ∠ABT=76°, ∠CDT=72°일 때, ∠x, ∠y의 크기를 각각 구하시오.

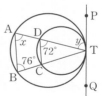

Key Point

직선 PQ가 두 원의 공통인 접선일 때

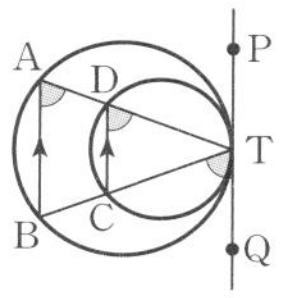

① ∠BAT=∠BTQ
　　　=∠CDT
② $\overline{AB}$∥$\overline{CD}$

풀이　∠CTQ=∠CDT=72°　∴ ∠x=∠CTQ=**72°**
　　　　∠y=∠ABT=**76°**

확인 6　다음 그림에서 직선 PQ가 두 원의 공통인 접선이고 점 T가 접점일 때, ∠x, ∠y의 크기를 각각 구하시오.

(1)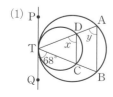

(2)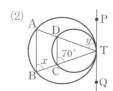

정답과 풀이 **p.39**

소단원 📖 핵심문제

01 오른쪽 그림에서 $\overline{PT}$는 원의 접선이고 점 T는 접점이다. $\overline{BT}=\overline{BP}$이고 $\angle TAP=40°$일 때, $\angle ATB$의 크기를 구하시오.

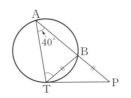

⭐ 생각해 봅시다

$\overline{BT}=\overline{BP}$이므로
$\angle BTP=\angle BPT$

02 오른쪽 그림에서 직선 PT는 원의 접선이고 점 A는 접점이다. $\angle CPA=30°$, $\angle BAT=48°$, $\angle ABC=110°$일 때, $\angle x+\angle y$의 크기를 구하시오.

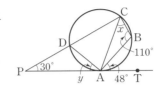

03 오른쪽 그림에서 직선 PT는 반지름의 길이가 8 cm인 원 O의 접선이고 점 T는 접점이다. $\angle PTA=30°$일 때, $\overline{PT}$의 길이를 구하시오.

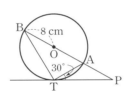

원의 접선은 그 접점을 지나는 원의 반지름과 서로 수직이다.

04 오른쪽 그림에서 $\overline{PA}$, $\overline{PB}$는 원의 접선이고 두 점 A, B는 접점이다. $\angle APB=64°$일 때, $\angle ACB$의 크기는?

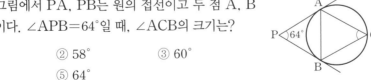

① 56° ② 58° ③ 60°
④ 62° ⑤ 64°

원 밖의 한 점에서 그 원에 그은 두 접선의 길이는 같다.

05 오른쪽 그림에서 직선 PQ는 두 원의 공통인 접선이고 점 T는 접점이다. $\angle BAT=80°$, $\angle CTD=50°$일 때, $\angle x$의 크기를 구하시오.

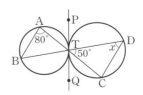

중단원 마무리

정답과 풀이 p. 40

Step 1 기본문제

01 오른쪽 그림의 원 O에서 $\angle APB=62°$일 때, $\angle OAB$의 크기를 구하시오.

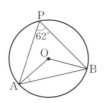

02 오른쪽 그림에서 $\overline{PA}$, $\overline{PB}$는 원 O의 접선이고 두 점 A, B는 각각 그 접점이다. $\angle APB=50°$일 때, $\angle x$의 크기를 구하시오.

꼭 나와

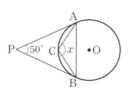

03 오른쪽 그림에서 $\overline{AB}$는 원 O의 지름이고 $\angle DEB=50°$일 때, $\angle ACD$의 크기는?

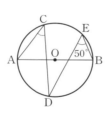

① 40° ② 42° ③ 46° ④ 48° ⑤ 52°

04 오른쪽 그림과 같이 원 O에 내접하는 △ABC에서 $\overline{BC}=6$ cm이고 $\cos A=\frac{4}{5}$일 때, 원 O의 둘레의 길이를 구하시오.

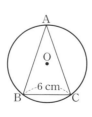

05 오른쪽 그림에서 $\overset{\frown}{BD}$의 길이는 원의 둘레의 길이의 $\frac{1}{8}$이고 $\overset{\frown}{AC}=2\overset{\frown}{BD}$일 때, $\angle BPD$의 크기를 구하시오.

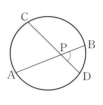

06 오른쪽 그림에서 네 점 A, B, C, D가 한 원 위에 있을 때, $\angle x+\angle y$의 크기를 구하시오.

꼭 나와

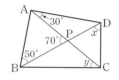

07 오른쪽 그림에서 □ABCD가 원 O에 내접하고 $\angle BOD=130°$일 때, $\angle y-\angle x$의 크기는?

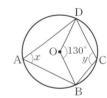

① 45° ② 46° ③ 48° ④ 50° ⑤ 52°

08 오른쪽 그림에서 □ABCD가 원에 내접하고 $\angle ADB=40°$, $\angle BAC=65°$, $\angle BCD=100°$일 때, $\angle x+\angle y$의 크기를 구하시오.

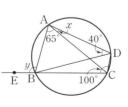

09 오른쪽 그림과 같이 오각형 ABCDE가 원 O에 내접하고 ∠AOB=72°, ∠BCD=110°일 때, ∠AED의 크기는?

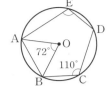

① 96° ② 100° ③ 106°
④ 110° ⑤ 114°

10 다음 **보기** 중에서 항상 원에 내접하는 사각형을 모두 고른 것은?

— ● 보기 ● —

ㄱ. 평행사변형 ㄴ. 정사각형
ㄷ. 등변사다리꼴 ㄹ. 마름모
ㅁ. 직사각형 ㅂ. 사다리꼴

① ㄱ, ㄷ, ㅁ ② ㄱ, ㄹ, ㅁ ③ ㄴ, ㄷ, ㄹ
④ ㄴ, ㄷ, ㅁ ⑤ ㄷ, ㄹ, ㅂ

꼭 나와

11 다음 중 □ABCD가 원에 내접하는 것은?

①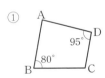

②

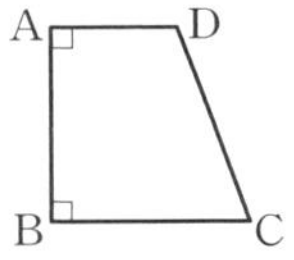

③

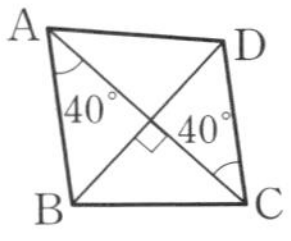

④

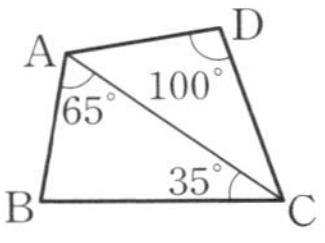

⑤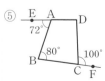

12 오른쪽 그림에서 직선 BT는 원 O의 접선이고 점 B는 접점이다. $\overline{BC}=\overline{CD}$이고 ∠ABD=37°, ∠CBD=35°일 때, ∠ABT의 크기는?

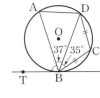

① 69° ② 71° ③ 73°
④ 75° ⑤ 77°

13 오른쪽 그림에서 원 O는 △ABC의 내접원이면서 △DEF의 외접원이다. 세 점 D, E, F는 접점이고, ∠BAC=46°, ∠DFE=50°일 때, ∠BCA의 크기를 구하시오.

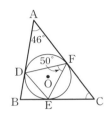

14 오른쪽 그림에서 직선 TT′은 두 원 O, O′의 공통인 접선이고 점 P는 접점일 때, 다음 중 ∠ACP와 크기가 같은 각을 모두 고르면? (정답 2개)

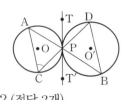

① ∠APT ② ∠CPT′ ③ ∠DPT
④ ∠DBP ⑤ ∠BDP

15 오른쪽 그림과 같이 두 원 O, O′이 두 점 C, D에서 만나고, 직선 TT′은 원 O′의 접선이다.
∠ABD=65°, ∠CPT=70°일 때, ∠CPD의 크기를 구하시오. (단, 점 P는 접점이다.)

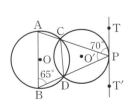

16 다음 그림에서 $\overline{PT}$는 원 O의 접선이고 점 T는 접점이다. $\overline{PB}$가 원 O의 중심을 지나고 ∠BPT=14°일 때, ∠x의 크기를 구하시오.

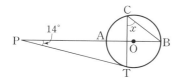

17 오른쪽 그림에서 $\overline{AB}$는 원 O의 지름이고 ∠APB=65°일 때, ∠x의 크기는?

① 35° ② 40°
③ 45° ④ 50°
⑤ 55°

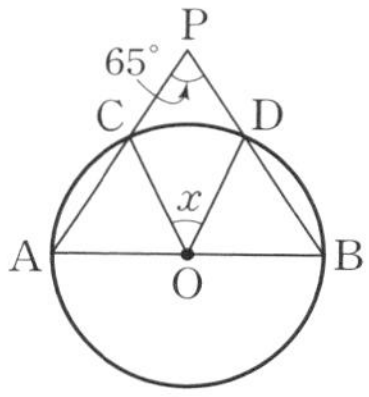

18 오른쪽 그림에서 점 P는 두 현 AB와 CD의 교점이다. 원 O의 반지름의 길이가 9 cm이고 ∠APC=30°일 때, $\widehat{AD}+\widehat{BEC}$의 길이를 구하시오.

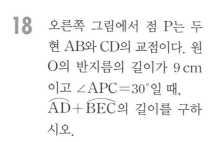

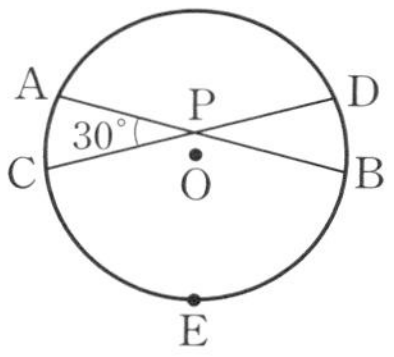

19 오른쪽 그림과 같이 원 O의 두 현 AB, CD의 연장선이 만나는 점을 P, 두 현 AD, BC가 만나는 점을 Q라 하자.
$\widehat{AC}:\widehat{BD}=1:3$이고 ∠BPD=50°일 때, ∠BQD의 크기를 구하시오.

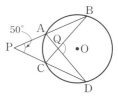

20 오른쪽 그림에서 $\widehat{AB}=\widehat{AE}$이고 ∠ADC=70°일 때, ∠$x$의 크기를 구하시오.

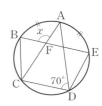

21 오른쪽 그림과 같이 원에 내접하는 □ABCD에서 $\overline{AB}$와 $\overline{CD}$의 연장선의 교점을 E, $\overline{AD}$와 $\overline{BC}$의 연장선의 교점을 F라 하자.
∠AED=35°, ∠DFC=25°일 때, ∠ADC의 크기는?

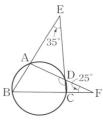

① 100° ② 110° ③ 120°
④ 130° ⑤ 140°

22 오른쪽 그림에서 ∠RDC=89°, ∠SCD=92°일 때, ∠x의 크기를 구하시오.

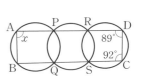

정답과 풀이 p.42

23 오른쪽 그림에서 $\overline{AD} \perp \overline{BC}$, $\overline{BE} \perp \overline{CA}$, $\overline{CF} \perp \overline{AB}$일 때, 다음 중 원에 내접하는 사각형이 <u>아닌</u> 것은?

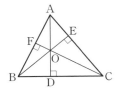

① □AFOE ② □FBDO ③ □FBDE
④ □FBCE ⑤ □AFDC

27 오른쪽 그림에서 $\overline{PT}$는 원 O의 접선이고 점 T는 접점이다. ∠ATP=∠x라 하면 $\tan x = \dfrac{1}{3}$이고 $\overline{AT}=2$일 때, 원 O의 넓이를 구하시오.

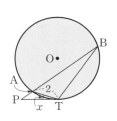

24 오른쪽 그림에서 직선 CP는 원 O의 접선이고 점 C는 접점이다. $\overline{AD}$는 원 O의 지름이고 ∠ABC=115°일 때, ∠DCP의 크기를 구하시오.

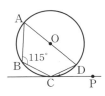

28 오른쪽 그림에서 $\overline{AB}$는 반원 O의 지름이고 $\overline{AD}$는 $\overline{BC}$를 지름으로 하는 반원의 접선이다. ∠ABP=30°일 때, ∠PAB의 크기는?

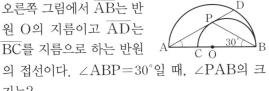

① 30° ② 32° ③ 34°
④ 36° ⑤ 38°

25 오른쪽 그림과 같이 지름의 길이가 12 cm인 원 O에서 직선 AT는 접선이고 점 A는 접점이다. ∠BAT=60°일 때, △ABC의 넓이를 구하시오.

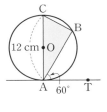

29 다음 그림에서 두 원은 두 점 P, Q에서 만나고 직선 AB는 두 원의 공통인 접선이다. ∠APB=40°일 때, ∠AQB의 크기를 구하시오. (단, 두 점 A, B는 접점이다.)

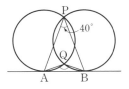

26 오른쪽 그림과 같이 원 O 위의 한 점 T를 지나는 접선과 지름 AC의 연장선이 만나는 점을 P라 하자. ∠ABT=56°일 때, ∠x의 크기를 구하시오.

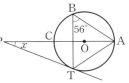

서술형 대비 문제

정답과 풀이 p.43

1

오른쪽 그림에서 $\overline{PA}$, $\overline{PB}$는 원 O의 접선이고 두 점 A, B는 각각 그 접점이다. ∠APB=64°일 때, ∠ACB의 크기를 구하시오. [8점]

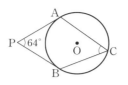

풀이과정

1단계 ∠PAO, ∠PBO의 크기 구하기 [2점]

$\overline{OA}$, $\overline{OB}$를 그으면
∠PAO=∠PBO=90°

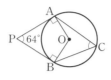

2단계 ∠AOB의 크기 구하기 [3점]

□APBO에서
∠AOB=360°−(90°+64°+90°)=116°

3단계 ∠ACB의 크기 구하기 [3점]

∴ ∠ACB=$\frac{1}{2}$∠AOB=$\frac{1}{2}$×116°=58°

답 58°

1-1 오른쪽 그림에서 $\overline{PA}$, $\overline{PB}$는 원 O의 접선이고 두 점 A, B는 각각 그 접점이다. ∠ACB=53°일 때, ∠APB의 크기를 구하시오. [8점]

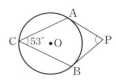

풀이과정

1단계 ∠PAO, ∠PBO의 크기 구하기 [2점]

2단계 ∠AOB의 크기 구하기 [3점]

3단계 ∠APB의 크기 구하기 [3점]

답

2

오른쪽 그림에서 $\overline{PT}$는 원 O의 접선이고 점 T는 접점이다. ∠BAT=42°, ∠ACT=110°일 때, ∠x의 크기를 구하시오. [8점]

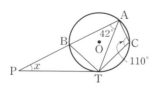

풀이과정

1단계 ∠ABT의 크기 구하기 [3점]

□ABTC가 원 O에 내접하므로
∠ABT+∠ACT=180°
∴ ∠ABT=180°−110°=70°

2단계 ∠BTP의 크기 구하기 [3점]

$\overline{PT}$는 원 O의 접선이므로
∠BTP=∠BAT=42°

3단계 ∠x의 크기 구하기 [2점]

△BPT에서
∠x+42°=70°   ∴ ∠x=28°

답 28°

2-1 오른쪽 그림에서 $\overline{PA}$는 원 O의 접선이고 점 A는 접점이다. ∠ABC=80°, ∠APD=55°일 때, ∠x의 크기를 구하시오. [8점]

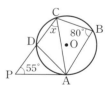

풀이과정

1단계 ∠CDA의 크기 구하기 [3점]

2단계 ∠PAD와 크기가 같은 각 찾기 [3점]

3단계 ∠x의 크기 구하기 [2점]

답

스스로 서술하기

3 오른쪽 그림과 같은 원에서 점 E는 두 현 AC, BD의 교점이고 점 P는 두 현 AD, BC의 연장선의 교점이다. ∠DPC＝36°, ∠DEC＝88°일 때, ∠*x*의 크기를 구하시오. [7점]

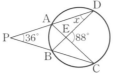

풀이과정

답

4 오른쪽 그림과 같이 □ABCD가 원 O에 내접하고 ∠OAB＝80°, ∠OCB＝30°일 때, ∠ADC의 크기를 구하시오. [8점]

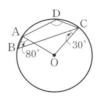

풀이과정

답

5 오른쪽 그림에서 두 원 O, O′이 두 점 P, Q에서 만나고 ∠BAP＝96°일 때, ∠PO′C의 크기를 구하시오. [7점]

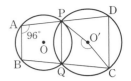

풀이과정

답

6 오른쪽 그림에서 $\overline{PT}$는 원 O의 접선이고 점 T는 접점이다. $\overline{PB}$가 원 O의 중심을 지나고 ∠PBT＝27°일 때, ∠*x*의 크기를 구하시오. [8점]

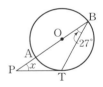

풀이과정

답

대단원 핵심 한눈에 보기

01 원의 현

(1) 현의 수직이등분선
① 원의 중심에서 현에 내린 수선은 그 현을 [　　　]한다.
② 원에서 현의 수직이등분선은 그 원의 [　　]을 지난다.

(2) 원의 중심과 현의 길이
① 한 원에서 중심으로부터 같은 거리에 있는 두 현의 길이는 [　　].
② 한 원에서 길이가 같은 두 현은 원의 중심으로부터 같은 거리에 있다.

02 원의 접선

(1) 원의 접선의 길이
원 밖의 한 점에서 그 원에 그은 두 접선의 길이는 [　　　].

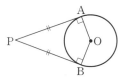

(2) 원에 외접하는 사각형
① 원에 외접하는 사각형에서 두 쌍의 대변의 길이의 합은 같다.
② 두 쌍의 대변의 길이의 합이 같은 사각형은 원에 [　　]한다.

03 원주각

(1) 원주각과 중심각의 크기
한 원에서 한 호에 대한 원주각의 크기는 그 호에 대한 중심각의 크기의 [　　]이다.

(2) 원주각의 성질
① 한 원에서 한 호에 대한 원주각의 크기는 모두 [　　　].
② 반원에 대한 원주각의 크기는 [　　　]이다.

(3) 원주각의 크기와 호의 길이 사이의 관계
① 길이가 같은 호에 대한 원주각의 크기는 같다.
② 크기가 같은 원주각에 대한 호의 길이는 같다.
③ 호의 길이는 그 호에 대한 원주각의 크기에 정비례한다.

04 원과 사각형

(1) 원에 내접하는 사각형의 성질
① 원에 내접하는 사각형에서 한 쌍의 대각의 크기의 합은 [　　　]이다.
② 원에 내접하는 사각형의 한 외각의 크기는 그 외각에 이웃한 내각에 대한 대각의 크기와 같다.

(2) 사각형이 원에 내접하기 위한 조건
① 사각형에서 한 쌍의 대각의 크기의 합이 180°이면 이 사각형은 원에 내접한다.
② 사각형에서 한 외각의 크기가 그 외각에 이웃한 내각에 대한 대각의 크기와 같으면 이 사각형은 원에 내접한다.

05 접선과 현이 이루는 각

원의 접선과 그 접점을 지나는 현이 이루는 각의 크기는 그 각의 내부에 있는 호에 대한 원주각의 크기와 같다.

 ∠BAT = [　　　]

답　**01** (1) ① 이등분 ② 중심 (2) ① 같다 **02** (1) 같다 (2) ② 외접 **03** (1) $\frac{1}{2}$ (2) ① 같다 ② 90° **04** (1) ① 180° **05** ∠BCA

전문가의 비애

"정말 놀랍군."

한 교수가 그의 아내에게 말했습니다.

"우리가 이렇게 무지했다니! 거의 모든 사람들이 자신의 특정 분야에 대해서만 전문가일 뿐 그로 인해 더더욱 편협해지지 않았나. 우리 모두가 다른 사람이 하는 일에 대해서는 전혀 모르고 있어."

아내는 고개를 끄덕였습니다.

"당신 말이 맞아요."

교수가 말했습니다.

"나는 내 자신이 현대 과학을 따라가지 못하고 있다는 것이 부끄럽소. 전등을 예로 들어 봅시다. 나는 어떻게 해서 불이 켜지는지 전혀 모르겠소."

그러자 그의 아내가 의기양양한 표정으로 미소를 지으며 말했습니다.

"어머, 당신이 그처럼 무지하다니 정말 부끄러운 일이군요. 그건 간단해요. 스위치만 누르면 되잖아요?"

아무리 간단한 것이라도 복잡하게 생각하면 복잡하고 어려워지게 됩니다.

III

통계

01 | 대푯값

개념원리 이해

1 대푯값이란 무엇인가? ◉ 핵심문제 1~3

자료 전체의 중심 경향이나 특징을 대표적으로 나타내는 값을 그 자료의 **대푯값**이라 한다.

▶ 대푯값에는 평균, 중앙값, 최빈값 등이 있다.

2 평균이란 무엇인가? ◉ 핵심문제 1, 3

변량의 총합을 변량의 개수로 나눈 값을 **평균**이라 한다.

$$(평균) = \frac{(변량의 \ 총합)}{(변량의 \ 개수)}$$

⑩ 학생 5명의 수학 성적이 70점, 80점, 75점, 94점, 86점일 때

$$(평균) = \frac{70 + 80 + 75 + 94 + 86}{5} = \frac{405}{5} = 81(점)$$

3 중앙값이란 무엇인가? ◉ 핵심문제 1, 2

자료의 변량을 작은 값부터 크기순으로 나열할 때, 중앙에 위치하는 값을 그 자료의 **중앙값**이라 한다.

(1) 변량의 개수가 홀수이면 중앙에 위치하는 값이 중앙값이다.

(2) 변량의 개수가 짝수이면 중앙에 위치하는 두 값의 평균이 중앙값이다.

> 참고 n개의 변량을 작은 값부터 크기순으로 나열하였을 때, 중앙값은 다음과 같다.
>
> (1) n이 홀수인 경우 ⇨ $\frac{n+1}{2}$번째 변량
>
> (2) n이 짝수인 경우 ⇨ $\frac{n}{2}$번째와 $\left(\frac{n}{2}+1\right)$번째 변량의 평균

⑩ (1) 자료 2, 3, 4, 5, 6은 변량이 5개이므로 중앙값은 4이다.

(2) 자료 2, 3, 4, 5, 6, 7은 변량이 6개이므로 중앙값은 $\frac{4+5}{2} = 4.5$이다.

4 최빈값이란 무엇인가? ◉ 핵심문제 1, 3

자료의 변량 중에서 가장 많이 나타나는 값을 그 자료의 **최빈값**이라 한다.

▶ ① 최빈값은 자료에 따라 2개 이상일 수도 있다.
② 최빈값은 자료가 수치로 주어지지 않은 경우에도 사용할 수 있다.

⑩ (1) 자료 2, 2, 2, 3, 4, 5, 5에서 2의 도수가 3으로 가장 크므로 최빈값은 2이다.

(2) 자료 2, 3, 3, 4, 5, 5, 6에서 3과 5의 도수가 각각 2로 가장 크므로 최빈값은 3, 5이다.

개념원리 📖 확인하기

정답과 풀이 p. 45

01 다음 자료의 평균을 구하시오.

(평균)=$\dfrac{(변량의 \boxed{})}{(변량의\ 개수)}$

(1) 11, 17, 12, 24, 15, 14, 12

(2) 3, 5, 7, 6, 7, 12, 4, 8, 3, 7

02 다음은 자료의 중앙값을 구하는 과정이다. 물음에 답하시오.

중앙값
자료의 변량을 $\boxed{}$ 값부터 크기순으로 나열하였을 때
① 변량의 개수가 홀수인 경우
 ⇨ 중앙에 위치한 값
② 변량의 개수가 짝수인 경우
 ⇨ 중앙에 위치한 두 값의 평균

(1)
> 8, 5, 3, 10, 6, 5, 9

① 작은 값부터 크기순으로 나열하면
 ⇨ _____

② 변량의 개수가 $\boxed{}$개이므로 중앙값은 $\boxed{}$번째 변량이다.
 ∴ (중앙값)=$\boxed{}$

(2)
> 2, 9, 10, 13, 7, 8, 7, 5

① 작은 값부터 크기순으로 나열하면
 ⇨ _____

② 변량의 개수가 $\boxed{}$개이므로 중앙값은 $\boxed{}$번째와 $\boxed{}$번째 변량의 평균
이다.
 ∴ (중앙값)=$\dfrac{\boxed{}+\boxed{}}{2}=\boxed{}$

03 다음 자료의 최빈값을 구하시오.

최빈값
⇨ 자료의 변량 중에서 가장 $\boxed{}$ 나타나는 값
⇨ 최빈값은 자료에 따라 2개 이상일 수도 있다.

(1) 17, 18, 21, 18, 18, 58

(2) 10, 9, 18, 7, 12, 9, 12, 9, 12

핵심문제 익히기

01 평균, 중앙값, 최빈값 구하기

더 다양한 문제는 RPM 중3-2 86, 87쪽

다음은 하늘이네 반 학생 8명의 음악 실기 평가 점수를 조사하여 나타낸 것이다. 이 자료의 평균, 중앙값, 최빈값을 각각 구하시오.

(단위: 점)

> 32, 28, 50, 49, 18, 28, 40, 45

풀이

$$(평균)=\frac{32+28+50+49+18+28+40+45}{8}=\frac{290}{8}=36.25(점)$$

자료의 변량을 작은 값부터 크기순으로 나열하면

18, 28, 28, 32, 40, 45, 49, 50

중앙값은 4번째와 5번째 변량의 평균이므로

$$(중앙값)=\frac{32+40}{2}=36(점)$$

28점의 도수가 2로 가장 크므로 **(최빈값)=28점**

확인 1 오른쪽 줄기와 잎 그림은 지수네 반 학생들의 윗몸일으키기 기록을 조사하여 나타낸 것이다. 이 자료의 평균, 중앙값, 최빈값을 각각 구하시오.

윗몸일으키기 기록

(0|5는 5회)

줄기		잎		
0	5	7		
1	3	5	5	8
2	0	1	4	
3	6			

확인 2 다음은 어느 구두 가게에서 하루 동안 판매된 구두의 크기이다. 물음에 답하시오.

(단위: mm)

> 245, 240, 240, 250, 255, 265
> 255, 240, 235, 245, 230, 240

(1) 평균, 중앙값, 최빈값을 각각 구하시오.

(2) 이 가게에서 가장 많이 준비해야 할 구두의 크기를 정하려고 할 때, 평균, 중앙값, 최빈값 중 대푯값으로 적절한 것은 어느 것인지 말하시오.

Key Point

• $(평균)=\frac{(변량의\ 총합)}{(변량의\ 개수)}$

• 중앙값
 n개의 변량을 작은 값부터 크기순으로 나열하였을 때,
 ① n이 홀수인 경우
  ⇨ $\frac{n+1}{2}$번째 변량
 ② n이 짝수인 경우
  ⇨ $\frac{n}{2}$번째와 $\left(\frac{n}{2}+1\right)$번째 변량의 평균

• 최빈값
 자료의 변량 중에서 가장 많이 나타나는 값

02 중앙값이 주어졌을 때 변량 구하기

더 다양한 문제는 RPM 중3-2 88쪽

다음은 8개의 변량을 작은 값부터 크기순으로 나열한 것이다. 이 자료의 중앙값이 223일 때, x의 값을 구하시오.

214, 218, 219, 221, x, 225, 227, 229

Key Point

변량의 개수가 짝수 개인 경우의 중앙값을 구하는 방법을 이용하여 식을 세운다.

풀이 중앙값은 4번째와 5번째 변량의 평균이므로

$\frac{221+x}{2}=223$에서 $221+x=446$

$\therefore x=\mathbf{225}$

확인 3 다음은 미호네 반 학생 6명의 수학 시험 점수를 조사하여 나타낸 것이다. 이 자료의 중앙값이 63점일 때, x의 값을 구하시오.

(단위: 점)

52, 46, 78, x, 59, 71

03 평균과 최빈값이 같을 때 변량 구하기

더 다양한 문제는 RPM 중3-2 88쪽

다음은 희망이네 모둠 학생 7명의 휴일의 평균 수면 시간을 조사하여 나타낸 것이다. 이 자료의 평균과 최빈값이 같을 때, x의 값을 구하시오.

(단위: 시간)

7, 8, x, 7, 9, 7, 5

Key Point

평균과 최빈값이 같다.
⇨ 최빈값을 먼저 구한다.

풀이 x를 제외한 자료에서 7시간의 도수는 3이고 그 이외의 변량의 도수는 모두 1이므로 최빈값은 x의 값에 관계없이 7시간이다.

따라서 평균이 7시간이므로 $\frac{7+8+x+7+9+7+5}{7}=7$에서

$\frac{x+43}{7}=7$, $x+43=49$ $\quad\therefore x=\mathbf{6}$

확인 4 다음 자료의 평균과 최빈값이 같을 때, x의 값을 구하시오.

8, 13, 11, 16, 13, 10, x, 13

소단원 📖 핵심문제

🌟 생각해 봅시다

01 다음 표는 우주네 반 학생 19명의 지난 한 달 동안의 휴대 전화 통화 시간을 조사하여 나타낸 것이다. 이 자료의 평균, 중앙값, 최빈값의 대소를 비교하시오.

통화 시간(분)	10	30	50	70	90
학생 수(명)	1	4	5	7	2

02 오른쪽 표는 수현이네 반 학생들의 취미 활동을 조사하여 나타낸 것이다. 이 자료의 최빈값을 구하시오.

취미 활동	학생 수(명)
영화 감상	10
음악 감상	18
독서	8
운동	4

03 다음은 어느 해 5월 7가구의 전기 사용량을 조사한 것이다. 이 자료의 평균, 중앙값을 각각 구하고, 평균과 중앙값 중에서 자료의 대푯값으로 더 적절한 것은 어느 것인지 말하시오.

(단위: kWh)

> 135, 162, 183, 421, 174, 154, 143

자료에 극단적인 값이 있으면 평균은 그 극단적인 값의 영향을 많이 받는다.

04 아래 자료의 중앙값이 5일 때, 다음 중 a의 값이 될 수 <u>없는</u> 것은?

> 3, 5, 7, 1, 5, 3, a

① 4 　　② 6 　　③ 7 　　④ 8 　　⑤ 9

a를 제외한 자료의 변량을 작은 값부터 크기순으로 나열한 후 a의 위치를 생각해 본다.

05 다음 자료의 평균이 7이고 최빈값이 10일 때, 중앙값을 구하시오. (단, $a < b$)

> 2, a, 7, 11, b, 8, 10

먼저 평균을 이용하여 a와 b 사이의 관계식을 구하고 최빈값을 이용하여 a, b의 값을 구한다.

02 | 산포도와 표준편차

개념원리 이해

1 산포도란 무엇인가? ⊙ 핵심문제 4

변량들이 대푯값을 중심으로 흩어져 있는 정도를 하나의 수로 나타낸 값을 **산포도**라 한다.
(1) 변량들이 대푯값으로부터 멀리 흩어져 있으면 산포도가 크다.
(2) 변량들이 대푯값 주위에 밀집되어 있으면 산포도가 작다.

▶ 산포도에는 여러 가지가 있으나 평균을 중심으로 변량이 흩어져 있는 정도를 나타내는 분산과 표준편차가 가장 많이 쓰인다.

설명 다음 표는 5회에 걸쳐 평가한 동현이와 진웅이의 수학 점수를 조사하여 나타낸 것이다.

(단위: 점)

회	1	2	3	4	5
동현	80	70	60	70	70
진웅	90	80	50	50	80

동현이와 진웅이의 수학 점수의 평균은 70점으로 같지만 두 사람의 점수를 각각 그래프로 나타내면 다음과 같이 분포 상태가 서로 다름을 알 수 있다.

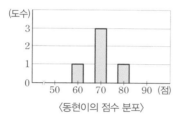
〈동현이의 점수 분포〉

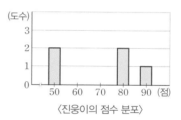
〈진웅이의 점수 분포〉

위의 그래프에서 동현이의 점수는 평균 70점 주위에 밀집되어 있지만 진웅이의 점수는 평균 70점으로부터 멀리 흩어져 있음을 알 수 있다. 즉, 동현이의 점수에 비해 진웅이의 점수가 산포도가 더 크다. 이와 같이 자료의 전체적인 경향을 평균과 같은 대푯값만으로는 충분히 알 수 없으므로 자료의 흩어진 정도를 파악할 수 있는 산포도가 필요하다.

2 편차란 무엇인가? ⊙ 핵심문제 1

어떤 자료의 각 변량에서 평균을 뺀 값을 그 변량의 **편차**라 한다.
  (편차)＝(변량)－(평균)
(1) 편차의 총합은 항상 0이다.
(2) 평균보다 큰 변량의 편차는 양수이고, 평균보다 작은 변량의 편차는 음수이다.
(3) 편차의 절댓값이 클수록 변량은 평균에서 멀리 떨어져 있고, 편차의 절댓값이 작을수록 변량은 평균에 가까이 있다.

▶ ① 편차를 구하려면 먼저 평균을 구해야 한다.
   ② 변량이 평균과 같으면 편차는 0이다.

3 분산과 표준편차란 무엇인가? ◐ 핵심문제 2~5

(1) **분산**: 편차의 제곱의 평균

$$(분산) = \frac{\{(편차)^2의\ 총합\}}{(변량의\ 개수)}$$

(2) **표준편차**: 분산의 양의 제곱근

$$(표준편차) = \sqrt{(분산)}$$

▶ ① 편차의 총합은 항상 0이므로 편차의 평균도 0이 되어 이 값으로는 변량들이 평균을 중심으로 흩어져 있는 정도를 알 수 없다. 따라서 편차를 제곱한 값의 평균(분산)이나 그 양의 제곱근(표준편차)을 산포도로 사용한다.

② 자료의 분산과 표준편차가 작을수록 변량은 평균 가까이에 밀집되어 있으므로 분포 상태가 고르다고 말할 수 있다.

주의 표준편차는 주어진 자료와 같은 단위를 쓰고, 분산은 단위를 쓰지 않는다.

예 다음 자료의 분산과 표준편차를 각각 구하시오.

> 8, 10, 11, 12, 14

$$(평균) = \frac{8+10+11+12+14}{5} = \frac{55}{5} = 11 이므로$$

$$(분산) = \frac{(8-11)^2+(10-11)^2+(11-11)^2+(12-11)^2+(14-11)^2}{5} = \frac{20}{5} = 4$$

$$(표준편차) = \sqrt{4} = 2$$

보충 학습

변화된 변량에 대한 평균, 분산, 표준편차의 변화 ◐ 핵심문제 6

n개의 변량 $x_1, x_2, x_3, \cdots, x_n$의 평균이 m이고 표준편차가 s일 때, 변량 $ax_1+b, ax_2+b, ax_3+b, \cdots, ax_n+b$의 평균, 분산, 표준편차는 다음과 같다.

$$(평균) = am+b, \quad (분산) = a^2s^2, \quad (표준편차) = |a|s$$

설명 변량 $x_1, x_2, x_3, \cdots, x_n$의 평균이 m이고 표준편차가 s, 즉 분산이 s^2이므로

$$\frac{x_1+x_2+\cdots+x_n}{n} = m, \quad \frac{(x_1-m)^2+(x_2-m)^2+\cdots+(x_n-m)^2}{n} = s^2$$

이때 변량 $ax_1+b, ax_2+b, ax_3+b, \cdots, ax_n+b$에 대하여

$$(평균) = \frac{(ax_1+b)+(ax_2+b)+\cdots+(ax_n+b)}{n} = \frac{a(x_1+x_2+\cdots+x_n)}{n}+b = am+b$$

$$(분산) = \frac{(ax_1-am)^2+(ax_2-am)^2+\cdots+(ax_n-am)^2}{n}$$

$$= \frac{a^2\{(x_1-m)^2+(x_2-m)^2+\cdots+(x_n-m)^2\}}{n} = a^2s^2$$

$$(표준편차) = \sqrt{a^2s^2} = |a|s \ (\because s \geq 0)$$

개념원리 📖 확인하기

정답과 풀이 p.46

01 오른쪽 표는 은서의 5회에 걸친 사격 기록을 조사하여 나타낸 것이다. 다음 물음에 답하시오.

회	1	2	3	4	5
기록(점)	8	6	10	7	9

○ (편차)=(변량)−(□)

(1) 이 자료의 평균을 구하시오.

(2) 각 변량의 편차를 구하시오.

02 다음 표는 A, B, C, D, E, F 6명의 일주일 동안의 독서 시간의 편차를 나타낸 것이다. x의 값을 구하시오.

○ 편차의 총합은 항상 □이다.

학생	A	B	C	D	E	F
편차(시간)	6	−4	x	3	−2	−1

03 다음은 수현이의 5회에 걸친 과학 성적을 조사하여 나타낸 것이다. 주어진 표를 완성하여 이 자료의 분산과 표준편차를 각각 구하시오.

(단위: 점)

> 60, 65, 70, 75, 80

평균을 구하면	
각 변량의 편차를 구하면	
(편차)²의 총합을 구하면	
분산을 구하면	
표준편차를 구하면	

○ 표준편차 구하는 순서

> 평균 구하기
> ⇩
> 편차 구하기
> ⇩
> (편차)²의 총합 구하기
> ⇩
> 분산 구하기
> ⇩
> 표준편차 구하기

04 다음 표는 어느 농구팀의 지난 5회의 경기에서의 득점을 조사하여 나타낸 것이다. 이 자료의 표준편차를 구하시오.

○ (표준편차)$=\sqrt{(분산)}$

회	1	2	3	4	5
득점(점)	89	92	90	85	84

핵심문제 🔑 익히기

정답과 풀이 p.47

01 편차를 이용하여 변량 구하기

더 다양한 문제는 RPM 중3-2 89쪽

오른쪽 표는 A, B, C, D, E 5명의 수학 성적의 편차를 나타낸 것이다. 5명의 수학 성적의 평균이 75점일 때, B의 수학 성적을 구하시오.

학생	A	B	C	D	E
편차(점)	-1	x	3	-2	5

Key Point

편차의 총합은 항상 0이다.

풀이 편차의 총합은 0이므로
$(-1)+x+3+(-2)+5=0$ $\therefore x=-5$
따라서 B의 수학 성적은 $75+(-5)=$ **70(점)**

확인 1 오른쪽 표는 A, B, C, D 4명의 통학 시간의 편차를 나타낸 것이다. D의 통학 시간이 20분일 때, 학생 4명의 통학 시간의 평균을 구하시오.

학생	A	B	C	D
편차(분)	-6	18	-3	x

02 분산과 표준편차 구하기

더 다양한 문제는 RPM 중3-2 89쪽

다음 표는 A, B, C, D, E, F 6명의 1분당 맥박 수의 편차를 나타낸 것이다. 1분당 맥박 수의 분산과 표준편차를 각각 구하시오.

학생	A	B	C	D	E	F
편차(회)	4	1	x	-2	1	-2

Key Point

- (편차)=(변량)−(평균)
- (분산)=$\dfrac{\{(편차)^2의\ 총합\}}{(변량의\ 개수)}$
- (표준편차)=$\sqrt{(분산)}$

풀이 편차의 총합은 0이므로
$4+1+x+(-2)+1+(-2)=0$ $\therefore x=-2$
$\therefore$ (분산)$=\dfrac{4^2+1^2+(-2)^2+(-2)^2+1^2+(-2)^2}{6}=\dfrac{30}{6}=$ **5**

(표준편차)$=\sqrt{5}$회

확인 2 다음은 학생 7명의 국어 성적을 조사하여 나타낸 것이다. 국어 성적의 평균이 83점일 때, 분산과 표준편차를 각각 구하시오.

(단위: 점)

$$84,\ 82,\ 78,\ 93,\ x,\ 76,\ 81$$

03 평균과 분산을 이용하여 식의 값 구하기

더 다양한 문제는 **RPM** 중3-2 90쪽

5개의 변량 7, x, 9, y, 11의 평균이 9이고 분산이 5일 때, x^2+y^2의 값을 구하시오.

풀이 평균이 9이므로 $\dfrac{7+x+9+y+11}{5}=9$, $x+y+27=45$ $\therefore x+y=18$ ...... ㉠

또 분산이 5이므로 $\dfrac{(7-9)^2+(x-9)^2+(9-9)^2+(y-9)^2+(11-9)^2}{5}=5$

$(x-9)^2+(y-9)^2+8=25$ $\therefore x^2+y^2-18(x+y)+170=25$ ...... ㉡

㉠을 ㉡에 대입하면 $x^2+y^2-18\times18+170=25$ $\therefore x^2+y^2=\mathbf{179}$

확인③ 5개의 변량 4, 10, x, y, 5의 평균이 6이고 분산이 4.8일 때, xy의 값을 구하시오.

04 자료의 이해

더 다양한 문제는 **RPM** 중3-2 91쪽

오른쪽 표는 A, B 두 반의 국어 성적의 평균과 표준편차를 나타낸 것이다. 다음 **보기** 중 옳은 것을 모두 고르시오. (단, 두 반의 학생 수는 같다.)

반	A	B
평균(점)	75	85
표준편차(점)	9	7

— ● 보기 ● —

ㄱ. 분산은 A반이 B반보다 더 크다.

ㄴ. B반의 성적이 A반의 성적보다 더 우수하다.

ㄷ. A반의 성적이 B반의 성적보다 더 고르다.

ㄹ. B반의 성적이 A반의 성적보다 평균 가까이에 더 모여 있다.

풀이 ㄱ. A반의 표준편차가 더 크므로 분산도 더 크다.

ㄴ. B반의 성적의 평균이 높으므로 B반의 성적이 A반의 성적보다 더 우수하다.

ㄷ. B반의 표준편차가 더 작으므로 B반의 성적이 A반의 성적보다 더 고르다.

ㄹ. B반의 표준편차가 더 작으므로 B반의 성적이 A반의 성적보다 평균 가까이에 더 모여 있다.

따라서 옳은 것은 ㄱ, ㄴ, ㄹ이다.

확인④ 다음 표는 A, B, C, D, E 5명의 하루 운동 시간의 평균과 표준편차를 나타낸 것이다. 운동 시간이 가장 고르지 않은 사람을 말하시오.

사람	A	B	C	D	E
평균(시간)	1	1.3	2	1.9	2.3
표준편차(시간)	0.6	0.2	1.7	0.9	0.5

핵심문제 익히기

05 두 집단 전체의 평균, 분산, 표준편차 · 더 다양한 문제는 RPM 중3-2 92쪽

오른쪽 표는 경미네 반 남학생과 여학생의 수학 성적의 평균과 분산을 나타낸 것이다. 경미네 반 전체 학생의 수학 성적의 표준편차를 구하시오.

	남학생	여학생
평균(점)	85	85
분산	6	11
학생 수(명)	8	12

풀이 남학생과 여학생의 평균이 같고 분산이 각각 6, 11이므로 (편차)^{2}의 총합은 각각

$6 \times 8 = 48,\ 11 \times 12 = 132$

따라서 전체 20명에 대한 (편차)^{2}의 총합은 $48 + 132 = 180$이므로

$(\text{분산}) = \dfrac{180}{20} = 9$

$\therefore (\text{표준편차}) = \sqrt{9} = \mathbf{3(점)}$

확인 5 4명인 A그룹의 몸무게와 6명인 B그룹의 몸무게는 평균이 같고 표준편차가 각각 $2\ \mathrm{kg}$, $a\ \mathrm{kg}$이다. A, B 두 그룹 전체의 몸무게의 표준편차가 $\sqrt{7}\ \mathrm{kg}$일 때, a의 값을 구하시오.

06 변화된 변량에 대한 평균, 분산, 표준편차 구하기 · 더 다양한 문제는 RPM 중3-2 92쪽

3개의 변량 a, b, c의 평균이 8이고 분산이 14일 때, 변량 $a-2$, $b-2$, $c-2$의 평균과 분산을 각각 구하시오.

풀이 a, b, c의 평균이 8이므로 $\dfrac{a+b+c}{3} = 8$

또 a, b, c의 분산이 14이므로 $\dfrac{(a-8)^2 + (b-8)^2 + (c-8)^2}{3} = 14$

따라서 변량 $a-2$, $b-2$, $c-2$에 대하여

$(\text{평균}) = \dfrac{(a-2) + (b-2) + (c-2)}{3} = \dfrac{a+b+c}{3} - 2 = 8 - 2 = \mathbf{6}$

$(\text{분산}) = \dfrac{(a-2-6)^2 + (b-2-6)^2 + (c-2-6)^2}{3} = \dfrac{(a-8)^2 + (b-8)^2 + (c-8)^2}{3} = \mathbf{14}$

다른 풀이 $(\text{평균}) = 1 \times 8 - 2 = 6$, $(\text{분산}) = 1^2 \times 14 = 14$

확인 6 4개의 변량 a, b, c, d의 평균이 6이고 표준편차가 $\sqrt{10}$일 때, 변량 $2a$, $2b$, $2c$, $2d$의 평균과 표준편차를 각각 구하시오.

소단원 📖 핵심문제

01 오른쪽 표는 A, B, C, D, E 5명의 영어 말하기 성적의 편차를 나타낸 것이다. 다음 **보기** 중 옳은 것을 모두 고르시오.

학생	A	B	C	D	E
편차(점)	-3	-1	3	0	1

(편차)=(변량)−(평균)

⭐ 생각해 봅시다

──● 보기 ●──

ㄱ. B와 C의 점수의 차는 2점이다.　　ㄴ. D의 점수는 평균과 같다.

ㄷ. 표준편차는 2점이다.　　ㄹ. 점수가 가장 낮은 학생은 A이다.

02 오른쪽 표는 선우의 6회에 걸친 양궁 기록의 편차를 나타낸 것이다. 평균이 7점일 때, 3회 때의 점수와 표준편차를 각각 구하시오.

회	1	2	3	4	5	6
편차(점)	1	-1		-1	-2	1

03 오른쪽 표는 A, B, C, D, E 5명의 학생의 지난 달 독서량의 편차를 나타낸 것이다. 독서량의 분산이 2일 때, ab의 값을 구하시오.

학생	A	B	C	D	E
편차(권)	a	-2	0	b	1

편차의 총합이 0이고 분산이 2임을 이용하여 a, b에 대한 식을 세운다.

04 오른쪽 표는 A, B, C, D 네 반의 역사 성적의 평균과 표준편차를 나타낸 것이다. 성적이 가장 높은 반과 성적이 가장 고른 반을 차례로 말하시오. (단, 각 반의 학생 수는 모두 같다.)

반	A	B	C	D
평균(점)	72	68	70	73
표준편차(점)	5	$2\sqrt{3}$	$\sqrt{6}$	7

05 오른쪽 표는 윤희네 반 남학생과 여학생의 과학 성적의 평균과 표준편차를 나타낸 것이다. 윤희네 반 전체 학생의 과학 성적의 표준편차를 구하시오.

	남학생	여학생
평균(점)	87	87
표준편차(점)	5	11
학생 수(명)	30	10

남학생과 여학생의 (편차)^{2}의 총합을 각각 구하여 그 합을 전체 학생 수로 나누어 분산을 구한다.

06 4개의 변량 a, b, c, d의 평균이 10이고 분산이 25일 때, 변량 $2a-3$, $2b-3$, $2c-3$, $2d-3$의 평균과 분산을 각각 구하시오.

공학적 도구를 이용한 자료의 정리

1 **공학적 도구를 이용하여 대푯값 구하기**

(1) 자료 수집

다음은 기영이네 반 학생 20명이 일주일 동안 운동한 시간을 조사하여 나타낸 자료이다.

(단위: 시간)

7,	5,	12,	13,	8,	10,	8,	3,	11,	12
9,	10,	7,	5,	13,	4,	6,	12,	10,	9

공학적 도구를 이용하여 위의 자료에 대한 대푯값을 구해 보자.

▶ 이 단원에서 이용한 공학적 도구는 '이지통계(http://www.ebsmath.co.kr/easyTong/etMiddle)'이다.

(2) 자료 입력

위의 자료의 값을 다음 그림과 같이 세로칸에 한 열로 입력한다.

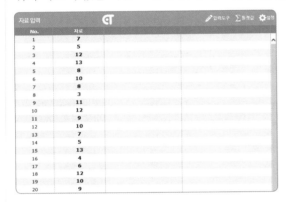

(3) 자료 정리

Σ 통곗값을 누르면 평균, 중앙값, 최빈값이 나타나고, 원하는 대푯값을 누르면 그 값을 구할 수 있다.

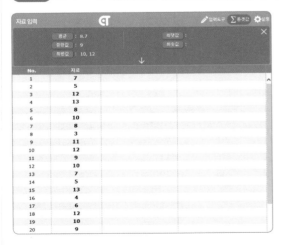

참고 '통그라미(http://tong.kostat.go.kr)'를 이용하여 대푯값을 구할 수도 있다.

2 공학적 도구를 이용하여 분산과 표준편차 구하기

(1) 자료 수집

다음은 A, B 두 반 학생들의 50 m 달리기 기록을 조사하여 나타낸 자료이다.

A반
(단위: 초)

10.2,	9.7,	9.8,	10,	10.5
9.8,	10.4,	11,	9,	10.3
12.1,	9.8,	10.2,	9.9	

B반
(단위: 초)

9.7,	9.8,	10.3,	10.5,	9.2
9.6,	11.2,	9,	10.2,	9.8
11.4,	12.2,	9.8,	9.5,	11

공학적 도구를 이용하여 위의 두 자료에 대한 분산과 표준편차를 각각 구해 보자.

(2) 자료 입력

⚙설정 을 눌러 ☐ 두 자료 에 체크한다. ⇨ ☑ 두 자료

모아보기를 ON으로 누른 후(OFF ⇨ ON), 두 자료의 값을 각각 세로칸에 한 열로 입력한다.

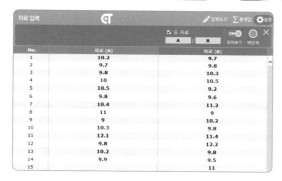

(3) 자료 정리

∑통곗값 을 누른 후, 아래쪽의 화살표를 누르면 평균 , 분산 , 표준편차 가 나타나고, 각 자료의 탭을 눌러 평균, 분산, 표준편차를 각각 구하여 비교할 수 있다.

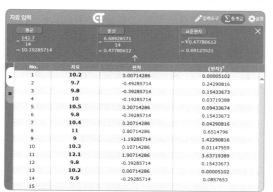

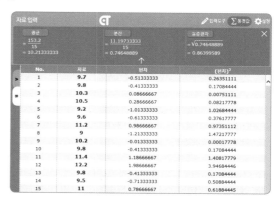

01 다음 표는 몸무게가 60 kg인 사람이 30분 동안 운동하였을 때, 운동 종목별로 소모되는 열량을 조사하여 나타낸 것이다. 이 자료의 중앙값과 최빈값을 각각 구하시오.

종목	수영	자전거	줄넘기	농구	조깅
열량(kcal)	189	252	315	252	221

02 다음 막대그래프는 새로 개봉한 영화를 관람한 15명의 평점을 조사하여 나타낸 것이다. 이 자료의 평균을 a점, 중앙값을 b점, 최빈값을 c점이라 할 때, $a+b-c$의 값을 구하시오.

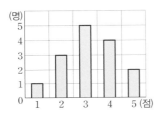

03 다음 중 성희네 반 학생들이 가장 좋아하는 가수를 알아보려고 할 때, 대푯값으로 적절한 것은?

① 평균　　　② 중앙값　　　③ 최빈값
④ 분산　　　⑤ 표준편차

04 다음 자료 중 평균을 대푯값으로 하기에 가장 적절하지 <u>않은</u> 것은?

① 1, 2, 3, 4, 5　　　② 1, 3, 5, 7, 9
③ 3, 3, 3, 3, 3　　　④ 10, 20, 30, 40, 50
⑤ 10, 11, 12, 13, 100

05 꼭나와

다음은 어느 버스 정류장을 지나는 8개의 버스 노선에 대하여 각 버스의 배차 간격을 조사하여 나타낸 것이다. 이 자료의 평균이 5분일 때, 중앙값을 구하시오.

(단위: 분)

$$4, \ x, \ 6, \ 7, \ 4, \ 7, \ 6, \ 2$$

06 5개의 변량 8, 17, 7, 14, a의 중앙값은 a이고, 5개의 변량 a, 6, 9, 13, 12의 중앙값은 9일 때, 자연수 a의 값을 모두 구하시오.

07 다음은 민국이의 5회에 걸친 국어 성적을 조사하여 나타낸 것이다. 이 자료의 평균과 최빈값이 같을 때, x의 값을 구하시오.

(단위: 점)

$$86, \ 72, \ 83, \ 91, \ x$$

08 꼭나와

다음 중 옳은 것을 모두 고르면? (정답 2개)

① (편차)＝(평균)－(변량)
② 편차의 총합은 항상 0이다.
③ 분산은 편차의 평균이다.
④ 표준편차는 분산의 양의 제곱근이다.
⑤ 표준편차가 클수록 자료의 분포 상태가 고르다.

09 다음 표는 A, B, C, D, E 5명의 사회 성적의 편차를 나타낸 것이다. 사회 성적의 표준편차를 구하시오.

학생	A	B	C	D	E
편차(점)	-4	2	4	x	0

10 아래 표는 어느 날 밤 10시 우리나라 5개 지역의 기온과 편차를 나타낸 것이다. 다음 **보기** 중 옳은 것을 모두 고르시오.

	서울	춘천	대전	부산	제주
기온(℃)	9	5	x	13	16
편차(℃)	-1	-5	-3	y	6

┌─── ● 보기 ● ───┐

ㄱ. 서울의 기온은 평균보다 높다.

ㄴ. 부산의 기온의 편차는 3 ℃이다.

ㄷ. 5개 지역의 기온의 평균은 11 ℃이다.

ㄹ. 대전의 기온은 7 ℃이다.

ㅁ. 5개 지역의 기온의 표준편차는 16 ℃이다.

11 다음 표는 A, B 두 반의 수학 성적의 평균과 표준편차를 나타낸 것이다. 다음 중 옳은 것은?

반	A	B
평균(점)	75	75
표준편차(점)	$3\sqrt{2}$	5

① B반의 성적이 A반의 성적보다 더 우수하다.

② A반의 성적이 B반의 성적보다 더 우수하다.

③ A반의 성적이 B반의 성적보다 더 고르다.

④ B반의 성적이 A반의 성적보다 더 고르다.

⑤ 두 반의 성적 분포 정도가 같다.

Step 2 **발전문제**

12 오른쪽 그림은 어느 중학교 남학생과 여학생의 영어 성적을 조사하여 꺾은선그래프로 나타낸 것이다. 다음 **보기** 중 옳은 것을 모두 고르시오.

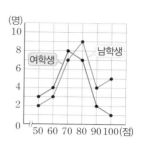

┌─── ● 보기 ● ───┐

ㄱ. 남학생의 최빈값은 80점이다.

ㄴ. 남학생의 중앙값과 최빈값은 같다.

ㄷ. 여학생의 중앙값과 최빈값은 같다.

ㄹ. 남학생과 여학생의 평균은 같다.

UP 13 다음 두 자료 A, B에 대하여 자료 A의 중앙값이 22이고, 두 자료 A, B를 섞은 전체 자료의 중앙값이 23일 때, a, b의 값을 각각 구하시오.

┌──────────────────────┐
[자료 A] 17, b, 25, a, 15

[자료 B] 26, 20, a, 25, $b-1$
└──────────────────────┘

UP 14 다음은 학생 8명의 과학 수행 평가 점수를 조사하여 나타낸 것이다. 이 자료의 중앙값이 11점, 최빈값이 12점일 때, $a+b+c$의 값을 구하시오.

(단위: 점)

┌──────────────────────┐
8, 9, 14, 12, 9, a, b, c
└──────────────────────┘

15 다음 표는 수진이가 지난 3월부터 7월까지 도서관에 간 횟수를 조사하여 나타낸 것이다. 이 자료의 평균이 5회이고 분산이 10일 때, ab의 값을 구하시오.

월	3	4	5	6	7
횟수(회)	a	1	8	b	9

Up
16 오른쪽 그림과 같이 밑면의 가로, 세로의 길이와 높이가 각각 a, b, c인 직육면체가 있다. 모서리 12개의 길이의 평균이 5, 표준편차가 $\sqrt{10}$일 때, 이 직육면체의 6개의 면의 넓이의 평균을 구하시오.

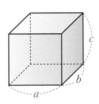

17 다음 그림은 A, B, C 세 사람이 화살을 10번씩 쏘아 과녁에 맞힌 결과이다. A, B, C 세 사람의 점수의 표준편차를 각각 a점, b점, c점이라 할 때, a, b, c의 대소 관계는?

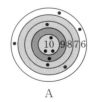
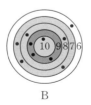
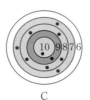

A   B   C

① $a<b<c$ ② $b<a<c$ ③ $b<c<a$
④ $c<a<b$ ⑤ $c<b<a$

18 다음 두 자료 A, B의 분산을 각각 a, b라 할 때, a, b의 대소를 비교하시오.

> [자료 A] 1부터 5까지의 자연수
> [자료 B] 1부터 10까지의 자연수 중 짝수

19 다음 표는 A, B 두 반의 학생 수와 체육 성적의 평균, 표준편차를 나타낸 것이다. 두 반 전체 학생의 체육 성적의 표준편차를 구하시오.

반	A	B
학생 수(명)	20	10
평균(점)	7	7
표준편차(점)	2	$\sqrt{7}$

20 8명의 학생의 수학 성적이 각각 1점씩 올라갔을 때, 이들의 수학 성적의 평균과 표준편차는 각각 어떻게 변하는가?

① 평균과 표준편차 모두 1점씩 올라간다.
② 평균과 표준편차 모두 변함없다.
③ 평균은 1점 올라가고 표준편차는 변함없다.
④ 평균은 변함없고 표준편차는 1점 올라간다.
⑤ 평균은 1점 올라가고 표준편차는 3점 올라간다.

21 4개의 변량 a, b, c, d의 평균이 5이고 표준편차가 2일 때, 변량 a^2, b^2, c^2, d^2의 평균을 구하시오.

1

정답과 풀이 p.51

다음은 남학생 9명의 윗몸일으키기 횟수를 조사하여 나타낸 것이다. 이 자료의 평균과 최빈값이 같을 때, 중앙값을 구하시오. (단, $x<15$) [7점]

(단위: 회)

$$12, \ 15, \ 29, \ 15, \ 11, \ 14, \ 15, \ 13, \ x$$

풀이과정

1단계 최빈값 구하기 [2점]

15회의 도수가 3으로 가장 크므로 (최빈값)=15회

2단계 x의 값 구하기 [3점]

평균이 15회이므로

$$\frac{12+15+29+15+11+14+15+13+x}{9}=15$$

$124+x=135$ ∴ $x=11$

3단계 중앙값 구하기 [2점]

변량을 작은 값부터 크기순으로 나열하면 11, 11, 12, 13, 14, 15, 15, 15, 29이므로 (중앙값)=14회

답 14회

1-1 다음 표는 A, B, C, D, E, F 6명의 학생의 미술 성적을 조사하여 나타낸 것이다. 이 자료의 평균과 최빈값이 같을 때, 중앙값을 구하시오. [7점]

학생	A	B	C	D	E	F
점수(점)	82	80	x	83	79	81

풀이과정

1단계 최빈값 구하기 [2점]

2단계 x의 값 구하기 [3점]

3단계 중앙값 구하기 [2점]

답

2

5개의 변량에 대하여 그 편차가 각각 0, x, -4, y, 2이고 표준편차가 $\sqrt{6}$일 때, xy의 값을 구하시오. [8점]

풀이과정

1단계 $x+y$의 값 구하기 [2점]

편차의 총합은 0이므로

$0+x+(-4)+y+2=0$

∴ $x+y=2$

2단계 x^2+y^2의 값 구하기 [3점]

분산이 $(\sqrt{6})^2$, 즉 6이므로

$$\frac{0^2+x^2+(-4)^2+y^2+2^2}{5}=6$$

$x^2+y^2+20=30$ ∴ $x^2+y^2=10$

3단계 xy의 값 구하기 [3점]

$x^2+y^2=(x+y)^2-2xy$에서

$10=2^2-2xy, \ 2xy=-6$

∴ $xy=-3$

답 -3

2-1 5개의 변량에 대하여 그 편차가 각각 -2, 1, a, b, 3이고 분산이 6.8일 때, ab의 값을 구하시오. [8점]

풀이과정

1단계 $a+b$의 값 구하기 [2점]

2단계 a^2+b^2의 값 구하기 [3점]

3단계 ab의 값 구하기 [3점]

답

3　다음은 수아네 반 학생 15명의 수면 시간을 조사하여 나타낸 것이다. 이 자료의 중앙값을 a시간, 최빈값을 b시간이라 할 때, $a+b$의 값을 구하시오. [6점]

(단위: 시간)

> 8, 7, 3, 5, 7, 4, 8, 10,
> 6, 9, 8, 5, 9, 6, 8

풀이과정

답

4　다음 표는 푸른마을 20가구의 하루 인터넷 사용 시간을 조사하여 나타낸 것이다. 인터넷 사용 시간의 평균이 53분일 때, 중앙값과 최빈값의 차를 구하시오. [7점]

사용 시간(분)	10	30	50	70	90
가구 수(가구)	2	4	a	b	2

풀이과정

답

5　다음 표는 어느 농구팀의 두 선수 A, B가 5회의 농구 경기에서 얻은 점수를 조사하여 나타낸 것이다. [7점]

(단위: 점)

회	1	2	3	4	5
A	15	17	11	20	12
B	14	13	16	15	17

⑴ 두 선수 A, B가 얻은 점수의 표준편차를 각각 구하시오. [4점]

⑵ 두 선수 A, B 중 득점이 더 고른 선수를 대표로 선발하려고 할 때, 어떤 선수를 선발해야 하는지 말하시오. [3점]

풀이과정

⑴

⑵

답 ⑴　　　　　　⑵

6　학생 8명의 수학 성적의 평균이 60점이고 분산이 14이다. 8명 중에서 성적이 60점인 학생 한 명이 빠졌을 때, 나머지 7명의 수학 성적의 분산을 구하시오. [8점]

풀이과정

답

III

통계

개념원리 이해

1 산점도란 무엇인가? ○ 핵심문제 1

두 변량 x, y의 순서쌍 (x, y)를 좌표로 하는 점을 좌표평면 위에 나타낸 그래프를 x와 y의 **산점도**라 한다.

> 참고 산점도를 이용하면 두 변량 사이의 관계를 좀 더 쉽게 알 수 있다.

2 상관관계란 무엇인가? ○ 핵심문제 1~4

(1) 두 변량 x, y 사이에 x의 값이 증가함에 따라 y의 값이 증가하거나 감소하는 경향이 있을 때, 두 변량 x, y 사이에 **상관관계**가 있다고 한다.

(2) **여러 가지 상관관계**

① 양의 상관관계: 두 변량 x와 y에 대하여 x의 값이 증가함에 따라 y의 값도 대체로 증가하는 경향이 있을 때, 두 변량 사이에는 양의 상관관계가 있다고 한다.

② 음의 상관관계: 두 변량 x와 y에 대하여 x의 값이 증가함에 따라 y의 값이 대체로 감소하는 경향이 있을 때, 두 변량 사이에는 음의 상관관계가 있다고 한다.

(3) 두 변량 x와 y에 대하여 x의 값이 증가함에 따라 y의 값이 증가하는 경향이 있는지 감소하는 경향이 있는지 분명하지 않은 경우에 두 변량 사이에는 상관관계가 없다고 한다.

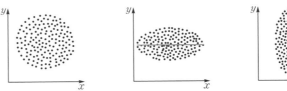

▶ 산점도에서 점들이 오른쪽 위로 향하는 경향이 있으면 양의 상관관계가 있고, 오른쪽 아래로 향하는 경향이 있으면 음의 상관관계가 있다.

> 참고 양의 상관관계 또는 음의 상관관계가 있는 산점도에서 점들이 한 직선에 가까이 분포되어 있을수록 상관관계가 강하다고 하고, 흩어져 있을수록 상관관계가 약하다고 한다.

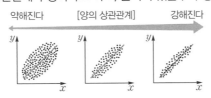

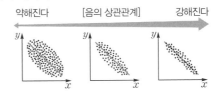

개념원리 📖 확인하기

정답과 풀이 p. 53

01 다음 **보기**의 산점도를 보고 물음에 답하시오.

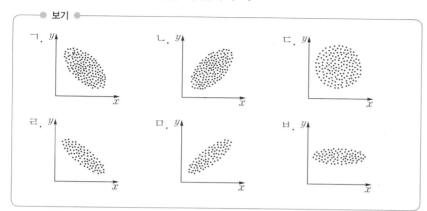

(1) 양의 상관관계가 있는 산점도를 모두 찾으시오.

(2) 음의 상관관계가 있는 산점도를 모두 찾으시오.

(3) 상관관계가 없는 산점도를 모두 찾으시오.

> 두 변량 x와 y에 대하여
>
> (1) x의 값이 증가함에 따라 y의 값이 대체로 증가하는 경향이 있을 때, 두 변량 사이에는 □의 상관관계가 있다고 한다.
>
> (2) x의 값이 증가함에 따라 y의 값이 대체로 감소하는 경향이 있을 때, 두 변량 사이에는 □의 상관관계가 있다고 한다.
>
> (3) x의 값이 증가함에 따라 y의 값이 증가하는 경향이 있는지 감소하는 경향이 있는지 분명하지 않은 경우에 두 변량 사이에는 상관관계가 □고 한다.

02 아래 표는 태우네 반 학생 20명의 하루 동안의 컴퓨터 사용 시간과 학습 시간을 조사하여 나타낸 것이다. 다음 물음에 답하시오.

컴퓨터 사용 시간(시간)	0.5	1.5	2	1	0.5	3.5	2	2.5	2	1
학습 시간(시간)	3	1.5	2.5	3.5	4	1	1	2	1.5	3
컴퓨터 사용 시간(시간)	3	2.5	1	1.5	0.5	2	1.5	1	1.5	1
학습 시간(시간)	0.5	1	4	3.5	3.5	0.5	2.5	2	3	2.5

(1) 컴퓨터 사용 시간과 학습 시간에 대한 산점도를 오른쪽 좌표평면 위에 그리시오.

(2) 컴퓨터 사용 시간과 학습 시간 사이에는 어떤 상관관계가 있는지 말하시오.

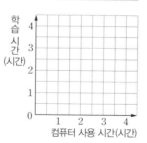

03 다음 두 변량 사이의 상관관계를 말하시오.

(1) 겨울철 기온과 난방비

(2) 도시의 인구수와 교통량

(3) 머리둘레와 IQ

핵심문제 🔑 익히기

정답과 풀이 p.53

01 산점도와 상관관계의 뜻

더 다양한 문제는 RPM 중3-2 98쪽

Key Point

• 산점도: 두 변량의 순서쌍을 좌표로 하는 점을 좌표평면 위에 나타낸 그래프
• 상관관계: 두 변량에 대하여 한 변량의 값이 증가함에 따라 다른 변량의 값이 증가하거나 감소하는 경향이 있을 때, 상관관계가 있다고 한다.

다음 산점도 중 상관관계가 있는 것을 모두 고르면? (정답 2개)

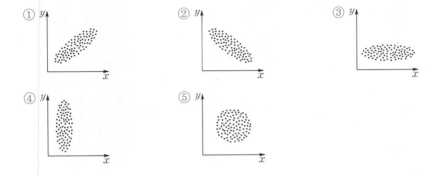

풀이 ① 양의 상관관계   ② 음의 상관관계   ③, ④, ⑤ 상관관계가 없다.
따라서 상관관계가 있는 것은 ①, ②이다.

확인 1 다음 산점도 중 가장 강한 음의 상관관계를 나타내는 것은?

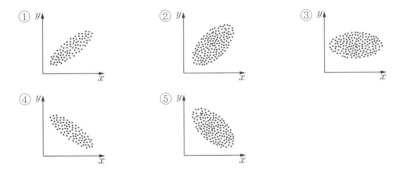

확인 2 다음 **보기** 중 산점도에 대한 설명으로 옳은 것을 모두 고르시오.

● 보기 ●

ㄱ. 두 변량의 순서쌍을 좌표로 하는 점을 좌표평면 위에 나타낸 그래프를 산점도라 한다.
ㄴ. 산점도에서 점들이 한 직선에 가까이 분포되어 있을 때 상관관계가 있다고 한다.
ㄷ. 산점도에서 점들이 흩어져 있거나 좌표축에 평행하게 분포되어 있을 때 상관관계가 없다고 한다.
ㄹ. 산점도에서 점들이 오른쪽 아래로 향하는 경향이 있을 때 양의 상관관계가 있다고 한다.

02 산점도와 상관관계

더 다양한 문제는 RPM 중3-2 99쪽

다음 중 두 변량 사이의 산점도가 대체로 오른쪽 그림과 같은 모양이 되는 것은?

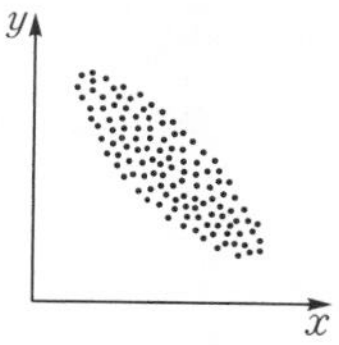

① 몸무게와 키
② 어머니의 나이와 아들의 키
③ 산의 높이와 기온
④ 수학 성적과 통학 시간
⑤ 여름철 기온과 아이스크림 판매량

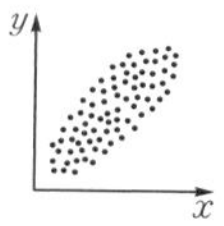

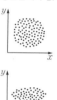

풀이 주어진 산점도는 음의 상관관계를 나타낸다.
①, ⑤ 양의 상관관계
②, ④ 상관관계가 없다.
③ 음의 상관관계
따라서 두 변량 사이의 산점도가 주어진 산점도와 같은 모양이 되는 것은 ③이다.

확인 3 교통량이 증가할수록 대기 오염 물질인 이산화질소(NO_2)의 대기 중 농도가 높아진다고 한다. 교통량을 x대, 대기 중 이산화질소의 농도를 y ppb라 할 때, 다음 중 x와 y 사이의 상관관계를 나타낸 산점도로 알맞은 것은?

①

②

③

④

⑤

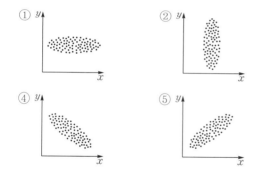

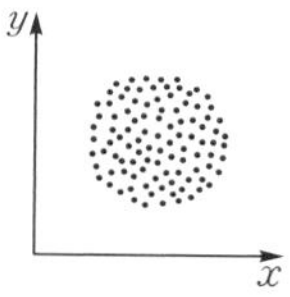

확인 4 다음 중 두 변량 사이의 상관관계가 나머지 넷과 다른 하나는?

① 통화 시간과 휴대 전화 요금
② 예금액과 이자
③ 통학 거리와 통학 시간
④ 시력과 학력
⑤ 도시의 인구수와 학교 수

Key Point

• 양의 상관관계

• 음의 상관관계

• 상관관계가 없다.

03 산점도의 이해 (1)
더 다양한 문제는 RPM 중3-2 100쪽

오른쪽 산점도는 호영이네 반 학생들이 받은 용돈과 지출액을 조사하여 나타낸 것이다. 5명의 학생 A, B, C, D, E에 대하여 다음 물음에 답하시오.

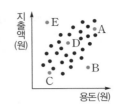

(1) 용돈에 비하여 지출액이 가장 많은 학생을 말하시오.

(2) 용돈에 비하여 지출액이 가장 적은 학생을 말하시오.

풀이 (1) 용돈에 비하여 지출액이 가장 많은 학생은 **E**이다.

(2) 용돈에 비하여 지출액이 가장 적은 학생은 **B**이다.

확인 5 오른쪽 산점도는 은기네 반 학생 20명의 1, 2차에 걸친 수행평가 성적을 조사하여 나타낸 것이다. 1차 성적보다 2차 성적이 떨어진 학생 수를 구하시오.

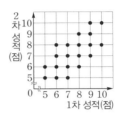

---

04 산점도의 이해 (2)
더 다양한 문제는 RPM 중3-2 101쪽

오른쪽 산점도는 유재네 반 학생 10명이 지난 일 년 동안 읽은 책의 수와 국어 성적을 조사하여 나타낸 것이다. 다음을 구하시오.

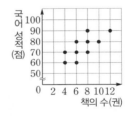

(1) 책을 6권 이상 읽은 학생 중에서 국어 성적이 70점 이상인 학생 수

(2) 책을 8권 이상 읽은 학생들의 국어 성적의 평균

풀이 (1) 책을 6권 이상 읽은 학생 중에서 국어 성적이 70점 이상인 학생 수는 오른쪽 그림에서 색칠한 부분(경계선 포함)의 점의 개수와 같으므로 **7명**이다.

(2) 책을 8권 이상 읽은 학생 수는 오른쪽 그림에서 빗금 친 부분(경계선 포함)의 점의 개수와 같으므로 5명이다.

$$\therefore (평균) = \frac{70+80+80+90+90}{5} = \frac{410}{5} = \mathbf{82(점)}$$

확인 6 오른쪽 산점도는 지혜네 반 학생 15명의 수학 성적과 과학 성적을 조사하여 나타낸 것이다. 두 과목의 성적이 모두 60점 이상인 학생은 전체의 몇 %인지 구하시오.

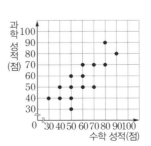

소단원 📑 핵심문제

★ 생각해 봅시다

01 다음 중 한 변량의 값이 증가함에 따라 다른 변량의 값이 감소하는 경향이 있는 산점도는?

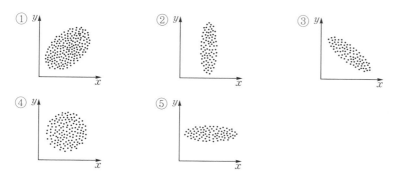

02 오른쪽 산점도는 수호네 반 학생들의 키와 몸무게를 조사하여 나타낸 것이다. 다음 중 옳은 것을 모두 고르면?

(정답 2개)

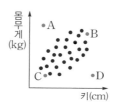

① 키와 몸무게 사이에는 양의 상관관계가 있다.
② A는 키에 비해 몸무게가 가볍다.
③ B는 키도 작고 몸무게도 가볍다.
④ C는 키도 크고 몸무게도 무겁다.
⑤ D는 몸무게에 비해 키가 크다.

03 오른쪽 산점도는 재희네 반 학생 20명의 달리기 실기 점수와 멀리뛰기 실기 점수를 조사하여 나타낸 것이다. 다음 물음에 답하시오.

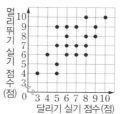

(1) 멀리뛰기 실기 점수가 달리기 실기 점수보다 높은 학생은 전체의 몇 %인지 구하시오.
(2) 달리기 실기 점수와 멀리뛰기 실기 점수가 모두 8점 이상인 학생들의 멀리뛰기 실기 점수의 평균을 구하시오.

04 오른쪽 산점도는 지우네 반 학생 15명의 국어 성적과 영어 성적을 조사하여 나타낸 것이다. 국어 성적과 영어 성적의 합이 150점 이상인 학생은 전체의 몇 %인가?

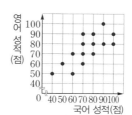

① 40 %   ② 45 %   ③ 55 %
④ 60 %   ⑤ 65 %

합이 $2a$ 이상 또는 평균이 a 이상인 경우
⇨ 직선 $x+y=2a$를 긋고 직선 위쪽 부분(경계선 포함)의 점의 개수를 센다.

공학적 도구를 이용한 자료의 정리

1 공학적 도구를 이용하여 산점도 그리기

(1) 자료 수집

다음 표는 형균이네 반 학생 20명의 발 길이와 팔 안쪽 길이를 조사하여 나타낸 것이다.

발 길이(mm)	238	242	225	233	263	240	235	251	230	259
팔 안쪽 길이(mm)	242	241	230	232	260	234	233	253	235	255
발 길이(mm)	233	261	266	225	268	257	240	250	245	240
팔 안쪽 길이(mm)	231	262	264	231	269	255	242	249	244	242

공학적 도구를 이용하여 발 길이와 팔 안쪽 길이에 대한 산점도를 그려 보자.

먼저 이지통계(http://www.ebsmath.co.kr/easyTong/etMiddle)를 이용하여 산점도를 그려 보자.

(2) 자료 입력

⚙️설정 을 눌러 ☐ 두 자료 에 체크한다. ⇨ ☑ 두 자료

모아보기를 ON으로 누른 후(⚫OFF ⇨ ON⚪), 두 자료의 값을 각각 세로칸에 한 열로 입력한다.

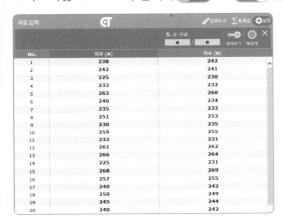

(3) 산점도 그리기

📊 통계 그래프를 누른 후 '두 자료 비교'와 '산점도'를 선택하고 실행하면 두 변량에 대한 산점도가 그려진다.

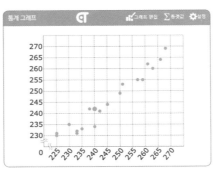

⇨ 이 산점도로부터 발 길이와 팔 안쪽 길이 사이에 양의 상관관계가 있음을 알 수 있다.

이제 통그라미(http://tong.kostat.go.kr)를 이용하여 p.142의 자료에 대한 산점도를 그려 보자.

(1) **자료 입력**

통그라미를 실행하여 '발 길이'와 '팔 안쪽 길이'의 변량을 각각 차례로 입력한다.

자료창					변수창				✕
	V1	V2	V3	V4		변수명	변수값명	변수설명	단위
	발길이	팔안쪽길이			V1	발길이			
1	238	242			V2	팔안쪽길이			
2	242	241			V3				
3	225	230			V4				
4	233	232			V5				
5	263	260			V6				
6	240	234			V7				
7	235	233			V8				
8	251	253			V9				
9	230	235			V10				
10	259	255			V11				
11	233	231			V12				
12	261	262			V13				
13	266	264			V14				
14	225	231			V15				
15	268	269			V16				
16	257	255			V17				
17	240	242			V18				
18	250	249			V19				
19	245	244			V20				
20	240	242			V21				

(2) **산점도 그리기**

메뉴에서 '그래프 > 산점도'를 누르고 가로축 변수에 '발 길이', 세로축 변수에 '팔 안쪽 길이'를 선택한 후 '확인'을 누르면 발 길이와 팔 안쪽 길이에 대한 산점도가 그려진다.

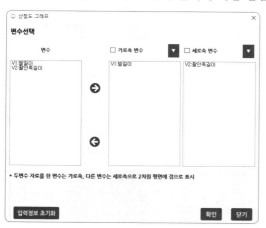

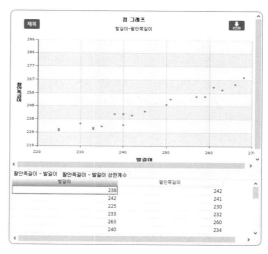

⇨ 이 산점도로부터 발 길이와 팔 안쪽 길이 사이에 양의 상관관계가 있음을 알 수 있다.

01 다음 중 **보기**의 산점도에 대한 설명으로 옳지 **않은** 것을 모두 고르면? (정답 2개)

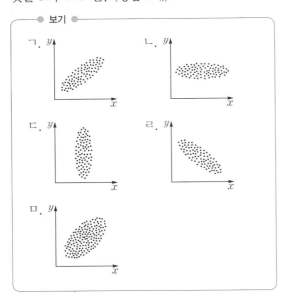

① ㄱ은 양의 상관관계가 있다.
② ㄴ은 상관관계가 없다.
③ ㄷ은 음의 상관관계가 있다.
④ 위도가 높아짐에 따라 평균 기온이 낮아지는 관계를 나타내는 산점도는 ㄹ이다.
⑤ ㅁ은 ㄱ보다 상관관계가 더 강하다.

02 다음 중 두 변량 사이에 음의 상관관계가 있다고 할 수 있는 것은?

① 자동차 수와 연간 석유 소비량
② IQ와 가슴둘레
③ 공부 시간과 시험 성적
④ 물건의 공급량과 가격
⑤ 운동 시간과 열량 소모량

꼭 나와
03 오른쪽 산점도는 가족 수와 생활비를 조사하여 나타낸 것이다. A, B, C, D, E 중 가족 수에 비하여 생활비를 가장 적게 지출하는 가구를 말하시오.

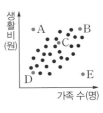

04 다음 산점도는 은서네 반 학생들의 왼쪽 눈과 오른쪽 눈의 시력을 조사하여 나타낸 것이다. **보기** 중 옳은 것을 모두 고른 것은?

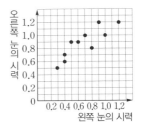

● 보기 ●

ㄱ. 왼쪽 눈의 시력이 좋을수록 오른쪽 눈의 시력은 나쁜 경향이 있다.
ㄴ. 오른쪽 눈의 시력이 좋을수록 왼쪽 눈의 시력도 좋은 경향이 있다.
ㄷ. 왼쪽 눈의 시력과 오른쪽 눈의 시력 사이에는 상관관계가 없다.
ㄹ. 왼쪽 눈의 시력과 오른쪽 눈의 시력이 같은 학생은 3명이다.

① ㄱ, ㄴ   ② ㄱ, ㄷ   ③ ㄴ, ㄷ
④ ㄴ, ㄹ   ⑤ ㄷ, ㄹ

05 오른쪽 산점도는 컴퓨터 자격 시험에 응시한 학생 14명의 필기 점수와 실기 점수를 조사하여 나타낸 것이다. 다음 중 옳은 것은?

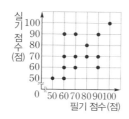

① 필기 점수보다 실기 점수가 높은 학생은 5명이다.
② 필기 점수보다 실기 점수가 낮은 학생은 4명이다.
③ 실기 점수의 최빈값은 60점이다.
④ 실기 점수가 70점인 학생들의 필기 점수의 평균은 75점이다.
⑤ 필기 점수와 실기 점수가 모두 70점 이상인 학생은 전체의 45 %이다.

Step 2 발전문제

06 다음 그림은 하준이가 반 친구들 15명의 휴대 전화 사용 시간과 수면 시간 사이의 상관관계를 알아보기 위해 그린 산점도이다.

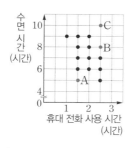

그런데 하준이가 A, B, C 세 명의 휴대 전화 사용 시간을 산점도에 잘못 표시했다고 한다. A, B, C 세 명의 휴대 전화 사용 시간이 다음 표와 같을 때, 하준이네 반 친구들 15명의 휴대 전화 사용 시간과 수면 시간 사이의 상관관계를 말하시오.

	A	B	C
휴대 전화 사용 시간(시간)	3	1	0.5

07 오른쪽 산점도는 학생 20명의 2학년 때와 3학년 때의 수학 성적을 조사하여 나타낸 것이다. 다음 **보기** 중 옳은 것을 모두 고르시오.

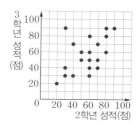

┌─ 보기 ─────────────────
ㄱ. 2학년 때보다 3학년 때 성적이 향상된 학생은 전체의 25 %이다.
ㄴ. 2학년 때 성적이 50점 이하인 학생 중에서 3학년 때 성적이 50점 이상인 학생은 4명이다.
ㄷ. 2학년 때와 3학년 때의 성적의 합이 140점 이상인 학생은 5명이다.
ㄹ. 2학년 때와 3학년 때의 성적의 차가 가장 큰 학생의 성적의 차는 60점이다.
└────────────────────────

UP 08 오른쪽 산점도는 11명의 양궁 선수들이 1차, 2차에 걸쳐 활을 쏘아 얻은 점수를 조사하여 나타낸 것이다. 1차와 2차의 점수의 평균으로 상위 4명을 선발할 때, 선발된 선수는 평균이 몇 점 이상인지 구하시오.

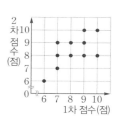

UP 09 오른쪽 산점도는 학생 20명의 가창 실기 점수와 악기 실기 점수를 조사하여 나타낸 것이다. 두 실기 점수의 차가 2점 이상이고, 두 실기 점수의 평균이 8점 이상인 학생은 전체의 몇 %인지 구하시오.

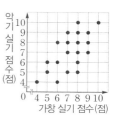

서술형 대비 문제

1

오른쪽 산점도는 은우네 반 학생 20명의 국어 성적과 수학 성적을 조사하여 나타낸 것이다. 다음 물음에 답하시오. [8점]

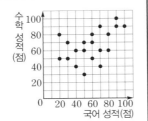

(1) 국어 성적이 수학 성적보다 좋은 학생은 몇 명인지 구하시오. [2점]

(2) 국어 성적이 80점 이상인 학생들의 수학 성적의 평균을 구하시오. [3점]

(3) 두 과목의 성적이 모두 60점 이하인 학생은 전체의 몇 %인지 구하시오. [3점]

풀이과정

1단계 국어 성적이 수학 성적보다 좋은 학생 수 구하기 [2점]

(1) 국어 성적이 수학 성적보다 좋은 학생 수는 오른쪽 그림에서 대각선 아래쪽 부분의 점의 개수와 같으므로 6명이다.

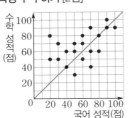

2단계 국어 성적이 80점 이상인 학생들의 수학 성적의 평균 구하기 [3점]

(2) 국어 성적이 80점 이상인 학생 수는 오른쪽 그림에서 색칠한 부분(경계선 포함)의 점의 개수와 같으므로 5명이다.

∴ (평균)

$$= \frac{60+80+90+90+100}{5}$$

$$= \frac{420}{5} = 84(점)$$

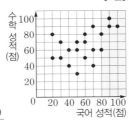

3단계 두 과목의 성적이 모두 60점 이하인 학생은 전체의 몇 %인지 구하기 [3점]

(3) 두 과목의 성적이 모두 60점 이하인 학생 수는 오른쪽 그림에서 색칠한 부분(경계선 포함)의 점의 개수와 같으므로 7명이다.

∴ $\frac{7}{20} \times 100 = 35(\%)$

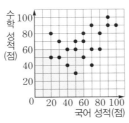

답 (1) 6명　　　　(2) 84점　　　　(3) 35 %

1-1

오른쪽 산점도는 민성이네 반 학생 15명의 영어 능력 시험에서 읽기 점수와 듣기 점수를 조사하여 나타낸 것이다. 다음 물음에 답하시오. [8점]

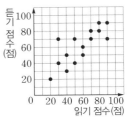

(1) 듣기 점수가 읽기 점수보다 높은 학생은 전체의 몇 %인지 구하시오. [3점]

(2) 읽기 점수가 40점 이하인 학생들의 듣기 점수의 평균을 구하시오. [3점]

(3) 읽기 점수와 듣기 점수가 모두 70점 이상인 학생을 합격시킨다고 할 때, 합격자는 몇 명인지 구하시오. [2점]

풀이과정

1단계 듣기 점수가 읽기 점수보다 높은 학생은 전체의 몇 %인지 구하기 [3점]

(1)

2단계 읽기 점수가 40점 이하인 학생들의 듣기 점수의 평균 구하기 [3점]

(2)

3단계 합격자 수 구하기 [2점]

(3)

답 (1)　　　　(2)　　　　(3)

2 아래 표는 우림이네 반 학생 12명의 신발 크기와 키를 조사하여 나타낸 것이다. 다음 물음에 답하시오. [7점]

신발 크기(mm)	240	220	255	240	230	250
키(cm)	163	160	169	166	162	167
신발 크기(mm)	260	240	225	235	245	230
키(cm)	170	165	161	165	164	163

(1) 신발 크기와 키에 대한 산점도를 다음 좌표평면 위에 그리시오. [2점]

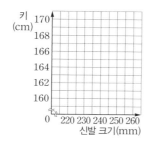

(2) 신발 크기와 키 사이에는 어떤 상관관계가 있는지 말하시오. [2점]

(3) A, B, C, D 네 사람의 신발 크기와 키가 다음 표와 같을 때, 신발 크기에 비하여 키가 가장 큰 사람을 말하시오. [3점]

	A	B	C	D
신발 크기(mm)	235	245	220	250
키(cm)	164	166	168	165

풀이과정

(1)

(2)

(3)

답 (1)   (2)   (3)

3 다음 산점도는 신생아 20명의 키와 머리둘레를 조사하여 나타낸 것이다. 키가 50 cm 이하인 신생아는 a명이고, 키가 51 cm인 신생아의 머리둘레의 평균은 b cm일 때, $a+b$의 값을 구하시오. [7점]

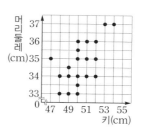

풀이과정

답

4 오른쪽 산점도는 준우네 반 학생 15명의 중간고사와 기말고사 전과목 성적의 평균을 조사하여 나타낸 것이다. 다음 조건에 해당하는 학생에게 '발전상'을 수여하려고 할 때, 발전상을 받게 될 학생은 모두 몇 명인지 구하시오. [8점]

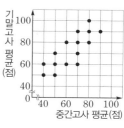

━━━●조건●━━━
(가) 중간고사 평균이 70점 이하이다.
(나) 기말고사 평균이 중간고사 평균보다 20점 이상 향상되었다.

풀이과정

답

대단원 핵심 한눈에 보기

01 대푯값

(1) **대푯값**: 자료 전체의 중심 경향이나 특징을 대표적으로 나타내는 값

(2) $(\text{평균}) = \dfrac{(\boxed{})}{(\text{변량의 개수})}$

(3) **중앙값**: 자료의 변량을 작은 값부터 크기순으로 나열할 때, 중앙에 위치하는 값

　① 변량의 개수가 홀수이면 중앙에 위치하는 값이 중앙값이다.

　② 변량의 개수가 짝수이면 중앙에 위치하는 두 값의 $\boxed{}$이 중앙값이다.

(4) **최빈값**: 자료의 변량 중에서 가장 $\boxed{}$ 나타나는 값

02 산포도와 표준편차

(1) **산포도**: 변량들이 대푯값을 중심으로 흩어져 있는 정도를 하나의 수로 나타낸 값

　① 변량들이 대푯값으로부터 멀리 흩어져 있으면 산포도가 $\boxed{}$.

　② 변량들이 대푯값 주위에 밀집되어 있으면 산포도가 $\boxed{}$.

(2) $(\text{편차}) = (\text{변량}) - (\boxed{})$

　⇨ 편차의 총합은 항상 $\boxed{}$이다.

(3) $(\text{분산}) = \dfrac{\{(\boxed{})^2\text{의 총합}\}}{(\text{변량의 개수})}$

(4) $(\text{표준편차}) = \sqrt{(\text{분산})}$

03 산점도와 상관관계

(1) **산점도**: 두 변량의 순서쌍을 좌표로 하는 점을 좌표평면 위에 나타낸 그래프

(2) **상관관계**: 두 변량 x, y 사이에 x의 값이 증가함에 따라 y의 값이 증가하거나 감소하는 경향이 있을 때, 두 변량 x, y 사이에 상관관계가 있다고 한다.

(3) **여러 가지 상관관계**

　① 두 변량 x와 y에 대하여 x의 값이 증가함에 따라 y의 값도 대체로 증가하는 경향이 있을 때, 두 변량 사이에는 $\boxed{}$의 상관관계가 있다고 한다.

　② 두 변량 x와 y에 대하여 x의 값이 증가함에 따라 y의 값이 대체로 감소하는 경향이 있을 때, 두 변량 사이에는 $\boxed{}$의 상관관계가 있다고 한다.

(4) 두 변량 x와 y에 대하여 x의 값이 증가함에 따라 y의 값이 증가하는 경향이 있는지 감소하는 경향이 있는지 분명하지 않은 경우에 두 변량 사이에는 상관관계가 $\boxed{}$고 한다.

답　**01** (2) 변량의 총합 (3) ② 평균 (4) 많이　**02** (1) ① 크다 ② 작다 (2) 평균, 0 (3) 편차　**03** (3) ① 양 ② 음 (4) 없다

하나의 어리석음에서
또 다른 어리석음을 만들지 마라.

하나의 어리석음에서 또 다른 어리석음을 만들지 마라.

한 가지 어리석음을 개선하려다 네 가지 어리석음을 범하거나 한 가지 잘못을
고치려다 더 큰 잘못을 저지르는 일이 자주 있다.

잘못된 비난보다 더 나쁜 것은 잘못을 보호하려는 것이다.

그리고 악 그 자체보다 더 악한 것은 그 악을 감추지 못하는 것이다.

과실은 가장 지혜있는 자라도 저지를 수 있다.

그러나 그 과실이 되풀이되어서는 안 된다.

또한 과실이 오랫동안 지속되어서도 안 된다.

삼각비의 표

각도	사인 (sin)	코사인 (cos)	탄젠트 (tan)	각도	사인 (sin)	코사인 (cos)	탄젠트 (tan)
0°	0.0000	1.0000	0.0000	45°	0.7071	0.7071	1.0000
1°	0.0175	0.9998	0.0175	46°	0.7193	0.6947	1.0355
2°	0.0349	0.9994	0.0349	47°	0.7314	0.6820	1.0724
3°	0.0523	0.9986	0.0524	48°	0.7431	0.6691	1.1106
4°	0.0698	0.9976	0.0699	49°	0.7547	0.6561	1.1504
5°	0.0872	0.9962	0.0875	50°	0.7660	0.6428	1.1918
6°	0.1045	0.9945	0.1051	51°	0.7771	0.6293	1.2349
7°	0.1219	0.9925	0.1228	52°	0.7880	0.6157	1.2799
8°	0.1392	0.9903	0.1405	53°	0.7986	0.6018	1.3270
9°	0.1564	0.9877	0.1584	54°	0.8090	0.5878	1.3764
10°	0.1736	0.9848	0.1763	55°	0.8192	0.5736	1.4281
11°	0.1908	0.9816	0.1944	56°	0.8290	0.5592	1.4826
12°	0.2079	0.9781	0.2126	57°	0.8387	0.5446	1.5399
13°	0.2250	0.9744	0.2309	58°	0.8480	0.5299	1.6003
14°	0.2419	0.9703	0.2493	59°	0.8572	0.5150	1.6643
15°	0.2588	0.9659	0.2679	60°	0.8660	0.5000	1.7321
16°	0.2756	0.9613	0.2867	61°	0.8746	0.4848	1.8040
17°	0.2924	0.9563	0.3057	62°	0.8829	0.4695	1.8807
18°	0.3090	0.9511	0.3249	63°	0.8910	0.4540	1.9626
19°	0.3256	0.9455	0.3443	64°	0.8988	0.4384	2.0503
20°	0.3420	0.9397	0.3640	65°	0.9063	0.4226	2.1445
21°	0.3584	0.9336	0.3839	66°	0.9135	0.4067	2.2460
22°	0.3746	0.9272	0.4040	67°	0.9205	0.3907	2.3559
23°	0.3907	0.9205	0.4245	68°	0.9272	0.3746	2.4751
24°	0.4067	0.9135	0.4452	69°	0.9336	0.3584	2.6051
25°	0.4226	0.9063	0.4663	70°	0.9397	0.3420	2.7475
26°	0.4384	0.8988	0.4877	71°	0.9455	0.3256	2.9042
27°	0.4540	0.8910	0.5095	72°	0.9511	0.3090	3.0777
28°	0.4695	0.8829	0.5317	73°	0.9563	0.2924	3.2709
29°	0.4848	0.8746	0.5543	74°	0.9613	0.2756	3.4874
30°	0.5000	0.8660	0.5774	75°	0.9659	0.2588	3.7321
31°	0.5150	0.8572	0.6009	76°	0.9703	0.2419	4.0108
32°	0.5299	0.8480	0.6249	77°	0.9744	0.2250	4.3315
33°	0.5446	0.8387	0.6494	78°	0.9781	0.2079	4.7046
34°	0.5592	0.8290	0.6745	79°	0.9816	0.1908	5.1446
35°	0.5736	0.8192	0.7002	80°	0.9848	0.1736	5.6713
36°	0.5878	0.8090	0.7265	81°	0.9877	0.1564	6.3138
37°	0.6018	0.7986	0.7536	82°	0.9903	0.1392	7.1154
38°	0.6157	0.7880	0.7813	83°	0.9925	0.1219	8.1443
39°	0.6293	0.7771	0.8098	84°	0.9945	0.1045	9.5144
40°	0.6428	0.7660	0.8391	85°	0.9962	0.0872	11.4301
41°	0.6561	0.7547	0.8693	86°	0.9976	0.0698	14.3007
42°	0.6691	0.7431	0.9004	87°	0.9986	0.0523	19.0811
43°	0.6820	0.7314	0.9325	88°	0.9994	0.0349	28.6363
44°	0.6947	0.7193	0.9657	89°	0.9998	0.0175	57.2900
45°	0.7071	0.7071	1.0000	90°	1.0000	0.0000	

memo

memo

개념원리와
만나는
모든 방법

다양한 이벤트, 동기부여 콘텐츠 등
공부 자극에 필요한 모든 콘텐츠를 보고 싶다면?

개념원리 공식 인스타그램
@wonri_with

교재 속 QR코드 문제 풀이 영상 공부법까지
수학 공부에 필요한 모든 것

개념원리 공식 유튜브 채널
youtube.com/개념원리2022

개념원리에서 만들어지는 모든 콘텐츠를
정기적으로 받고 싶다면?

개념원리 공식
카카오뷰 채널

개념원리

교재 소개

문제 난이도

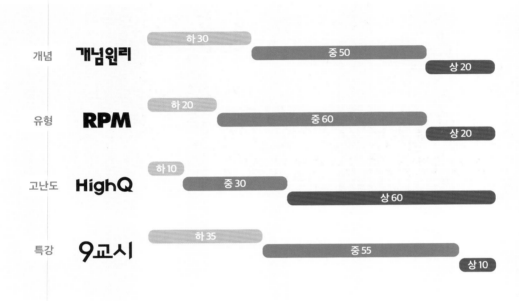

| | | 하 30 | 중 50 | 상 20 |
| 개념 | **개념원리** | 하 30 | 중 50 | 상 20 |

개념 | **개념원리** | 하 30 | 중 50 | 상 20

유형 | **RPM** | 하 20 | 중 60 | 상 20

고난도 | **HighQ** | 하 10 | 중 30 | 상 60

특강 | **9교시** | 하 35 | 중 55 | 상 10

고등

개념원리 ㅣ 수학의 시작   개념

하나를 알면 10개, 20개를 풀 수 있는 개념원리 수학

수학(상), 수학(하), 수학Ⅰ, 수학Ⅱ, 확률과 통계, 미적분, 기하

RPM ㅣ 유형의 완성   유형

다양한 유형의 문제를 통해 수학의 문제 해결력을 높일 수 있는 RPM

수학(상), 수학(하), 수학Ⅰ, 수학Ⅱ, 확률과 통계, 미적분, 기하

High Q ㅣ 고난도 정복 (고1 내신 대비)   고난도

최고를 향한 핵심 고난도 문제서 High Q

수학(상), 수학(하)

9교시 ㅣ 학교 안 개념원리   특강

쉽고 빠르게 정리하는 9종 교과서 시크릿

수학(상), 수학(하), 수학Ⅰ

중등

개념원리 ㅣ 수학의 시작   개념

하나를 알면 10개, 20개를 풀 수 있는 개념원리 수학

중학수학 1-1, 1-2, 2-1, 2-2, 3-1, 3-2

RPM ㅣ 유형의 완성   유형

다양한 유형의 문제를 통해 수학의 문제 해결력을 높일 수 있는 RPM

중학수학 1-1, 1-2, 2-1, 2-2, 3-1, 3-2

개념원리

중학 수학 3-2
정답과 풀이

개념원리 수학연구소

개념원리 중학 수학 3-2

정답과 풀이

▎ 친절한 풀이　　정확하고 이해하기 쉬운 친절한 풀이

▎ 다른 풀이　　　수학적 사고력을 키우는 다양한 해결 방법 제시

▎ 서술형 분석　　모범 답안과 단계별 배점 제시로 서술형 문제 완벽 대비

개념원리

중학 수학 3-2

정답과 풀이

1 삼각비

개념원리 권 확인하기
본문 9쪽

01 (1) 높이, 6, $\dfrac{3}{5}$ (2) 밑변의 길이, 8, $\dfrac{4}{5}$

(3) 밑변의 길이, 8, $\dfrac{3}{4}$

02 (1) ① $\dfrac{8}{17}$ ② $\dfrac{15}{17}$ ③ $\dfrac{8}{15}$

(2) ① $\dfrac{3}{5}$ ② $\dfrac{4}{5}$ ③ $\dfrac{3}{4}$

03 (1) $2\sqrt{3}$ (2) $\dfrac{\sqrt{3}}{2}, \dfrac{1}{2}, \sqrt{3}$ (3) $\dfrac{1}{2}, \dfrac{\sqrt{3}}{2}, \dfrac{\sqrt{3}}{3}$

이렇게 풀어요

01 답 (1) 높이, 6, $\dfrac{3}{5}$ (2) 밑변의 길이, 8, $\dfrac{4}{5}$

(3) 밑변의 길이, 8, $\dfrac{3}{4}$

02 (1) ① $\sin C = \dfrac{\overline{AB}}{\overline{AC}} = \boxed{\dfrac{8}{17}}$

② $\cos C = \dfrac{\overline{BC}}{\overline{AC}} = \boxed{\dfrac{15}{17}}$

③ $\tan C = \dfrac{\overline{AB}}{\overline{BC}} = \boxed{\dfrac{8}{15}}$

(2) ① $\sin A = \dfrac{\overline{BC}}{\overline{AB}} = \dfrac{9}{15} = \boxed{\dfrac{3}{5}}$

② $\cos A = \dfrac{\overline{AC}}{\overline{AB}} = \dfrac{12}{15} = \boxed{\dfrac{4}{5}}$

③ $\tan A = \dfrac{\overline{BC}}{\overline{AC}} = \dfrac{9}{12} = \boxed{\dfrac{3}{4}}$

답 (1) ① $\dfrac{8}{17}$ ② $\dfrac{15}{17}$ ③ $\dfrac{8}{15}$ (2) ① $\dfrac{3}{5}$ ② $\dfrac{4}{5}$ ③ $\dfrac{3}{4}$

03 (1) $\overline{AC} = \sqrt{4^2 - 2^2} = \sqrt{12} = 2\sqrt{3}$

(2) $\sin B = \dfrac{\overline{AC}}{\overline{BC}} = \dfrac{2\sqrt{3}}{4} = \dfrac{\sqrt{3}}{2}$

$\cos B = \dfrac{\overline{AB}}{\overline{BC}} = \dfrac{2}{4} = \dfrac{1}{2}$

$\tan B = \dfrac{\overline{AC}}{\overline{AB}} = \dfrac{2\sqrt{3}}{2} = \sqrt{3}$

(3) $\sin C = \dfrac{\overline{AB}}{\overline{BC}} = \dfrac{2}{4} = \dfrac{1}{2}$

$\cos C = \dfrac{\overline{AC}}{\overline{BC}} = \dfrac{2\sqrt{3}}{4} = \dfrac{\sqrt{3}}{2}$

$\tan C = \dfrac{\overline{AB}}{\overline{AC}} = \dfrac{2}{2\sqrt{3}} = \dfrac{\sqrt{3}}{3}$

답 (1) $2\sqrt{3}$ (2) $\dfrac{\sqrt{3}}{2}, \dfrac{1}{2}, \sqrt{3}$ (3) $\dfrac{1}{2}, \dfrac{\sqrt{3}}{2}, \dfrac{\sqrt{3}}{3}$

핵심문제 익히기 🔑 확인문제
본문 10~13쪽

1 $\dfrac{\sqrt{5}}{3}$ **2** 4   **3** $\dfrac{24}{35}$ **4** $\dfrac{8}{3}$

5 $\dfrac{3}{4}$ **6** $\dfrac{10}{13}$

7 $\sin\alpha = \dfrac{3}{5},\ \cos\alpha = \dfrac{4}{5},\ \tan\alpha = \dfrac{3}{4}$ **8** $\sqrt{2}$

이렇게 풀어요

1 $\overline{AB} = \sqrt{3^2 - (\sqrt{5})^2} = \sqrt{4} = 2$이므로

$\tan A = \dfrac{\overline{BC}}{\overline{AB}} = \dfrac{\sqrt{5}}{2}$, $\sin C = \dfrac{\overline{AB}}{\overline{AC}} = \dfrac{2}{3}$

$\therefore \tan A \times \sin C = \dfrac{\sqrt{5}}{2} \times \dfrac{2}{3} = \dfrac{\sqrt{5}}{3}$ 답 $\dfrac{\sqrt{5}}{3}$

2 $\cos B = \dfrac{\overline{BC}}{\overline{AB}}$이므로 $\dfrac{\overline{BC}}{6} = \dfrac{\sqrt{5}}{3}$

$3\overline{BC} = 6\sqrt{5}$ $\therefore \overline{BC} = 2\sqrt{5}$

$\therefore \overline{AC} = \sqrt{6^2 - (2\sqrt{5})^2} = \sqrt{16} = 4$ 답 4

3 $\cos A = \dfrac{5}{7}$이므로 오른쪽 그림과 같이 $\angle B = 90°$, $\overline{AB} = 5$, $\overline{AC} = 7$인 직각삼각형 ABC를 생각할 수 있다. 이때 $\overline{BC} = \sqrt{7^2 - 5^2} = \sqrt{24} = 2\sqrt{6}$이므로

$\sin A = \dfrac{\overline{BC}}{\overline{AC}} = \dfrac{2\sqrt{6}}{7}$

$\tan A = \dfrac{\overline{BC}}{\overline{AB}} = \dfrac{2\sqrt{6}}{5}$

$\therefore \sin A \times \tan A = \dfrac{2\sqrt{6}}{7} \times \dfrac{2\sqrt{6}}{5} = \dfrac{24}{35}$ 답 $\dfrac{24}{35}$

4 $\triangle ABC \backsim \triangle EDC$ (AA 닮음)이므로

$\angle CBA = \angle CDE = x$

$\triangle ABC$에서 $\overline{AC} = \sqrt{9^2-3^2} = \sqrt{72} = 6\sqrt{2}$이므로

$\tan x = \tan B = \dfrac{\overline{AC}}{\overline{AB}} = \dfrac{6\sqrt{2}}{3} = 2\sqrt{2}$

$\cos y = \cos C = \dfrac{\overline{AC}}{\overline{BC}} = \dfrac{6\sqrt{2}}{9} = \dfrac{2\sqrt{2}}{3}$

$\therefore \tan x \times \cos y = 2\sqrt{2} \times \dfrac{2\sqrt{2}}{3} = \dfrac{8}{3}$

目 $\dfrac{8}{3}$

5 $\triangle ABC \backsim \triangle HAC$ (AA 닮음)이므로

$\angle ABC = \angle HAC = x$

$\triangle ABC$에서 $\overline{AC} = \sqrt{5^2-4^2} = \sqrt{9} = 3$이므로

$\tan x = \tan B = \dfrac{\overline{AC}}{\overline{AB}} = \dfrac{3}{4}$

目 $\dfrac{3}{4}$

6 $\triangle ABC \backsim \triangle HBA$ (AA 닮음)이므로

$\angle BCA = \angle BAH = x$

$\triangle ABC \backsim \triangle HAC$ (AA 닮음)이므로

$\angle ABC = \angle HAC = y$

$\triangle ABC$에서 $\overline{BC} = \sqrt{5^2+12^2} = \sqrt{169} = 13$이므로

$\sin x = \sin C = \dfrac{\overline{AB}}{\overline{BC}} = \dfrac{5}{13}$

$\cos y = \cos B = \dfrac{\overline{AB}}{\overline{BC}} = \dfrac{5}{13}$

$\therefore \sin x + \cos y = \dfrac{5}{13} + \dfrac{5}{13} = \dfrac{10}{13}$

目 $\dfrac{10}{13}$

7 오른쪽 그림과 같이 일차방정식

$3x-4y+12=0$의 그래프가 x축,

y축과 만나는 점을 각각 A, B라

하자.

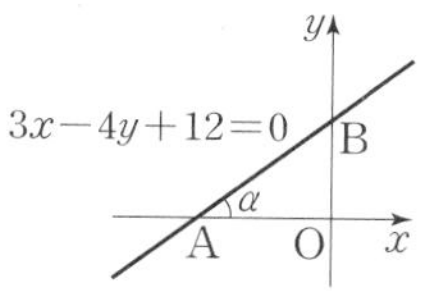

$3x-4y+12=0$에 $y=0$을 대입하면

$x=-4$　　$\therefore$ A$(-4, 0)$

$3x-4y+12=0$에 $x=0$을 대입하면

$y=3$　　$\therefore$ B$(0, 3)$

직각삼각형 AOB에서 $\overline{OA}=4$, $\overline{OB}=3$이므로

$\overline{AB} = \sqrt{4^2+3^2} = \sqrt{25} = 5$

$\therefore \sin \alpha = \dfrac{\overline{OB}}{\overline{AB}} = \dfrac{3}{5}$, $\cos \alpha = \dfrac{\overline{OA}}{\overline{AB}} = \dfrac{4}{5}$,

$\tan \alpha = \dfrac{\overline{OB}}{\overline{OA}} = \dfrac{3}{4}$

目 $\sin \alpha = \dfrac{3}{5}$, $\cos \alpha = \dfrac{4}{5}$, $\tan \alpha = \dfrac{3}{4}$

8 직각삼각형 EFG에서

$\overline{EG} = \sqrt{4^2+3^2} = \sqrt{25} = 5$(cm)

직각삼각형 AEG에서

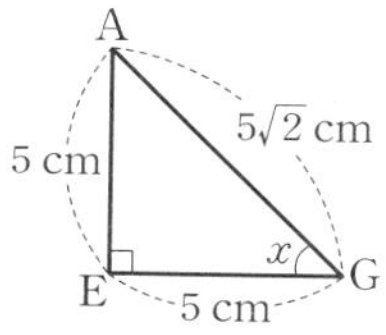

$\overline{AG} = \sqrt{5^2+5^2} = \sqrt{50} = 5\sqrt{2}$(cm)

따라서 $\sin x = \dfrac{\overline{AE}}{\overline{AG}} = \dfrac{5}{5\sqrt{2}} = \dfrac{\sqrt{2}}{2}$,

$\cos x = \dfrac{\overline{EG}}{\overline{AG}} = \dfrac{5}{5\sqrt{2}} = \dfrac{\sqrt{2}}{2}$이므로

$\sin x + \cos x = \dfrac{\sqrt{2}}{2} + \dfrac{\sqrt{2}}{2} = \sqrt{2}$

目 $\sqrt{2}$

소단원 핵심문제　　　　　　　　본문 14쪽

01 ①	**02** 54 cm²	**03** $\dfrac{\sqrt{2}}{3}$	**04** $\dfrac{\sqrt{3}}{6}$
05 $\dfrac{6}{13}$	**06** $\dfrac{1}{3}$		

이렇게 풀어요

01 $\overline{AB} = \sqrt{2^2+1^2} = \sqrt{5}$

① $\sin A = \dfrac{\overline{BC}}{\overline{AB}} = \dfrac{2}{\sqrt{5}} = \dfrac{2\sqrt{5}}{5}$

② $\tan A = \dfrac{\overline{BC}}{\overline{AC}} = \dfrac{2}{1} = 2$

③ $\sin B = \dfrac{\overline{AC}}{\overline{AB}} = \dfrac{1}{\sqrt{5}} = \dfrac{\sqrt{5}}{5}$

④ $\cos B = \dfrac{\overline{BC}}{\overline{AB}} = \dfrac{2}{\sqrt{5}} = \dfrac{2\sqrt{5}}{5}$

⑤ $\tan B = \dfrac{\overline{AC}}{\overline{BC}} = \dfrac{1}{2}$

目 ①

02 $\tan A = \dfrac{\overline{BC}}{\overline{AB}}$이므로 $\dfrac{12}{\overline{AB}} = \dfrac{4}{3}$

$4\overline{AB} = 36$　　$\therefore \overline{AB} = 9$(cm)

$\therefore \triangle ABC = \dfrac{1}{2} \times 12 \times 9 = 54$(cm²)

目 **54 cm²**

03 $\tan A = \sqrt{2}$이므로 오른쪽 그림과 같이

$\angle B = 90°$, $\overline{AB} = 1$, $\overline{BC} = \sqrt{2}$인 직각

삼각형 ABC를 생각할 수 있다.

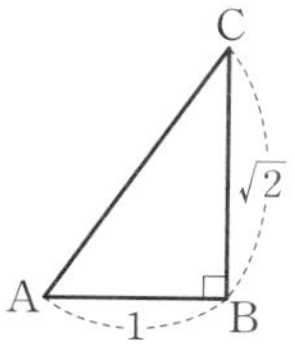

이때 $\overline{AC} = \sqrt{1^2+(\sqrt{2})^2} = \sqrt{3}$이므로

$\sin A = \dfrac{\overline{BC}}{\overline{AC}} = \dfrac{\sqrt{2}}{\sqrt{3}} = \dfrac{\sqrt{6}}{3}$

$\cos A = \dfrac{\overline{AB}}{\overline{AC}} = \dfrac{1}{\sqrt{3}} = \dfrac{\sqrt{3}}{3}$

$\therefore \sin A \times \cos A = \dfrac{\sqrt{6}}{3} \times \dfrac{\sqrt{3}}{3} = \dfrac{\sqrt{2}}{3}$

目 $\dfrac{\sqrt{2}}{3}$

04 $\triangle ABC \backsim \triangle HBA$ (AA 닮음)이므로

$\angle BCA = \angle BAH = x$

$\triangle ABC \backsim \triangle HAC$ (AA 닮음)이므로

$\angle ABC = \angle HAC = y$

$\triangle ABC$에서 $\overline{BC} = \sqrt{(2\sqrt{3})^2 + 2^2} = \sqrt{16} = 4$이므로

$\cos x = \cos C = \dfrac{\overline{AC}}{\overline{BC}} = \dfrac{2}{4} = \dfrac{1}{2}$

$\tan y = \tan B = \dfrac{\overline{AC}}{\overline{AB}} = \dfrac{2}{2\sqrt{3}} = \dfrac{\sqrt{3}}{3}$

$\therefore \cos x \times \tan y = \dfrac{1}{2} \times \dfrac{\sqrt{3}}{3} = \dfrac{\sqrt{3}}{6}$　　답 $\dfrac{\sqrt{3}}{6}$

05 기울기가 $\dfrac{2}{3}$인 직선의 방정식을 $y = \dfrac{2}{3}x + k$라 하면

이 직선이 점 $(-3, 2)$를 지나므로

$2 = \dfrac{2}{3} \times (-3) + k$

$\therefore k = 4$

즉, 직선의 방정식은 $y = \dfrac{2}{3}x + 4$이다.

$y = \dfrac{2}{3}x + 4$에 $y = 0$을 대입하면

$x = -6$　　$\therefore A(-6, 0)$

$y = \dfrac{2}{3}x + 4$에 $x = 0$을 대입하면

$y = 4$　　$\therefore B(0, 4)$

직각삼각형 AOB에서 $\overline{OA} = 6$, $\overline{OB} = 4$이므로

$\overline{AB} = \sqrt{6^2 + 4^2} = \sqrt{52} = 2\sqrt{13}$

따라서 $\sin \alpha = \dfrac{\overline{OB}}{\overline{AB}} = \dfrac{4}{2\sqrt{13}} = \dfrac{2\sqrt{13}}{13}$,

$\cos \alpha = \dfrac{\overline{OA}}{\overline{AB}} = \dfrac{6}{2\sqrt{13}} = \dfrac{3\sqrt{13}}{13}$이므로

$\sin \alpha \times \cos \alpha = \dfrac{2\sqrt{13}}{13} \times \dfrac{3\sqrt{13}}{13} = \dfrac{6}{13}$　　답 $\dfrac{6}{13}$

06 직각삼각형 EFG에서

$\overline{EG} = \sqrt{4^2 + 4^2} = \sqrt{32} = 4\sqrt{2}$

직각삼각형 CEG에서

$\overline{CE} = \sqrt{(4\sqrt{2})^2 + 4^2} = \sqrt{48} = 4\sqrt{3}$

따라서

$\sin x = \dfrac{\overline{CG}}{\overline{CE}} = \dfrac{4}{4\sqrt{3}} = \dfrac{\sqrt{3}}{3}$,

$\cos x = \dfrac{\overline{EG}}{\overline{CE}} = \dfrac{4\sqrt{2}}{4\sqrt{3}} = \dfrac{\sqrt{6}}{3}$,

$\tan x = \dfrac{\overline{CG}}{\overline{EG}} = \dfrac{4}{4\sqrt{2}} = \dfrac{\sqrt{2}}{2}$이므로

$\sin x \times \cos x \times \tan x = \dfrac{\sqrt{3}}{3} \times \dfrac{\sqrt{6}}{3} \times \dfrac{\sqrt{2}}{2} = \dfrac{1}{3}$　　답 $\dfrac{1}{3}$

---

02 **삼각비의 값**

본문 16쪽

개념원리 ☑ 확인하기

01 (1) 그림은 풀이 참조

　① $\overline{BD}$, $8\sqrt{2}$, $\dfrac{\sqrt{2}}{2}$　② $\overline{BD}$, $8\sqrt{2}$, $\dfrac{\sqrt{2}}{2}$　③ $\overline{BC}$, 8, 1

　(2) 그림은 풀이 참조

　① $\overline{BD}$, 3, $\dfrac{1}{2}$　② $\overline{BD}$, 3, $\dfrac{1}{2}$　③ $\overline{AD}$, $3\sqrt{3}$, $\dfrac{\sqrt{3}}{3}$

02 풀이 참조　　　　　**03** (1) $\sqrt{3} - 1$　(2) $\dfrac{\sqrt{3}}{6}$

이렇게 풀어요

01 (1)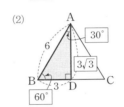

　(2)

答 (1) 그림은 풀이 참조

　　① $\overline{BD}$, $8\sqrt{2}$, $\dfrac{\sqrt{2}}{2}$　② $\overline{BD}$, $8\sqrt{2}$, $\dfrac{\sqrt{2}}{2}$　③ $\overline{BC}$, 8, 1

　(2) 그림은 풀이 참조

　　① $\overline{BD}$, 3, $\dfrac{1}{2}$　② $\overline{BD}$, 3, $\dfrac{1}{2}$　③ $\overline{AD}$, $3\sqrt{3}$, $\dfrac{\sqrt{3}}{3}$

02

삼각비 ＼ A	30°	45°	60°
$\sin A$	$\dfrac{1}{2}$	$\dfrac{\sqrt{2}}{2}$	$\dfrac{\sqrt{3}}{2}$
$\cos A$	$\dfrac{\sqrt{3}}{2}$	$\dfrac{\sqrt{2}}{2}$	$\dfrac{1}{2}$
$\tan A$	$\dfrac{\sqrt{3}}{3}$	1	$\sqrt{3}$

답 풀이 참조

03 (1) (주어진 식) $= \dfrac{\sqrt{3}}{2} + \dfrac{\sqrt{3}}{2} - 1$

　　　　　　　　$= \sqrt{3} - 1$

　(2) (주어진 식) $= \dfrac{1}{2} \times \dfrac{\sqrt{3}}{3} = \dfrac{\sqrt{3}}{6}$

答 (1) $\sqrt{3} - 1$　(2) $\dfrac{\sqrt{3}}{6}$

1 (1) 0 (2) $\dfrac{3}{4}$ (3) $\dfrac{7}{4}$ **2** (1) $1-\dfrac{\sqrt{3}}{2}$ (2) 0

3 (1) $x=4\sqrt{3},\ y=2\sqrt{3}$ (2) $x=2\sqrt{2},\ y=4$

4 (1) $2\sqrt{3}$ cm   (2) $4\sqrt{3}$ cm   **5** $\sqrt{2}-1$

6 $y=\sqrt{3}x+\sqrt{3}$

이렇게 풀어요

1 (1) (주어진 식)$=\left(\dfrac{\sqrt{2}}{2}\right)^2+\left(\dfrac{\sqrt{2}}{2}\right)^2-1^2$

$\qquad\qquad\qquad =\dfrac{1}{2}+\dfrac{1}{2}-1=0$

(2) (주어진 식)$=\dfrac{\frac{1}{2}\times 6\times 1}{1+\sqrt{3}\times\sqrt{3}}=\dfrac{3}{4}$

(3) (주어진 식)$=\left(1+\dfrac{\sqrt{2}}{2}+\dfrac{1}{2}\right)\left(1-\dfrac{\sqrt{2}}{2}+\dfrac{1}{2}\right)$

$\qquad\qquad\qquad =\left(\dfrac{3}{2}+\dfrac{\sqrt{2}}{2}\right)\left(\dfrac{3}{2}-\dfrac{\sqrt{2}}{2}\right)$

$\qquad\qquad\qquad =\dfrac{9}{4}-\dfrac{1}{2}=\dfrac{7}{4}$

📋 (1) $\mathbf{0}$ (2) $\dfrac{\mathbf{3}}{\mathbf{4}}$ (3) $\dfrac{\mathbf{7}}{\mathbf{4}}$

2 (1) $\sin 60°=\dfrac{\sqrt{3}}{2}$이므로

$2x+30°=60°,\ 2x=30°\qquad\therefore x=15°$

$\therefore \tan 3x-\cos 2x=\tan 45°-\cos 30°=1-\dfrac{\sqrt{3}}{2}$

(2) $\tan 60°=\sqrt{3}$이므로

$4x-20°=60°,\ 4x=80°\qquad\therefore x=20°$

$\therefore \sin 3x-\cos(x+10°)=\sin 60°-\cos 30°$

$\qquad\qquad\qquad\qquad\qquad\quad =\dfrac{\sqrt{3}}{2}-\dfrac{\sqrt{3}}{2}=0$

📋 (1) $\mathbf{1-\dfrac{\sqrt{3}}{2}}$ (2) $\mathbf{0}$

3 (1) $\cos 30°=\dfrac{6}{x}=\dfrac{\sqrt{3}}{2}$이므로

$\sqrt{3}x=12\qquad\therefore x=4\sqrt{3}$

$\tan 30°=\dfrac{y}{6}=\dfrac{\sqrt{3}}{3}$이므로

$3y=6\sqrt{3}\qquad\therefore y=2\sqrt{3}$

(2) $\tan 45°=\dfrac{2\sqrt{2}}{x}=1$이므로 $x=2\sqrt{2}$

$\sin 45°=\dfrac{2\sqrt{2}}{y}=\dfrac{\sqrt{2}}{2}$이므로

$\sqrt{2}y=4\sqrt{2}\qquad\therefore y=4$

📋 (1) $\boldsymbol{x=4\sqrt{3},\ y=2\sqrt{3}}$ (2) $\boldsymbol{x=2\sqrt{2},\ y=4}$

4 (1) $\triangle ABC$에서 $\tan 60°=\dfrac{\overline{BC}}{\sqrt{2}}=\sqrt{3}$이므로

$\overline{BC}=\sqrt{6}$ (cm)

$\triangle BCD$에서 $\sin 45°=\dfrac{\sqrt{6}}{\overline{BD}}=\dfrac{\sqrt{2}}{2}$이므로

$\sqrt{2}\,\overline{BD}=2\sqrt{6}\qquad\therefore \overline{BD}=2\sqrt{3}$ (cm)

(2) $\triangle ABC$에서 $\sin 30°=\dfrac{\overline{AC}}{12}=\dfrac{1}{2}$이므로

$2\,\overline{AC}=12\qquad\therefore \overline{AC}=6$ (cm)

$\triangle ADC$에서 $\sin 60°=\dfrac{6}{\overline{AD}}=\dfrac{\sqrt{3}}{2}$이므로

$\sqrt{3}\,\overline{AD}=12\qquad\therefore \overline{AD}=4\sqrt{3}$ (cm)

$\triangle ABD$에서 $30°+\angle BAD=60°$이므로

$\angle BAD=30°$

즉, $\angle BAD=\angle B$이므로

$\overline{BD}=\overline{AD}=4\sqrt{3}$ (cm)

📋 (1) $\mathbf{2\sqrt{3}}$ **cm**   (2) $\mathbf{4\sqrt{3}}$ **cm**

5 $\triangle ADC$에서

$\cos 45°=\dfrac{\overline{DC}}{2}=\dfrac{\sqrt{2}}{2}$이므로 $2\,\overline{DC}=2\sqrt{2}$

$\therefore \overline{DC}=\sqrt{2}$

$\sin 45°=\dfrac{\overline{AC}}{2}=\dfrac{\sqrt{2}}{2}$이므로 $2\,\overline{AC}=2\sqrt{2}$

$\therefore \overline{AC}=\sqrt{2}$

$\triangle ABD$는 $\overline{AD}=\overline{BD}$인 이등변삼각형이므로

$\angle B=\angle BAD=\dfrac{1}{2}\times 45°=22.5°$

따라서 $\triangle ABC$에서

$\tan 22.5°=\dfrac{\overline{AC}}{\overline{BC}}=\dfrac{\overline{AC}}{\overline{BD}+\overline{DC}}$

$\qquad\qquad =\dfrac{\sqrt{2}}{2+\sqrt{2}}=\sqrt{2}-1$ 📋 $\boldsymbol{\sqrt{2}-1}$

6 구하는 직선의 방정식을 $y=ax+b$라 하면

$a=\tan 60°=\sqrt{3}$

직선 $y=\sqrt{3}x+b$가 점 $(-1,\ 0)$을 지나므로

$0=-\sqrt{3}+b\qquad\therefore b=\sqrt{3}$

$\therefore y=\sqrt{3}x+\sqrt{3}$ 📋 $\boldsymbol{y=\sqrt{3}x+\sqrt{3}}$

소단원 📖 핵심문제   본문 20쪽

01 $-2\sqrt{3}$ **02** $\dfrac{\sqrt{3}}{2}$ **03** $24\sqrt{3}$ **04** $4\sqrt{3}$

05 $2+\sqrt{3}$ **06** $y=\sqrt{3}x-3$

01 (주어진 식)$=\dfrac{\frac{\sqrt{3}}{2}}{\frac{1}{2}+\frac{\sqrt{2}}{2}}+\dfrac{\frac{\sqrt{3}}{2}}{\frac{1}{2}-\frac{\sqrt{2}}{2}}$

$\qquad =\dfrac{\sqrt{3}}{1+\sqrt{2}}+\dfrac{\sqrt{3}}{1-\sqrt{2}}$

$\qquad =\dfrac{\sqrt{3}(1-\sqrt{2})+\sqrt{3}(1+\sqrt{2})}{(1+\sqrt{2})(1-\sqrt{2})}$

$\qquad =-2\sqrt{3}$ 　　　　　　　　🔲 $-2\sqrt{3}$

02 $\dfrac{\sqrt{3}}{3}\cos(3x-30°)=\dfrac{1}{2}$에서

$\cos(3x-30°)=\dfrac{\sqrt{3}}{2}$

이때 $\cos 30°=\dfrac{\sqrt{3}}{2}$이므로

$3x-30°=30°,\ 3x=60°$

$\therefore x=20°$

$\therefore \sin(x+10°)\times\tan 3x$

$\qquad =\sin 30°\times\tan 60°$

$\qquad =\dfrac{1}{2}\times\sqrt{3}=\dfrac{\sqrt{3}}{2}$ 　　　　　🔲 $\dfrac{\sqrt{3}}{2}$

03 △ABC에서 $\angle C=180°-(30°+90°)=60°$

△ADC에서 $\sin 60°=\dfrac{\overline{AD}}{8}=\dfrac{\sqrt{3}}{2}$이므로

$2\overline{AD}=8\sqrt{3}\quad\therefore \overline{AD}=4\sqrt{3}$

△ABD에서 $\tan 30°=\dfrac{4\sqrt{3}}{\overline{BD}}=\dfrac{\sqrt{3}}{3}$이므로

$\sqrt{3}\,\overline{BD}=12\sqrt{3}\quad\therefore \overline{BD}=12$

$\therefore \triangle ABD=\dfrac{1}{2}\times\overline{BD}\times\overline{AD}$

$\qquad\qquad =\dfrac{1}{2}\times12\times4\sqrt{3}=24\sqrt{3}$ 　🔲 $24\sqrt{3}$

04 △ABC에서 $\angle A=180°-(90°+30°)=60°$이므로

$\angle BAD=\angle CAD=\dfrac{1}{2}\angle A=30°$

즉, △DAB는 $\overline{AD}=\overline{BD}$인 이등변삼각형이므로

$\overline{AD}=\overline{BD}=4$

△ADC에서 $\sin 30°=\dfrac{\overline{DC}}{4}=\dfrac{1}{2}$이므로

$2\overline{DC}=4\quad\therefore \overline{DC}=2$

△ABC에서 $\cos 30°=\dfrac{6}{\overline{AB}}=\dfrac{\sqrt{3}}{2}$이므로

$\sqrt{3}\,\overline{AB}=12\quad\therefore \overline{AB}=4\sqrt{3}$ 　🔲 $4\sqrt{3}$

05 △ABC에서

$\cos 60°=\dfrac{1}{\overline{AC}}=\dfrac{1}{2}\qquad\therefore \overline{AC}=2\qquad\therefore \overline{DC}=2$

$\tan 60°=\dfrac{\overline{CB}}{1}=\sqrt{3}\qquad\therefore \overline{CB}=\sqrt{3}$

$\angle ACB=180°-(60°+90°)=30°$이고

△ACD는 $\overline{AC}=\overline{DC}$인 이등변삼각형이므로

$\angle CAD=\angle CDA=\dfrac{1}{2}\times30°=15°$

따라서 $\angle DAB=15°+60°=75°$이므로

△ABD에서

$\tan 75°=\dfrac{\overline{DB}}{\overline{AB}}=\dfrac{\overline{DC}+\overline{CB}}{\overline{AB}}$

$\qquad =\dfrac{2+\sqrt{3}}{1}=2+\sqrt{3}$ 　　　　🔲 $2+\sqrt{3}$

06 $\cos \alpha=\dfrac{1}{2}$이므로 $\alpha=60°$

구하는 직선의 방정식을 $y=ax+b$라 하면

$a=\tan 60°=\sqrt{3}$

직선 $y=\sqrt{3}x+b$가 점 $(0,\ -3)$을 지나므로

$b=-3$

$\therefore y=\sqrt{3}x-3$ 　　　　🔲 $y=\sqrt{3}x-3$

03 임의의 예각의 삼각비의 값

01 (1) $\overline{AB}$, 0.6428　(2) $\overline{OB}$, $\overline{OB}$　(3) $\overline{OD}$, $\overline{CD}$, 0.8391

02 풀이 참조

03 (1) -1　(2) 1　(3) 1

04 (1) 0.5736　(2) 0.8090　(3) 0.7536

01 🔲 (1) $\overline{AB}$, 0.6428　(2) $\overline{OB}$, $\overline{OB}$　(3) $\overline{OD}$, $\overline{CD}$, 0.8391

02

삼각비 ＼ A	0°	90°
$\sin A$	0	1
$\cos A$	1	0
$\tan A$	0	

🔲 풀이 참조

03 (1) (주어진 식)$=0-1\times1=-1$

(2) (주어진 식)$=1-0=1$

(3) (주어진 식)$=0\times0+1=1$

目 (1) -1 (2) 1 (3) 1

04 目 (1) 0.5736 (2) 0.8090 (3) 0.7536

---

1 ②, ④   **2** (1) 0 (2) $-\dfrac{\sqrt{3}}{2}$ (3) 0 **3** ③

4 $\tan A-\cos A$ **5** (1) 1.3339 (2) $67°$

6 7

이렇게 풀어요

1 ① $\sin x=\dfrac{\overline{AB}}{\overline{OA}}=\overline{AB}$

② $\cos x=\dfrac{\overline{OB}}{\overline{OA}}=\overline{OB}$

③ $\tan x=\dfrac{\overline{CD}}{\overline{OD}}=\overline{CD}$

④ $\sin y=\dfrac{\overline{OB}}{\overline{OA}}=\overline{OB}$

⑤ $\cos y=\dfrac{\overline{AB}}{\overline{OA}}=\overline{AB}$

따라서 $\overline{OB}$의 길이와 그 값이 같은 것은 ②, ④이다.

目 ②, ④

2 (1) (주어진 식)$=1\times0+1\times0+1\times0=0$

(2) (주어진 식)$=0\times0-1\times\sqrt{3}+\dfrac{\sqrt{3}}{2}=-\dfrac{\sqrt{3}}{2}$

(3) (주어진 식)$=\dfrac{\sqrt{2}}{2}\times0+1^2\times1+0^2-1^2=0$

目 (1) 0 (2) $-\dfrac{\sqrt{3}}{2}$ (3) 0

3 ① $\sin0°=0$

② $\cos0°=1$

$0<\cos80°<\sin80°<1$이고 $1<\tan80°$이므로 큰 것 부터 차례로 나열하면

$\tan80°,\ \cos0°,\ \sin80°,\ \cos80°,\ \sin0°$

따라서 세 번째에 해당하는 것은 ③ $\sin80°$이다. 目 ③

---

4 $45°<A<90°$일 때, $\cos A<\sin A<\tan A$이므로

$\sin A-\tan A<0,\ \cos A-\sin A<0$

$\therefore$ (주어진 식)

$=-(\sin A-\tan A)+\{-(\cos A-\sin A)\}$

$=-\sin A+\tan A-\cos A+\sin A$

$=\tan A-\cos A$ 目 $\tan A-\cos A$

5 (1) $\sin68°=0.9272,\ \cos66°=0.4067$이므로

$\sin68°+\cos66°=0.9272+0.4067$

$=1.3339$

(2) $\tan67°=2.3559$이므로

$x=67°$

目 (1) 1.3339 (2) $67°$

6 $\angle B=180°-(90°+53°)=37°$

주어진 삼각비의 표에서 $\sin37°=0.60$이므로

$\sin37°=\dfrac{x}{5}=0.60$

$\therefore x=3$

또 주어진 삼각비의 표에서 $\cos37°=0.80$이므로

$\cos37°=\dfrac{y}{5}=0.80$

$\therefore y=4$

$\therefore x+y=3+4=7$ 目 7

---

01 ④   **02** ③, ④   **03** ㄴ, ㄷ   **04** $-\dfrac{3\sqrt{10}}{5}$

05 12.856

이렇게 풀어요

01 $\tan x=\dfrac{\overline{CD}}{\overline{OD}}=\dfrac{\overline{CD}}{1}=\overline{CD}$

$\angle OAB=\angle OCD=y$ (동위각)이므로

$\cos y=\dfrac{\overline{AB}}{\overline{OA}}=\dfrac{\overline{AB}}{1}=\overline{AB}$ 目 ④

02 ① $\sin 30^\circ + \sin 60^\circ = \frac{1}{2} + \frac{\sqrt{3}}{2}$, $\sin 90^\circ = 1$

$\therefore \sin 30^\circ + \sin 60^\circ \neq \sin 90^\circ$

② $\cos 45^\circ = \frac{\sqrt{2}}{2}$, $\tan 45^\circ = 1$

$\therefore \cos 45^\circ \neq \tan 45^\circ$

③ $\sin 60^\circ = \cos 30^\circ = \frac{\sqrt{3}}{2}$

④ $\sin 0^\circ + \cos 90^\circ = 0 + 0 = 0$

⑤ $\sin 90^\circ \times \cos 0^\circ \times \tan 45^\circ = 1 \times 1 \times 1 = 1$

따라서 옳은 것은 ③, ④이다. **답 ③, ④**

03 ㄱ. $0^\circ \le x \le 90^\circ$일 때 x의 크기가 증가하면 $\sin x$의 값도 증가하므로

$\sin 40^\circ < \sin 50^\circ$

ㄴ. $0^\circ \le x \le 90^\circ$일 때 x의 크기가 증가하면 $\cos x$의 값은 감소하므로

$\cos 22^\circ > \cos 25^\circ$

ㄷ. $0^\circ \le x < 45^\circ$일 때 $\sin x < \cos x$이므로

$\sin 38^\circ < \cos 38^\circ$

ㄹ. $\cos 45^\circ = \frac{\sqrt{2}}{2}$, $\tan 45^\circ = 1$이므로

$\cos 45^\circ < \tan 45^\circ$

따라서 옳지 않은 것은 ㄴ, ㄷ이다. **답 ㄴ, ㄷ**

04 $\tan A = \frac{1}{3}$이므로 오른쪽 그림과 같이 $\angle B = 90^\circ$, $\overline{AB} = 3$, $\overline{BC} = 1$인 직각삼각형 ABC를 생각할 수 있다.

이때 $\overline{AC} = \sqrt{3^2 + 1^2} = \sqrt{10}$이므로

$\cos A = \frac{3}{\sqrt{10}} = \frac{3\sqrt{10}}{10}$

한편 $0^\circ < A < 90^\circ$일 때, $0 < \cos A < 1$이므로

$\cos A - 1 < 0$, $1 + \cos A > 0$

$\therefore$ (주어진 식) $= -(\cos A - 1) - (1 + \cos A)$

$= -2\cos A$

$= -2 \times \frac{3\sqrt{10}}{10} = -\frac{3\sqrt{10}}{5}$ **답 $-\frac{3\sqrt{10}}{5}$**

05 $\angle A = 180^\circ - (90^\circ + 40^\circ) = 50^\circ$이고 주어진 삼각비의 표에서 $\cos 50^\circ = 0.6428$이므로

$\cos 50^\circ = \frac{\overline{AC}}{20} = 0.6428$

$\therefore \overline{AC} = 0.6428 \times 20 = 12.856$ **답 12.856**

중단원 마무리

본문 28~31쪽

01 $\frac{2\sqrt{5}}{5}$	02 30	03 ①	04 $\frac{\sqrt{3}}{2}+\frac{1}{2}$
05 $\frac{6}{5}$	06 ④	07 $\sqrt{2}$	08 ④
09 ③	10 ⑤	11 $-\frac{1}{2}$	12 ⑤
13 62°	14 ①	15 $\frac{2\sqrt{5}}{5}$	16 $\frac{2\sqrt{5}}{13}$
17 $\frac{\sqrt{3}}{3}$	18 ⑤	19 ③	20 $16\sqrt{3}\text{ cm}^2$
21 6	22 $\sqrt{2}-1$	23 $\frac{3\sqrt{3}}{2}$	24 $\frac{3\sqrt{3}}{8}$
25 ②	26 $\frac{12}{13}$	27 2.9042	

이렇게 풀어요

01 △ADC에서

$\overline{AC} = \sqrt{(2\sqrt{5})^2 - 2^2} = \sqrt{16} = 4$

△ABC에서

$\overline{BC} = \sqrt{(4\sqrt{5})^2 - 4^2} = \sqrt{64} = 8$

$\therefore \cos B = \frac{\overline{BC}}{\overline{AB}} = \frac{8}{4\sqrt{5}} = \frac{2\sqrt{5}}{5}$ **답 $\frac{2\sqrt{5}}{5}$**

02 $\sin A = \frac{\overline{BC}}{\overline{AC}}$이므로 $\frac{\overline{BC}}{34} = \frac{8}{17}$

$17\overline{BC} = 272$ $\therefore \overline{BC} = 16$

$\therefore \overline{AB} = \sqrt{34^2 - 16^2} = \sqrt{900} = 30$ **답 30**

03 $\tan A = \frac{1}{2}$이므로 오른쪽 그림과 같이 $\angle B = 90^\circ$, $\overline{AB} = 2$, $\overline{BC} = 1$인 직각삼각형 ABC를 생각할 수 있다.

이때 $\overline{AC} = \sqrt{2^2 + 1^2} = \sqrt{5}$이므로

$\sin A = \frac{\overline{BC}}{\overline{AC}} = \frac{1}{\sqrt{5}} = \frac{\sqrt{5}}{5}$

$\cos A = \frac{\overline{AB}}{\overline{AC}} = \frac{2}{\sqrt{5}} = \frac{2\sqrt{5}}{5}$

$$\therefore \frac{\sin A + \cos A}{\sin A - \cos A} = \frac{\frac{\sqrt{5}}{5} + \frac{2\sqrt{5}}{5}}{\frac{\sqrt{5}}{5} - \frac{2\sqrt{5}}{5}}$$

$$= \frac{\frac{3\sqrt{5}}{5}}{-\frac{\sqrt{5}}{5}} = -3$$

답 ①

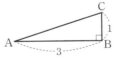

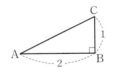

04 $\triangle ADE \circ \triangle ACB$ (AA 닮음)

이므로

$\angle AED = \angle ABC$

$\triangle ADE$에서

$\overline{AD} = \sqrt{12^2 - 6^2} = \sqrt{108} = 6\sqrt{3}$이므로

$\sin B = \sin(\angle AED) = \dfrac{\overline{AD}}{\overline{DE}} = \dfrac{6\sqrt{3}}{12} = \dfrac{\sqrt{3}}{2}$

$\sin C = \sin(\angle ADE) = \dfrac{\overline{AE}}{\overline{DE}} = \dfrac{6}{12} = \dfrac{1}{2}$

$\therefore \sin B + \sin C = \dfrac{\sqrt{3}}{2} + \dfrac{1}{2}$　　　🖪 $\dfrac{\sqrt{3}}{2} + \dfrac{1}{2}$

05 $\triangle ABD \circ \triangle HBA$ (AA 닮음)이

므로

$\angle ADB = \angle HAB = x$

$\triangle ABD \circ \triangle HAD$ (AA 닮음)이

므로

$\angle ABD = \angle HAD = y$

$\triangle ABD$에서

$\overline{BD} = \sqrt{12^2 + 16^2} = \sqrt{400} = 20$이므로

$\sin x = \sin(\angle ADB) = \dfrac{\overline{AB}}{\overline{BD}} = \dfrac{12}{20} = \dfrac{3}{5}$

$\cos y = \cos(\angle ABD) = \dfrac{\overline{AB}}{\overline{BD}} = \dfrac{12}{20} = \dfrac{3}{5}$

$\therefore \sin x + \cos y = \dfrac{3}{5} + \dfrac{3}{5} = \dfrac{6}{5}$　　🖪 $\dfrac{6}{5}$

06 ① (주어진 식) $= \dfrac{1}{2} + \dfrac{\sqrt{3}}{2} \times \sqrt{3} = 2$

② (주어진 식) $= 2 \times \sqrt{3} \times \dfrac{\sqrt{3}}{3} = 2$

③ (주어진 식) $= 4\left\{\left(\dfrac{1}{2}\right)^2 + \left(\dfrac{1}{2}\right)^2\right\} = 4 \times \dfrac{1}{2} = 2$

④ (주어진 식) $= 2\left(1 - \dfrac{1}{2}\right)\left(1 + \dfrac{1}{2}\right) = 2 \times \dfrac{1}{2} \times \dfrac{3}{2} = \dfrac{3}{2}$

⑤ (주어진 식) $= 1^2 \times \sqrt{3} \div \dfrac{\sqrt{3}}{2} = 1 \times \sqrt{3} \times \dfrac{2}{\sqrt{3}} = 2$

따라서 계산 결과가 나머지 넷과 다른 하나는 ④이다.

🖪 ④

07 $\sin 30° = \dfrac{1}{2}$이므로

$x - 15° = 30°$　　$\therefore x = 45°$

$\therefore \sin x + \cos x = \sin 45° + \cos 45°$

$= \dfrac{\sqrt{2}}{2} + \dfrac{\sqrt{2}}{2} = \sqrt{2}$　　🖪 $\sqrt{2}$

08 $\triangle ABC$에서 $\sin 45° = \dfrac{\overline{AC}}{2\sqrt{6}} = \dfrac{\sqrt{2}}{2}$이므로

$2\overline{AC} = 4\sqrt{3}$　　$\therefore \overline{AC} = 2\sqrt{3}\,(\mathrm{cm})$

$\triangle ACD$에서 $\sin 60° = \dfrac{\overline{CD}}{2\sqrt{3}} = \dfrac{\sqrt{3}}{2}$이므로

$2\overline{CD} = 6$　　$\therefore \overline{CD} = 3\,(\mathrm{cm})$　　🖪 ④

09 $3x - 5y + 15 = 0$에서 $y = \dfrac{3}{5}x + 3$이므로 직선의 기울기

는 $\dfrac{3}{5}$이다.

$\therefore \tan \alpha = \dfrac{3}{5}$　　🖪 ③

다른 풀이

$3x - 5y + 15 = 0$에 $y = 0$을 대입하면

$x = -5$　　$\therefore A(-5, 0)$

$3x - 5y + 15 = 0$에 $x = 0$을 대입하면

$y = 3$　　$\therefore B(0, 3)$

직각삼각형 AOB에서 $\overline{OA} = 5$, $\overline{OB} = 3$이므로

$\tan \alpha = \dfrac{\overline{OB}}{\overline{OA}} = \dfrac{3}{5}$

10 ① $\sin 47° = \dfrac{\overline{AB}}{\overline{OA}} = \overline{AB} = 0.73$

② $\cos 47° = \dfrac{\overline{OB}}{\overline{OA}} = \overline{OB} = 0.68$

③ $\tan 47° = \dfrac{\overline{CD}}{\overline{OD}} = \overline{CD} = 1.07$

④ $\cos 43° = \dfrac{\overline{AB}}{\overline{OA}} = \overline{AB} = 0.73$

⑤ $\sin 43° = \dfrac{\overline{OB}}{\overline{OA}} = \overline{OB} = 0.68$

따라서 옳지 않은 것은 ⑤이다.　　🖪 ⑤

11 (주어진 식) $= 1 + 1 - \dfrac{\sqrt{2}}{2} \times \dfrac{\sqrt{2}}{2} + 0 - 2 \times 1$

$= -\dfrac{1}{2}$　　🖪 $-\dfrac{1}{2}$

12 ⑤ $45° < A < 90°$일 때 $\sin A < \tan A$이다.　　🖪 ⑤

13 $\sin B = \dfrac{17.658}{20} = 0.8829$이고

주어진 삼각비의 표에서 $\sin 62° = 0.8829$이므로

$\angle B = 62°$　　🖪 **62°**

14 오른쪽 그림과 같이 점 F에서 $\overline{AD}$에 내린 수선의 발을 H라 하면

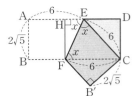

$\angle AEF$

$= \angle CEF$(접은 각)

$= \angle EFC$(엇각)

이므로 △EFC는 $\overline{CE}=\overline{CF}$인 이등변삼각형이다.

즉, $\overline{FC}=\overline{EC}=\overline{AE}=6$

$\overline{CB'}=\overline{AB}=2\sqrt{5}$이므로

△CFB′에서 $\overline{FB'}=\sqrt{6^2-(2\sqrt{5})^2}=\sqrt{16}=4$

$\overline{AH}=\overline{BF}=\overline{FB'}=4$이므로

$\overline{EH}=\overline{AE}-\overline{AH}=6-4=2$

따라서 △EHF에서

$\tan x=\dfrac{\overline{HF}}{\overline{EH}}=\dfrac{2\sqrt{5}}{2}=\sqrt{5}$　　　답 ①

15 오른쪽 그림과 같이 점 A에서 $\overline{BC}$에 내린 수선의 발을 H라 하면

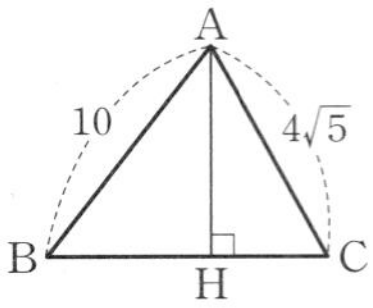

△ABH에서 $\cos B=\dfrac{\overline{BH}}{10}=\dfrac{3}{5}$

$5\overline{BH}=30$　　$\therefore \overline{BH}=6$

따라서 $\overline{AH}=\sqrt{10^2-6^2}=\sqrt{64}=8$이므로

$\sin C=\dfrac{\overline{AH}}{\overline{AC}}=\dfrac{8}{4\sqrt{5}}=\dfrac{2\sqrt{5}}{5}$　　답 $\dfrac{2\sqrt{5}}{5}$

16 △ABD에서 $\sin x=\dfrac{6}{\overline{AD}}=\dfrac{2}{3}$이므로

$2\overline{AD}=18$　　$\therefore \overline{AD}=9$

△ABD∽△CED (AA 닮음)이므로

$\overline{AD}:\overline{CD}=\overline{BD}:\overline{ED}$

$9:6=6:\overline{ED}$

$9\overline{ED}=36$　　$\therefore \overline{ED}=4$

△CDE에서 $\overline{CE}=\sqrt{6^2-4^2}=\sqrt{20}=2\sqrt{5}$

$\overline{AE}=\overline{AD}+\overline{DE}=9+4=13$이므로

$\tan y=\dfrac{\overline{CE}}{\overline{AE}}=\dfrac{2\sqrt{5}}{13}$　　답 $\dfrac{2\sqrt{5}}{13}$

17 정사면체의 한 모서리의 길이를 a라 하면 $\overline{BM}=\overline{CM}=\dfrac{1}{2}a$

$\angle DMC=90°$이므로 △DMC에서

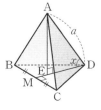

$\overline{DM}=\sqrt{a^2-\left(\dfrac{1}{2}a\right)^2}=\sqrt{\dfrac{3}{4}a^2}$

$=\dfrac{\sqrt{3}}{2}a$

꼭짓점 A에서 밑면 BCD에 내린 수선의 발을 E라 하면 점 E는 △BCD의 무게중심이므로

$\overline{DE}=\dfrac{2}{3}\overline{DM}=\dfrac{2}{3}\times\dfrac{\sqrt{3}}{2}a=\dfrac{\sqrt{3}}{3}a$

따라서 △AED에서

$\cos x=\dfrac{\overline{DE}}{\overline{AD}}=\dfrac{\dfrac{\sqrt{3}}{3}a}{a}=\dfrac{\sqrt{3}}{3}$　　답 $\dfrac{\sqrt{3}}{3}$

참고

정사면체의 꼭짓점에서 밑면에 내린 수선은 밑면의 무게중심을 지난다.

18 $\tan 45°-\cos 60°=1-\dfrac{1}{2}=\dfrac{1}{2}$

따라서 이차방정식 $2x^2+ax-4=0$에 $x=\dfrac{1}{2}$을 대입하면

$2\times\left(\dfrac{1}{2}\right)^2+a\times\dfrac{1}{2}-4=0$

$\dfrac{1}{2}a=\dfrac{7}{2}$　　$\therefore a=7$　　답 ⑤

19 삼각형의 세 내각의 크기의 합은 $180°$이므로

$A=180°\times\dfrac{1}{1+2+3}=30°$

$\therefore \sin A:\cos A:\tan A$

$=\sin 30°:\cos 30°:\tan 30°$

$=\dfrac{1}{2}:\dfrac{\sqrt{3}}{2}:\dfrac{\sqrt{3}}{3}=\sqrt{3}:3:2$　　답 ③

20 오른쪽 그림과 같이 두 꼭짓점 A, D에서 $\overline{BC}$에 내린 수선의 발을 각각 H, H′이라 하면 △ABH에서

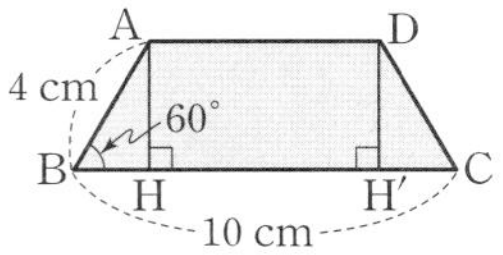

$\sin 60°=\dfrac{\overline{AH}}{4}=\dfrac{\sqrt{3}}{2}$　　$\therefore \overline{AH}=2\sqrt{3}\,(\text{cm})$

$\cos 60°=\dfrac{\overline{BH}}{4}=\dfrac{1}{2}$　　$\therefore \overline{BH}=2\,(\text{cm})$

따라서 $\overline{AD}=\overline{HH'}=10-(2+2)=6\,(\text{cm})$이므로

$\square\text{ABCD}=\dfrac{1}{2}\times(6+10)\times2\sqrt{3}=16\sqrt{3}\,(\text{cm}^2)$

답 $16\sqrt{3}$ cm²

21 △ABC에서 $\sin 30°=\dfrac{\overline{AC}}{16}=\dfrac{1}{2}$

$2\overline{AC}=16$　　$\therefore \overline{AC}=8$

$\angle A=180°-(30°+90°)=60°$이므로 △ADC에서

$\sin 60°=\dfrac{\overline{CD}}{8}=\dfrac{\sqrt{3}}{2}$, $2\overline{CD}=8\sqrt{3}$　　$\therefore \overline{CD}=4\sqrt{3}$

△ADC에서 ∠ACD=180°−(60°+90°)=30°
△DEC에서 ∠DCE=90°−30°=60°이므로
$\sin 60° = \dfrac{\overline{DE}}{4\sqrt{3}} = \dfrac{\sqrt{3}}{2}$
$2\overline{DE}=12$ ∴ $\overline{DE}=6$

🖪 **6**

22 ∠BOC=180°−135°=45°
$\overline{OA}=\overline{OB}=6$이므로
△OCB에서

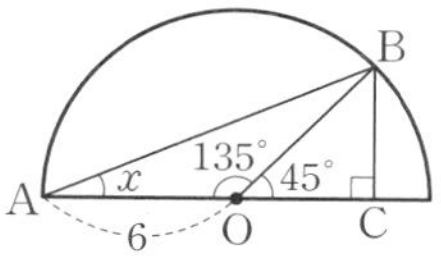

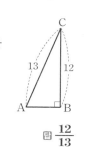

$\sin 45° = \dfrac{\overline{BC}}{6} = \dfrac{\sqrt{2}}{2}$
$2\overline{BC}=6\sqrt{2}$ ∴ $\overline{BC}=3\sqrt{2}$
$\cos 45° = \dfrac{\overline{OC}}{6} = \dfrac{\sqrt{2}}{2}$
$2\overline{OC}=6\sqrt{2}$ ∴ $\overline{OC}=3\sqrt{2}$
따라서 △ACB에서
$\tan x = \dfrac{\overline{BC}}{\overline{AC}} = \dfrac{\overline{BC}}{\overline{AO}+\overline{OC}}$
$= \dfrac{3\sqrt{2}}{6+3\sqrt{2}} = \sqrt{2}-1$

🖪 $\sqrt{2}-1$

23 직선의 방정식을 $y=ax+b$라 하면
$a=\tan 30° = \dfrac{\sqrt{3}}{3}$
직선 $y=\dfrac{\sqrt{3}}{3}x+b$가 점 $(3, 2\sqrt{3})$을 지나므로
$2\sqrt{3}=\sqrt{3}+b$ ∴ $b=\sqrt{3}$
즉, 직선의 방정식은
$y=\dfrac{\sqrt{3}}{3}x+\sqrt{3}$이므로 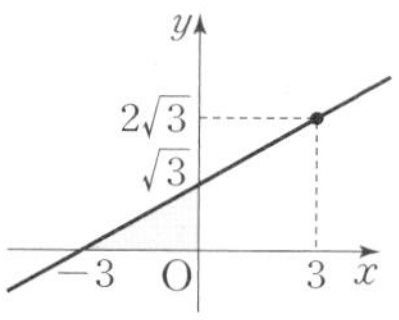
x절편은 −3, y절편은 $\sqrt{3}$이다.
따라서 구하는 삼각형의 넓이는
$\dfrac{1}{2} \times 3 \times \sqrt{3} = \dfrac{3\sqrt{3}}{2}$

🖪 $\dfrac{3\sqrt{3}}{2}$

24 $\sin 60° = \dfrac{\overline{CB}}{\overline{AC}} = \overline{CB}$이므로 $\overline{CB} = \dfrac{\sqrt{3}}{2}$
$\cos 60° = \dfrac{\overline{AB}}{\overline{AC}} = \overline{AB}$이므로 $\overline{AB} = \dfrac{1}{2}$
∴ $\overline{BD} = \overline{AD} - \overline{AB} = 1 - \dfrac{1}{2} = \dfrac{1}{2}$
$\tan 60° = \dfrac{\overline{ED}}{\overline{AD}} = \overline{ED}$이므로 $\overline{ED} = \sqrt{3}$
∴ □BDEC $= \dfrac{1}{2} \times \left(\dfrac{\sqrt{3}}{2}+\sqrt{3}\right) \times \dfrac{1}{2} = \dfrac{3\sqrt{3}}{8}$

🖪 $\dfrac{3\sqrt{3}}{8}$

25 45°<x<90°일 때, $\cos x < \sin x < 1$이므로
$\cos 53° < \sin 53°$
또 $\tan 45° = 1$이므로 $1 < \tan 53°$
∴ $\cos 53° < \sin 53° < \tan 53°$

🖪 ②

26 45°<A<90°일 때, $0 < \cos A < \sin A$이므로
$\sin A + \cos A > 0$, $\cos A - \sin A < 0$
∴ $\sqrt{(\sin A + \cos A)^2} + \sqrt{(\cos A - \sin A)^2}$
$= (\sin A + \cos A) + \{-(\cos A - \sin A)\}$
$= 2\sin A$
즉, $2\sin A = \dfrac{24}{13}$이므로 $\sin A = \dfrac{12}{13}$
따라서 오른쪽 그림과 같이 ∠B=90°,
$\overline{AC}=13$, $\overline{BC}=12$인 직각삼각형 ABC를
생각하면
$\overline{AB} = \sqrt{13^2-12^2} = \sqrt{25} = 5$
∴ $\tan A \times \cos A = \dfrac{12}{5} \times \dfrac{5}{13} = \dfrac{12}{13}$

🖪 $\dfrac{12}{13}$

27 $\overline{BC}=0.6744$이므로 $\overline{OB}=1-0.6744=0.3256$
∠AOB=x라 하면
$\cos x = \dfrac{\overline{OB}}{\overline{OA}} = \overline{OB} = 0.3256$
주어진 삼각비의 표에서 $\cos 71° = 0.3256$이므로
$x=71°$
∴ $\overline{CD} = \dfrac{\overline{CD}}{\overline{OC}} = \tan 71° = 2.9042$

🖪 **2.9042**

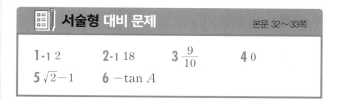

📋 **서술형 대비 문제** 본문 32~33쪽

| **1**-1 2 | **2**-1 18 | **3** $\dfrac{9}{10}$ | **4** 0 |
| **5** $\sqrt{2}-1$ | **6** $-\tan A$ | | |

이렇게 풀어요

1-1 **1단계** 직각삼각형 FGH에서
$\overline{FH} = \sqrt{2^2+2^2} = \sqrt{8} = 2\sqrt{2}$
직각삼각형 BFH에서
$\overline{BH} = \sqrt{2^2+(2\sqrt{2})^2} = \sqrt{12} = 2\sqrt{3}$

2단계 $\sin x = \dfrac{\overline{BF}}{\overline{BH}} = \dfrac{2}{2\sqrt{3}} = \dfrac{\sqrt{3}}{3}$

$\tan x = \dfrac{\overline{BF}}{\overline{FH}} = \dfrac{2}{2\sqrt{2}} = \dfrac{\sqrt{2}}{2}$

3단계 $\therefore \sqrt{3}\sin x + \sqrt{2}\tan x$

$\quad = \sqrt{3} \times \dfrac{\sqrt{3}}{3} + \sqrt{2} \times \dfrac{\sqrt{2}}{2}$

$\quad = 1 + 1 = 2$　　　　　📋 **2**

2-1 **1단계** $\triangle ABC$에서 $\tan 60° = \dfrac{x}{2} = \sqrt{3}$

$\quad \therefore x = 2\sqrt{3}$

2단계 $\triangle BCD$에서 $\sin 45° = \dfrac{2\sqrt{3}}{y} = \dfrac{\sqrt{2}}{2}$

$\quad \sqrt{2}y = 4\sqrt{3} \qquad \therefore y = 2\sqrt{6}$

3단계 $\therefore \sqrt{3}x + \sqrt{6}y = \sqrt{3} \times 2\sqrt{3} + \sqrt{6} \times 2\sqrt{6}$

$\quad\quad\quad\quad\quad\quad = 6 + 12 = 18$　　📋 **18**

3 **1단계** $\triangle ABC \backsim \triangle ADE$ (AA 닮음)이므로

$\quad \angle ACB = \angle AED = x$

2단계 $\triangle ABC$에서 $\overline{AC} = \sqrt{3^2 + 1^2} = \sqrt{10}$이므로

$\sin x = \dfrac{\overline{AB}}{\overline{AC}} = \dfrac{3}{\sqrt{10}} = \dfrac{3\sqrt{10}}{10}$

$\cos x = \dfrac{\overline{BC}}{\overline{AC}} = \dfrac{1}{\sqrt{10}} = \dfrac{\sqrt{10}}{10}$

$\tan x = \dfrac{\overline{AB}}{\overline{BC}} = \dfrac{3}{1} = 3$

3단계 $\therefore \sin x \times \cos x \times \tan x$

$\quad = \dfrac{3\sqrt{10}}{10} \times \dfrac{\sqrt{10}}{10} \times 3 = \dfrac{9}{10}$　📋 $\dfrac{9}{10}$

단계	채점 요소	배점
1	$\angle ACB = x$임을 알기	2점
2	$\sin x$, $\cos x$, $\tan x$의 값 구하기	4점
3	$\sin x \times \cos x \times \tan x$의 값 구하기	1점

4 **1단계** $\cos 30° = \dfrac{\sqrt{3}}{2}$이므로

$\quad 3x - 15° = 30°, \ 3x = 45° \qquad \therefore x = 15°$

2단계 $\therefore \sin(x+45°) + \cos(90° - 4x) - \tan 4x$

$\quad = \sin 60° + \cos 30° - \tan 60°$

$\quad = \dfrac{\sqrt{3}}{2} + \dfrac{\sqrt{3}}{2} - \sqrt{3}$

$\quad = 0$　　　　　　　📋 **0**

단계	채점 요소	배점
1	x의 크기 구하기	3점
2	주어진 식의 값 구하기	3점

5 **1단계** $\angle ADC = 180° - 135° = 45°$

$\triangle ADC$에서

$\tan 45° = \dfrac{2\sqrt{3}}{\overline{DC}} = 1 \qquad \therefore \overline{DC} = 2\sqrt{3}$

$\sin 45° = \dfrac{2\sqrt{3}}{\overline{AD}} = \dfrac{\sqrt{2}}{2}$

$\sqrt{2}\,\overline{AD} = 4\sqrt{3} \qquad \therefore \overline{AD} = 2\sqrt{6} \qquad \therefore \overline{BD} = 2\sqrt{6}$

2단계 따라서 $\triangle ABC$에서

$\tan B = \dfrac{\overline{AC}}{\overline{BC}} = \dfrac{\overline{AC}}{\overline{BD} + \overline{DC}}$

$\quad = \dfrac{2\sqrt{3}}{2\sqrt{6} + 2\sqrt{3}}$

$\quad = \sqrt{2} - 1$　　　📋 $\sqrt{2} - 1$

단계	채점 요소	배점
1	$\overline{DC}$, $\overline{AD}$, $\overline{BD}$의 길이 구하기	4점
2	$\tan B$의 값 구하기	3점

6 **1단계** $45° < A < 90°$일 때, $0 < \cos A < \sin A < \tan A$ 이므로

2단계 $\cos A + \sin A > 0$, $\sin A - \tan A < 0$, $\cos A > 0$

3단계 $\therefore$ (주어진 식)

$\quad = -(\cos A + \sin A)$

$\quad\quad\quad - \{-(\sin A - \tan A)\} + \cos A$

$\quad = -\cos A - \sin A + \sin A - \tan A + \cos A$

$\quad = -\tan A$　　　📋 $-\tan A$

단계	채점 요소	배점
1	$\sin A$, $\cos A$, $\tan A$의 대소 관계 구하기	3점
2	$\cos A + \sin A$, $\sin A - \tan A$, $\cos A$의 부호 정하기	2점
3	주어진 식 간단히 하기	2점

01 길이 구하기

개념원리 📖 확인하기

본문 39쪽

01 (1) 12, 6 (2) 12, $6\sqrt{3}$
02 (1) $3\sqrt{3}$ (2) 3 (3) 7 (4) $2\sqrt{19}$
03 $5\sqrt{3}$, 45, 45, $5\sqrt{6}$
04 (1) h (2) $\sqrt{3}h$ (3) $5(\sqrt{3}-1)$

이렇게 풀어요

01 📋 (1) **12, 6** (2) **12, $6\sqrt{3}$**

02 (1) △ABH에서 $\sin 60°=\dfrac{\overline{AH}}{6}$이므로

$\overline{AH}=6\sin 60°$

$\quad =6\times\dfrac{\sqrt{3}}{2}=3\sqrt{3}$

(2) △ABH에서 $\cos 60°=\dfrac{\overline{BH}}{6}$이므로

$\overline{BH}=6\cos 60°$

$\quad =6\times\dfrac{1}{2}=3$

(3) $\overline{CH}=\overline{BC}-\overline{BH}=10-3=7$

(4) $\overline{AC}=\sqrt{\overline{AH}^2+\overline{CH}^2}$

$\quad =\sqrt{(3\sqrt{3})^2+7^2}$

$\quad =\sqrt{76}=2\sqrt{19}$

📋 (1) $3\sqrt{3}$ (2) **3** (3) **7** (4) $2\sqrt{19}$

03 📋 $5\sqrt{3}$, **45, 45**, $5\sqrt{6}$

04 (1) △ABH에서 ∠BAH=90°−45°=45°이므로

$\tan 45°=\dfrac{\overline{BH}}{h}$

$\therefore \overline{BH}=h\tan 45°=h$

(2) △ACH에서 ∠CAH=90°−30°=60°이므로

$\tan 60°=\dfrac{\overline{CH}}{h}$

$\therefore \overline{CH}=h\tan 60°=\sqrt{3}h$

(3) $\overline{BC}=\overline{BH}+\overline{CH}=h+\sqrt{3}h=(1+\sqrt{3})h$

이때 $\overline{BC}=10$이므로 $(1+\sqrt{3})h=10$

$\therefore h=\dfrac{10}{1+\sqrt{3}}=5(\sqrt{3}-1)$

📋 (1) h (2) $\sqrt{3}h$ (3) $5(\sqrt{3}-1)$

핵심문제 익히기 🔑 확인문제

본문 40~42쪽

1 ②, ③ **2** 55.6 m **3** $40\sqrt{7}$ m **4** $60\sqrt{6}$ m
5 $80(3-\sqrt{3})$ m   **6** $5(\sqrt{3}+1)$ km

이렇게 풀어요

1 ∠C=35°이므로 $\overline{BC}=5\cos 35°$

∠A=90°−35°=55°이므로

$\overline{BC}=5\sin 55°$

따라서 $\overline{BC}$의 길이를 나타내는 것은 ②, ③이다. 📋 ②, ③

2 오른쪽 그림과 같이 세 점 A,
B, C를 정하면

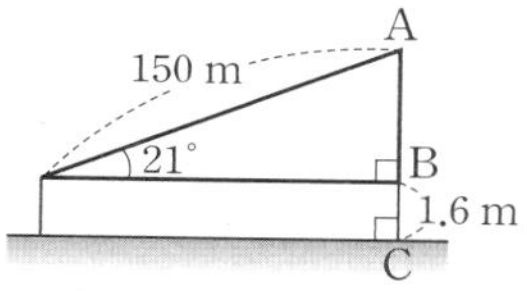

$\overline{AB}=150\sin 21°$

$\quad =150\times 0.36$

$\quad =54(m)$

따라서 지면으로부터 연가지의 높이는

$\overline{AC}=\overline{AB}+\overline{BC}=54+1.6=55.6(m)$ 📋 **55.6 m**

3 오른쪽 그림과 같이 꼭짓점
A에서 $\overline{BC}$의 연장선에 내린
수선의 발을 H라 하면

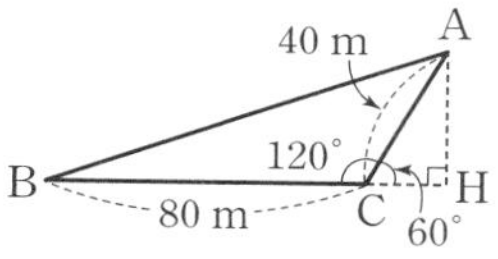

∠ACH=180°−120°=60°
이므로 △ACH에서

$\overline{AH}=40\sin 60°=40\times\dfrac{\sqrt{3}}{2}=20\sqrt{3}(m)$

$\overline{CH}=40\cos 60°=40\times\dfrac{1}{2}=20(m)$

$\overline{BH}=\overline{BC}+\overline{CH}=80+20=100(m)$이므로

△ABH에서

$\overline{AB}=\sqrt{100^2+(20\sqrt{3})^2}=\sqrt{11200}=40\sqrt{7}(m)$

따라서 두 지점 A, B 사이의 거리는 $40\sqrt{7}$ m이다.

📋 $40\sqrt{7}$ **m**

4 오른쪽 그림과 같이 꼭짓점 C에서 $\overline{AB}$
에 내린 수선의 발을 H라 하면

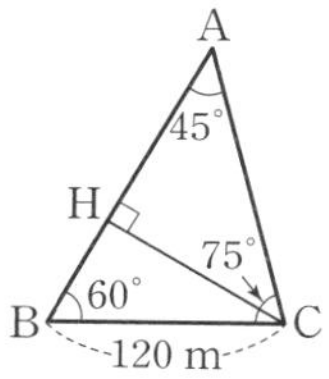

∠A=180°−(60°+75°)=45°이므로

△BCH에서

$\overline{CH}=120\sin 60°$

$\quad =120\times\dfrac{\sqrt{3}}{2}=60\sqrt{3}(m)$

△CAH에서

$\overline{AC}=\dfrac{60\sqrt{3}}{\sin 45°}=\dfrac{60\sqrt{3}}{\frac{\sqrt{2}}{2}}=60\sqrt{6}(m)$ 📋 $60\sqrt{6}$ **m**

5 오른쪽 그림과 같이 꼭짓점 A에서 $\overline{BC}$에 내린 수선의 발을 H라 하고, $\overline{AH}=h$라 하면 $\angle BAH=45°$, $\angle CAH=30°$

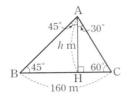

이므로
△ABH에서
$\overline{BH}=h\tan 45°=h\,(m)$
△AHC에서
$\overline{CH}=h\tan 30°=\dfrac{\sqrt{3}}{3}h\,(m)$
$\overline{BC}=\overline{BH}+\overline{CH}$이므로
$160=h+\dfrac{\sqrt{3}}{3}h,\ \dfrac{3+\sqrt{3}}{3}h=160$
$\therefore h=\dfrac{480}{3+\sqrt{3}}=80(3-\sqrt{3})$
따라서 건물의 높이는 $80(3-\sqrt{3})$ m이다.

📋 **$80(3-\sqrt{3})$ m**

6 $\overline{CH}=h$ km라 하면
$\angle ACH=60°$, $\angle BCH=45°$

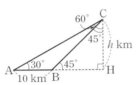

이므로
△CAH에서
$\overline{AH}=h\tan 60°=\sqrt{3}h\,(km)$
△CBH에서
$\overline{BH}=h\tan 45°=h\,(km)$
$\overline{AB}=\overline{AH}-\overline{BH}$이므로
$10=\sqrt{3}h-h,\ (\sqrt{3}-1)h=10$
$\therefore h=\dfrac{10}{\sqrt{3}-1}=5(\sqrt{3}+1)$
따라서 지면으로부터 인공위성까지의 높이는
$5(\sqrt{3}+1)$ km이다.

📋 **$5(\sqrt{3}+1)$ km**

소단원 📖 **핵심문제** 본문 43쪽

01 $9\sqrt{3}\pi$ cm³   **02** $(3+\sqrt{3})$ m

03 $2\sqrt{21}$ **04** $2\sqrt{2}$ cm   **05** $\dfrac{3\sqrt{3}}{2}$ km

06 $9\sqrt{3}$ cm²

이렇게 풀어요

01 $\overline{AO}=3\tan 60°$
$\qquad =3\times\sqrt{3}=3\sqrt{3}\,(cm)$
$\therefore$ (원뿔의 부피)$=\dfrac{1}{3}\times\pi\times 3^2\times 3\sqrt{3}=9\sqrt{3}\pi\,(cm^3)$

📋 **$9\sqrt{3}\pi$ cm³**

02 $\overline{PH}=\overline{QB}=3$ m이므로 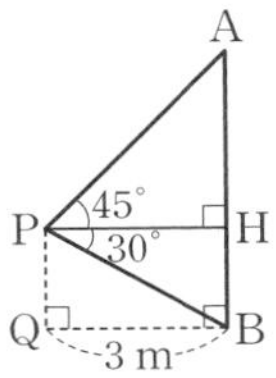
△APH에서

$\overline{AH}=3\tan 45°$
$\qquad =3\times 1=3\,(m)$
△PBH에서
$\overline{BH}=3\tan 30°$
$\qquad =3\times\dfrac{\sqrt{3}}{3}=\sqrt{3}\,(m)$
따라서 가로등의 높이는
$\overline{AB}=\overline{AH}+\overline{BH}$
$\qquad =3+\sqrt{3}\,(m)$

📋 **$(3+\sqrt{3})$ m**

03 오른쪽 그림과 같이 꼭짓점 A에서 $\overline{BC}$에 내린 수선의 발을 H라 하면 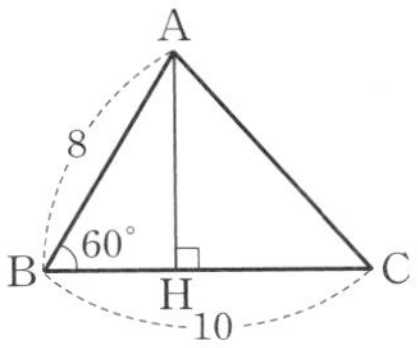
△ABH에서

$\overline{AH}=8\sin 60°$
$\qquad =8\times\dfrac{\sqrt{3}}{2}=4\sqrt{3}$
$\overline{BH}=8\cos 60°$
$\qquad =8\times\dfrac{1}{2}=4$
$\overline{CH}=\overline{BC}-\overline{BH}$
$\qquad =10-4=6$
따라서 △AHC에서
$\overline{AC}=\sqrt{(4\sqrt{3})^2+6^2}=\sqrt{84}=2\sqrt{21}$

📋 **$2\sqrt{21}$**

04 오른쪽 그림과 같이 꼭짓점 C에서 $\overline{AB}$에 내린 수선의 발을 H라 하면
$\angle A=180°-(30°+105°)=45°$

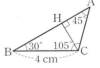

이므로
△BCH에서
$\overline{CH}=4\sin 30°=4\times\dfrac{1}{2}=2\,(cm)$
따라서 △AHC에서
$\overline{AC}=\dfrac{2}{\sin 45°}=\dfrac{2}{\frac{\sqrt{2}}{2}}=2\sqrt{2}\,(cm)$

📋 **$2\sqrt{2}$ cm**

05 $\overline{AH}=h$ km라 하면

∠BAH=60°, ∠CAH=30°

이므로

△ABH에서

$\overline{BH}=h\tan 60°=\sqrt{3}h\,(\text{km})$

△AHC에서

$\overline{CH}=h\tan 30°=\dfrac{\sqrt{3}}{3}h\,(\text{km})$

$\overline{BC}=\overline{BH}+\overline{CH}$이므로

$6=\sqrt{3}h+\dfrac{\sqrt{3}}{3}h,\ \dfrac{4\sqrt{3}}{3}h=6$

$\therefore h=\dfrac{3\sqrt{3}}{2}$

$\therefore \overline{AH}=\dfrac{3\sqrt{3}}{2}$ km

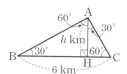

$\boxed{\text{답}}\ \dfrac{3\sqrt{3}}{2}$ **km**

06 $\overline{AH}=h$ cm라 하면

∠BAH=60°, ∠CAH=30°

이므로

△ABH에서

$\overline{BH}=h\tan 60°=\sqrt{3}h\,(\text{cm})$

△ACH에서

$\overline{CH}=h\tan 30°=\dfrac{\sqrt{3}}{3}h\,(\text{cm})$

$\overline{BC}=\overline{BH}-\overline{CH}$이므로

$6=\sqrt{3}h-\dfrac{\sqrt{3}}{3}h,\ \dfrac{2\sqrt{3}}{3}h=6$

$\therefore h=3\sqrt{3}$

$\therefore \triangle ABC=\dfrac{1}{2}\times 6\times 3\sqrt{3}=9\sqrt{3}\,(\text{cm}^2)$

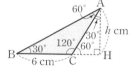

$\boxed{\text{답}}\ 9\sqrt{3}$ **cm²**

02 넓이 구하기

개념원리 📖 확인하기

본문 46쪽

01 (1) 10, 60, $15\sqrt{3}$ (2) 6, 135, $\dfrac{15\sqrt{2}}{2}$ (3) $6\sqrt{2}$ (4) 30

02 (1) 8, 30, 24 (2) $21\sqrt{3}$

03 (1) 7, 60, $14\sqrt{3}$ (2) $48\sqrt{3}$

이렇게 풀어요

01 (1) $\triangle ABC=\dfrac{1}{2}\times 6\times\boxed{10}\times\sin\boxed{60}°$

$=\dfrac{1}{2}\times 6\times 10\times\dfrac{\sqrt{3}}{2}=\boxed{15\sqrt{3}}$

(2) $\triangle ABC=\dfrac{1}{2}\times 5\times\boxed{6}\times\sin(180°-\boxed{135}°)$

$=\dfrac{1}{2}\times 5\times 6\times\sin 45°$

$=\dfrac{1}{2}\times 5\times 6\times\dfrac{\sqrt{2}}{2}=\boxed{\dfrac{15\sqrt{2}}{2}}$

(3) $\triangle ABC=\dfrac{1}{2}\times 3\times 8\times\sin 45°$

$=\dfrac{1}{2}\times 3\times 8\times\dfrac{\sqrt{2}}{2}=6\sqrt{2}$

(4) $\triangle ABC=\dfrac{1}{2}\times 10\times 12\times\sin(180°-150°)$

$=\dfrac{1}{2}\times 10\times 12\times\sin 30°$

$=\dfrac{1}{2}\times 10\times 12\times\dfrac{1}{2}=30$

$\boxed{\text{답}}$ (1) **10, 60, $15\sqrt{3}$** (2) **6, 135, $\dfrac{15\sqrt{2}}{2}$**

(3) **$6\sqrt{2}$** (4) **30**

02 (1) $\square ABCD=6\times\boxed{8}\times\sin\boxed{30}°$

$=6\times 8\times\dfrac{1}{2}=\boxed{24}$

(2) $\square ABCD=6\times 7\times\sin(180°-120°)$

$=6\times 7\times\sin 60°$

$=6\times 7\times\dfrac{\sqrt{3}}{2}=21\sqrt{3}$

$\boxed{\text{답}}$ (1) **8, 30, 24** (2) **$21\sqrt{3}$**

03 (1) $\square ABCD=\dfrac{1}{2}\times 8\times\boxed{7}\times\sin\boxed{60}°$

$=\dfrac{1}{2}\times 8\times 7\times\dfrac{\sqrt{3}}{2}=\boxed{14\sqrt{3}}$

(2) $\square ABCD=\dfrac{1}{2}\times 12\times 16\times\sin(180°-120°)$

$=\dfrac{1}{2}\times 12\times 16\times\sin 60°$

$=\dfrac{1}{2}\times 12\times 16\times\dfrac{\sqrt{3}}{2}=48\sqrt{3}$

$\boxed{\text{답}}$ (1) **7, 60, $14\sqrt{3}$** (2) **$48\sqrt{3}$**

핵심문제 익히기 🔍 **확인문제**

1 $8\sqrt{3}$ cm	**2** $20\sqrt{3}$ cm²	**3** 8 cm	**4** $33\sqrt{3}$
5 $14\sqrt{3}$ cm²	**6** $128\sqrt{2}$ cm²		**7** $60°$
8 $60°$			

이렇게 풀어요

1 $\triangle ABC = \dfrac{1}{2} \times 4\sqrt{3} \times \overline{BC} \times \sin 30°$에서

$24 = \dfrac{1}{2} \times 4\sqrt{3} \times \overline{BC} \times \dfrac{1}{2}$

$\sqrt{3}\,\overline{BC} = 24$

$\therefore \overline{BC} = 8\sqrt{3}\,(\mathrm{cm})$

目 $8\sqrt{3}$ cm

2 $\triangle ABH$에서

$\overline{BH} = 8\cos 60°$

$\quad\quad = 8 \times \dfrac{1}{2} = 4\,(\mathrm{cm})$

이므로

$\overline{BC} = \overline{BH} + \overline{CH}$

$\quad\quad = 4 + 6 = 10\,(\mathrm{cm})$

$\therefore \triangle ABC = \dfrac{1}{2} \times 8 \times 10 \times \sin 60°$

$\quad\quad\quad\quad = \dfrac{1}{2} \times 8 \times 10 \times \dfrac{\sqrt{3}}{2}$

$\quad\quad\quad\quad = 20\sqrt{3}\,(\mathrm{cm}^2)$

目 $20\sqrt{3}$ cm²

3 $\triangle ABC = \dfrac{1}{2} \times \overline{AC} \times 9 \times \sin(180° - 120°)$에서

$18\sqrt{3} = \dfrac{1}{2} \times \overline{AC} \times 9 \times \dfrac{\sqrt{3}}{2}$

$\dfrac{9\sqrt{3}}{4}\overline{AC} = 18\sqrt{3} \quad \therefore \overline{AC} = 8\,(\mathrm{cm})$

目 8 cm

4 $\triangle ABC$에서

$\overline{AC} = 12\sin 60° = 12 \times \dfrac{\sqrt{3}}{2} = 6\sqrt{3}$

$\therefore \square ABCD$

$= \triangle ABC + \triangle ACD$

$= \dfrac{1}{2} \times 6 \times 6\sqrt{3} + \dfrac{1}{2} \times 6\sqrt{3} \times 10 \times \sin 30°$

$= 18\sqrt{3} + \dfrac{1}{2} \times 6\sqrt{3} \times 10 \times \dfrac{1}{2}$

$= 18\sqrt{3} + 15\sqrt{3}$

$= 33\sqrt{3}$

目 $33\sqrt{3}$

5 오른쪽 그림과 같이 $\overline{AC}$를 그으면

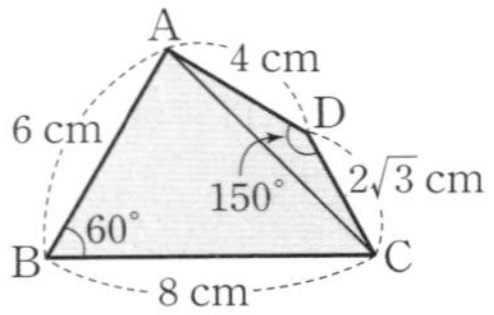

$\square ABCD$

$= \triangle ABC + \triangle ACD$

$= \dfrac{1}{2} \times 6 \times 8 \times \sin 60°$

$\quad + \dfrac{1}{2} \times 4 \times 2\sqrt{3} \times \sin(180° - 150°)$

$= \dfrac{1}{2} \times 6 \times 8 \times \dfrac{\sqrt{3}}{2} + \dfrac{1}{2} \times 4 \times 2\sqrt{3} \times \dfrac{1}{2}$

$= 12\sqrt{3} + 2\sqrt{3}$

$= 14\sqrt{3}\,(\mathrm{cm}^2)$

目 $14\sqrt{3}$ cm²

6 오른쪽 그림과 같이 원의 중심 O에서 정팔각형의 각 꼭짓점을 연결하는 선분을 그으면 정팔각형은 8개의 합동인 삼각형으로 나누어진다.

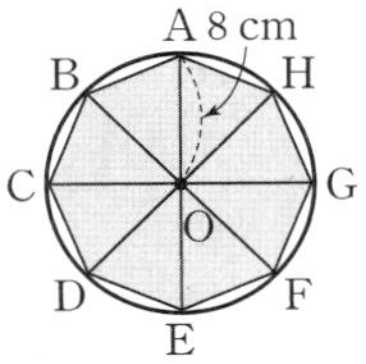

$\angle AOB = \dfrac{1}{8} \times 360° = 45°$이므로

$\triangle ABO = \dfrac{1}{2} \times 8 \times 8 \times \sin 45°$

$\quad\quad\quad = \dfrac{1}{2} \times 8 \times 8 \times \dfrac{\sqrt{2}}{2}$

$\quad\quad\quad = 16\sqrt{2}\,(\mathrm{cm}^2)$

따라서 구하는 정팔각형의 넓이는

$8\triangle ABO = 8 \times 16\sqrt{2} = 128\sqrt{2}\,(\mathrm{cm}^2)$

目 $128\sqrt{2}$ cm²

7 $\overline{BC} = \overline{AD} = 4$ cm이므로

$\square ABCD = 2 \times 4 \times \sin B$에서

$4\sqrt{3} = 8\sin B$

즉, $\sin B = \dfrac{\sqrt{3}}{2}$이므로 $\angle B = 60°$

目 $60°$

8 두 대각선이 이루는 예각의 크기를 x라 하면

$\square ABCD = \dfrac{1}{2} \times 12 \times 10 \times \sin x$에서

$30\sqrt{3} = 60\sin x$

즉, $\sin x = \dfrac{\sqrt{3}}{2}$이므로 구하는 예각의 크기는 $60°$이다.

目 $60°$

01 ②	02 64 cm²	03 $(8+4\sqrt{3})$ cm²
04 ②	05 $25\sqrt{3}$ cm²	

이렇게 풀어요

01 $\angle A=180°-2\times75°=30°$

$\therefore \triangle ABC=\dfrac{1}{2}\times5\sqrt{3}\times5\sqrt{3}\times\sin30°$

$\qquad\qquad =\dfrac{1}{2}\times5\sqrt{3}\times5\sqrt{3}\times\dfrac{1}{2}$

$\qquad\qquad =\dfrac{75}{4}(\text{cm}^2)$ **답 ②**

02 $\overline{BC}=\overline{BD}=\overline{DE}=16$ cm

△ABC에서

$\overline{AB}=16\cos45°=16\times\dfrac{\sqrt{2}}{2}=8\sqrt{2}(\text{cm})$

$\angle ABD=45°+90°=135°$이므로

$\triangle ABD=\dfrac{1}{2}\times8\sqrt{2}\times16\times\sin(180°-135°)$

$\qquad\quad =\dfrac{1}{2}\times8\sqrt{2}\times16\times\dfrac{\sqrt{2}}{2}$

$\qquad\quad =64(\text{cm}^2)$ **답 64 cm²**

03 △OBC에서 $\overline{OB}=\overline{OC}$이므로

$\angle OCB=\angle OBC=30°$

$\therefore \angle BOC=180°-2\times30°$

$\qquad\qquad\quad =120°$

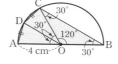

두 부채꼴 AOD, DOC에서 $\overline{AD}=\overline{DC}$이므로

$\angle AOD=\angle DOC=30°$

$\therefore \square ABCD$

$=\triangle AOD+\triangle DOC+\triangle COB$

$=\dfrac{1}{2}\times4\times4\times\sin30°+\dfrac{1}{2}\times4\times4\times\sin30°$

$\qquad\qquad\qquad +\dfrac{1}{2}\times4\times4\times\sin(180°-120°)$

$=\dfrac{1}{2}\times4\times4\times\dfrac{1}{2}+\dfrac{1}{2}\times4\times4\times\dfrac{1}{2}+\dfrac{1}{2}\times4\times4\times\dfrac{\sqrt{3}}{2}$

$=4+4+4\sqrt{3}$

$=8+4\sqrt{3}(\text{cm}^2)$ **답 $(8+4\sqrt{3})$ cm²**

04 마름모 ABCD의 한 변의 길이를 x라 하면

$\square ABCD=x\times x\times\sin60°$에서

$8\sqrt{3}=x\times x\times\dfrac{\sqrt{3}}{2}, x^2=16$ $\therefore x=4 (\because x>0)$

따라서 마름모 ABCD의 한 변의 길이는 4이다. **답 ②**

05 등변사다리꼴의 두 대각선의 길이는 같으므로

$\overline{AC}=\overline{BD}=10$ cm

$\therefore \square ABCD=\dfrac{1}{2}\times10\times10\times\sin(180°-120°)$

$\qquad\qquad\quad =\dfrac{1}{2}\times10\times10\times\dfrac{\sqrt{3}}{2}$

$\qquad\qquad\quad =25\sqrt{3}(\text{cm}^2)$ **답 $25\sqrt{3}$ cm²**

01 ④	02 ⑤	03 ③	04 $2\sqrt{5}$
05 $(3\sqrt{2}+3\sqrt{6})$ km	06 ②		07 6 cm
08 $10\sqrt{2}$ cm²	09 $63\sqrt{2}$ cm²	10 120°	11 96 cm³
12 $3\sqrt{3}$ cm²	13 $(40-20\sqrt{3})$ cm		14 $3\sqrt{19}$
15 $16(\sqrt{3}-1)$		16 $8\sqrt{6}$	17 $10\sqrt{3}$ cm²
18 ⑤	19 ④	20 ③	

이렇게 풀어요

01 ④ $\tan A=\dfrac{a}{b}$

$\therefore a=b\tan A$ **답 ④**

02 $\overline{AC}=15\tan30°=15\times\dfrac{\sqrt{3}}{3}$

$\qquad\quad =5\sqrt{3}(\text{m})$

$\overline{AB}=\dfrac{15}{\cos30°}=\dfrac{15}{\dfrac{\sqrt{3}}{2}}$

$\qquad\quad =10\sqrt{3}(\text{m})$

따라서 부러지기 전의 나무의 높이는

$\overline{AC}+\overline{AB}=5\sqrt{3}+10\sqrt{3}$

$\qquad\qquad\quad =15\sqrt{3}(\text{m})$ **답 ⑤**

03 △ABH에서

$\overline{AH}=200\cos30°$

$\qquad\quad =200\times\dfrac{\sqrt{3}}{2}$

$\qquad\quad =100\sqrt{3}(\text{m})$

따라서 △AHC에서

$\overline{CH}=100\sqrt{3}\tan45°$

$\qquad\quad =100\sqrt{3}\times1$

$\qquad\quad =100\sqrt{3}(\text{m})$ **답 ③**

04 오른쪽 그림과 같이 꼭짓점 A에서 $\overline{BC}$에 내린 수선의 발을 H라 하면 △ABH에서

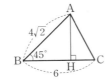

$\overline{AH}=4\sqrt{2}\sin 45°=4\sqrt{2}\times\dfrac{\sqrt{2}}{2}=4$

$\overline{BH}=4\sqrt{2}\cos 45°=4\sqrt{2}\times\dfrac{\sqrt{2}}{2}=4$

$\overline{CH}=\overline{BC}-\overline{BH}=6-4=2$이므로

△AHC에서

$\overline{AC}=\sqrt{4^2+2^2}=\sqrt{20}=2\sqrt{5}$ 　　　　📋 $2\sqrt{5}$

05 오른쪽 그림과 같이 꼭짓점 B에서 $\overline{AC}$에 내린 수선의 발을 H라 하면

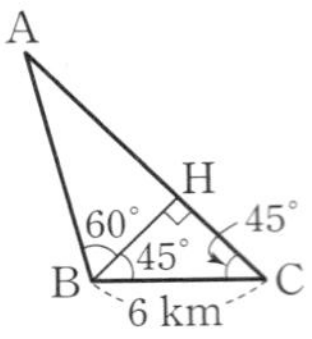

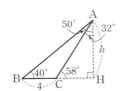

$\angle CBH=180°-(90°+45°)=45°$

$\angle ABH=105°-45°=60°$

△BCH에서

$\overline{BH}=6\sin 45°=6\times\dfrac{\sqrt{2}}{2}=3\sqrt{2}\,(km)$

$\overline{CH}=6\cos 45°=6\times\dfrac{\sqrt{2}}{2}=3\sqrt{2}\,(km)$

△ABH에서

$\overline{AH}=3\sqrt{2}\tan 60°=3\sqrt{2}\times\sqrt{3}=3\sqrt{6}\,(km)$

따라서 두 지점 A와 C를 연결하는 도로의 길이는

$\overline{AC}=\overline{CH}+\overline{AH}=3\sqrt{2}+3\sqrt{6}\,(km)$

📋 $(3\sqrt{2}+3\sqrt{6})$ km

06 $\overline{AH}=h$라 하면

$\angle BAH=50°$, $\angle CAH=32°$ 이므로

△ABH에서 $\overline{BH}=h\tan 50°$

△ACH에서 $\overline{CH}=h\tan 32°$

$\overline{BC}=\overline{BH}-\overline{CH}$이므로

$4=h\tan 50°-h\tan 32°$

$h(\tan 50°-\tan 32°)=4$

∴ $h=\dfrac{4}{\tan 50°-\tan 32°}$

∴ $\overline{AH}=\dfrac{4}{\tan 50°-\tan 32°}$

따라서 $\overline{AH}$의 길이를 나타내는 식은 ②이다. 　📋 ②

07 △ABC$=\dfrac{1}{2}\times\overline{AB}\times 8\times\sin 60°$에서

$12\sqrt{3}=\dfrac{1}{2}\times\overline{AB}\times 8\times\dfrac{\sqrt{3}}{2}$

$2\sqrt{3}\,\overline{AB}=12\sqrt{3}$ 　　∴ $\overline{AB}=6\,(cm)$ 　📋 **6 cm**

08 △ABC$=\dfrac{1}{2}\times 10\times 12\times\sin 45°$

$=\dfrac{1}{2}\times 10\times 12\times\dfrac{\sqrt{2}}{2}$

$=30\sqrt{2}\,(cm^2)$

점 G가 △ABC의 무게중심이므로

△AGC$=\dfrac{1}{3}$△ABC

$=\dfrac{1}{3}\times 30\sqrt{2}=10\sqrt{2}\,(cm^2)$ 　📋 **$10\sqrt{2}$ cm²**

09 평행사변형의 넓이는 두 대각선에 의하여 사등분되므로

△ABP+△CDP$=\dfrac{1}{4}$□ABCD$+\dfrac{1}{4}$□ABCD

$=\dfrac{1}{2}$□ABCD

$=\dfrac{1}{2}\times(18\times 14\times\sin 45°)$

$=\dfrac{1}{2}\times 18\times 14\times\dfrac{\sqrt{2}}{2}$

$=63\sqrt{2}\,(cm^2)$ 　📋 **$63\sqrt{2}$ cm²**

10 □ABCD$=\dfrac{1}{2}\times 16\times 10\times\sin(180°-x)$에서

$40\sqrt{3}=\dfrac{1}{2}\times 16\times 10\times\sin(180°-x)$이므로

$\sin(180°-x)=\dfrac{\sqrt{3}}{2}$

따라서 $180°-x=60°$이므로 $x=120°$ 　📋 **120°**

11 △CFG에서

$\overline{CG}=4\tan 60°=4\times\sqrt{3}=4\sqrt{3}\,(cm)$

∴ (직육면체의 부피)$=4\times 2\sqrt{3}\times 4\sqrt{3}$

$=96\,(cm^3)$ 　📋 **96 cm³**

12 오른쪽 그림과 같이 $\overline{AE}$를 그으면

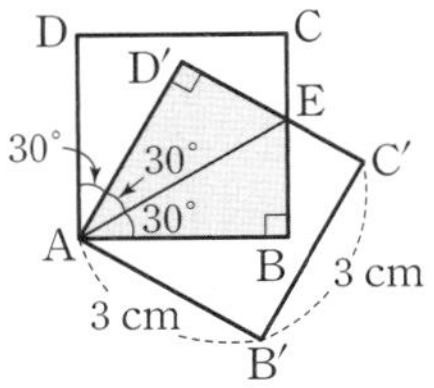

△AED′≡△AEB (RHS 합동)

이므로

$\angle D'AE=\angle BAE$

$=\dfrac{1}{2}\times(90°-30°)=30°$

△ABE에서

$\overline{BE}=3\tan 30°=3\times\dfrac{\sqrt{3}}{3}=\sqrt{3}\,(cm)$

∴ △ABE$=\dfrac{1}{2}\times 3\times\sqrt{3}=\dfrac{3\sqrt{3}}{2}\,(cm^2)$

따라서 구하는 넓이는

$$\square ABED' = 2\triangle ABE = 2 \times \frac{3\sqrt{3}}{2}$$
$$= 3\sqrt{3}\,(cm^2)$$

目 $3\sqrt{3}$ cm²

13 오른쪽 그림과 같이 점 B에서 $\overline{OA}$에 내린 수선의 발을 H라 하면 구하는 길이는 $\overline{AH}$의 길이이다.

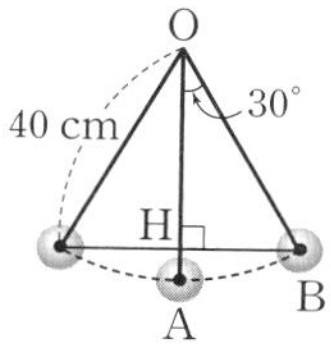

$\overline{OA} = \overline{OB} = 40$ cm이므로

$\triangle OHB$에서

$\overline{OH} = 40\cos 30°$
$\quad = 40 \times \dfrac{\sqrt{3}}{2} = 20\sqrt{3}\,(cm)$

$\therefore \overline{AH} = \overline{OA} - \overline{OH}$
$\quad\quad\quad = 40 - 20\sqrt{3}\,(cm)$

따라서 지점 B는 지점 A보다 $(40-20\sqrt{3})$ cm 더 높다.

目 $(40-20\sqrt{3})$ cm

14 점 B에서 $\overline{DA}$의 연장선에 내린 수선의 발을 H라 하면

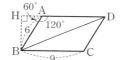

$\angle BAH = 180° - 120° = 60°$

이므로 $\triangle BAH$에서

$\overline{BH} = 6\sin 60°$
$\quad = 6 \times \dfrac{\sqrt{3}}{2} = 3\sqrt{3}$

$\overline{AH} = 6\cos 60°$
$\quad = 6 \times \dfrac{1}{2} = 3$

$\overline{DH} = \overline{AD} + \overline{AH}$
$\quad = 9 + 3 = 12$

따라서 $\triangle BDH$에서

$\overline{BD} = \sqrt{(3\sqrt{3})^2 + 12^2}$
$\quad = \sqrt{171} = 3\sqrt{19}$

目 $3\sqrt{19}$

15 $\triangle DBC$에서 $\overline{BC} = \dfrac{4\sqrt{2}}{\sin 45°} = \dfrac{4\sqrt{2}}{\frac{\sqrt{2}}{2}} = 8$

오른쪽 그림과 같이 점 E에서 $\overline{BC}$에 내린 수선의 발을 H라 하고, $\overline{EH} = h$라 하면

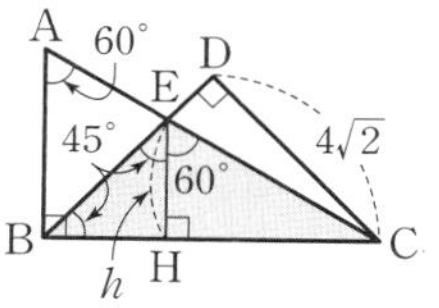

$\angle BEH = 180° - (90° + 45°)$
$\quad\quad\quad = 45°$

$\angle CEH = \angle CAB = 60°$ (동위각)

$\triangle EBH$에서 $\overline{BH} = h\tan 45° = h$

$\triangle EHC$에서 $\overline{CH} = h\tan 60° = \sqrt{3}h$

이때 $\overline{BC} = \overline{BH} + \overline{CH}$이므로

$8 = h + \sqrt{3}h,\ (1+\sqrt{3})h = 8$

$\therefore h = \dfrac{8}{1+\sqrt{3}} = 4(\sqrt{3}-1)$

$\therefore \triangle EBC = \dfrac{1}{2} \times \overline{BC} \times h$
$\quad\quad\quad\quad = \dfrac{1}{2} \times 8 \times 4(\sqrt{3}-1)$
$\quad\quad\quad\quad = 16(\sqrt{3}-1)$

目 $16(\sqrt{3}-1)$

16 오른쪽 그림과 같이 $\tan B = \sqrt{2}$를 만족시키는 직각삼각형을 생각할 수 있다. $\overline{AB} = \sqrt{k^2 + (\sqrt{2}k)^2} = \sqrt{3}k$이므로

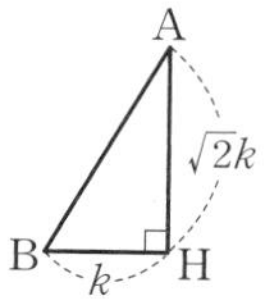

$\sin B = \dfrac{\sqrt{2}k}{\sqrt{3}k} = \dfrac{\sqrt{6}}{3}$

$\therefore \triangle ABC = \dfrac{1}{2} \times 6 \times 8 \times \sin B$
$\quad\quad\quad\quad = \dfrac{1}{2} \times 6 \times 8 \times \dfrac{\sqrt{6}}{3}$
$\quad\quad\quad\quad = 8\sqrt{6}$

目 $8\sqrt{6}$

17 $\overline{AE} /\!/ \overline{DB}$이므로 $\overline{DE}$를 그으면 $\triangle ABD = \triangle EBD$

$\therefore \square ABCD = \triangle ABD + \triangle DBC$
$\quad\quad\quad\quad\quad = \triangle EBD + \triangle DBC$
$\quad\quad\quad\quad\quad = \triangle DEC$
$\quad\quad\quad\quad\quad = \dfrac{1}{2} \times 5 \times 8 \times \sin 60°$
$\quad\quad\quad\quad\quad = \dfrac{1}{2} \times 5 \times 8 \times \dfrac{\sqrt{3}}{2}$
$\quad\quad\quad\quad\quad = 10\sqrt{3}\,(cm^2)$

目 $10\sqrt{3}$ cm²

18 $\overline{AD} = x$ cm라 하면

$\triangle ABC = \triangle ABD + \triangle ADC$이므로

$\dfrac{1}{2} \times 15 \times 10 \times \sin 60°$
$= \dfrac{1}{2} \times 15 \times x \times \sin 30° + \dfrac{1}{2} \times x \times 10 \times \sin 30°$

$\dfrac{75\sqrt{3}}{2} = \dfrac{15}{4}x + \dfrac{5}{2}x$

$\dfrac{25}{4}x = \dfrac{75\sqrt{3}}{2}$

$\therefore x = 6\sqrt{3}$

$\therefore \overline{AD} = 6\sqrt{3}$ cm

目 ⑤

19 오른쪽 그림과 같이 $\overline{AD}$, $\overline{BE}$, $\overline{CF}$의 교점을 O라 하면 정육각형은 6개의 합동인 삼각형으로 나누어진다.

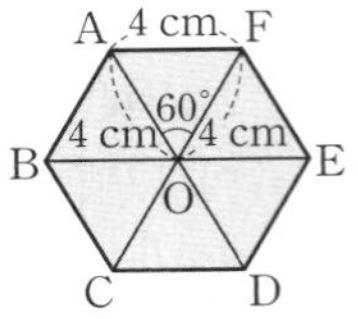

$\angle AOF = \dfrac{1}{6} \times 360° = 60°$이므로

$\triangle AOF$는 정삼각형이다.

$\therefore \triangle AOF = \dfrac{1}{2} \times 4 \times 4 \times \sin 60°$

$\qquad\qquad = \dfrac{1}{2} \times 4 \times 4 \times \dfrac{\sqrt{3}}{2} = 4\sqrt{3}\,(cm^2)$

따라서 정육각형 ABCDEF의 넓이는

$6\triangle AOF = 6 \times 4\sqrt{3} = 24\sqrt{3}\,(cm^2)$ 　　　　답 ④

20 $\square ABCD = 8 \times 6\sqrt{3} \times \sin(180° - 120°)$

$\qquad\qquad = 8 \times 6\sqrt{3} \times \dfrac{\sqrt{3}}{2} = 72$

$\overline{BE} : \overline{EC} = 2 : 1$에서 $\overline{BE} = \dfrac{2}{3}\overline{BC}$이므로

$\triangle BED = \dfrac{2}{3}\triangle BCD$

$\qquad\quad = \dfrac{2}{3} \times \dfrac{1}{2}\square ABCD$

$\qquad\quad = \dfrac{1}{3}\square ABCD$

$\qquad\quad = \dfrac{1}{3} \times 72 = 24$ 　　　　답 ③

서술형 대비 문제 　　　　본문 54~55쪽

1-1 $45(3+\sqrt{3})$ m	**2-1** $(6+25\sqrt{3})\,cm^2$
3 (1) $(6+18\sqrt{3})$ cm　(2) $42\sqrt{3}\,cm^2$	**4** $36\sqrt{3}\,cm^2$
5 $(12\pi - 9\sqrt{3})\,cm^2$	**6** 18 cm

이렇게 풀어요

1-1 1단계 $\overline{AD} = x$ m라 하면

$\angle BAD = 45°$이므로

$\overline{BD} = x\tan 45° = x\,(m)$

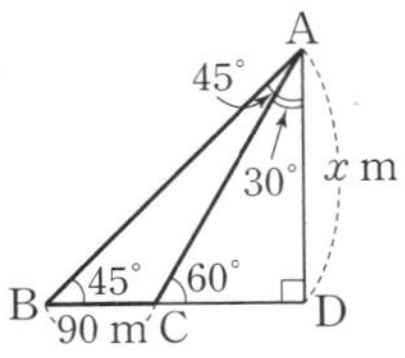

2단계 $\angle CAD = 30°$이므로

$\overline{CD} = x\tan 30°$

$\qquad = \dfrac{\sqrt{3}}{3}x\,(m)$

3단계 $\overline{BC} = \overline{BD} - \overline{CD}$이므로

$90 = x - \dfrac{\sqrt{3}}{3}x$

$\dfrac{3-\sqrt{3}}{3}x = 90$

$\therefore x = \dfrac{270}{3-\sqrt{3}} = 45(3+\sqrt{3})$

따라서 건물의 높이는 $45(3+\sqrt{3})$ m이다.

답 $45(3+\sqrt{3})$ m

2-1 1단계 오른쪽 그림과 같이 $\overline{AC}$를 그으면

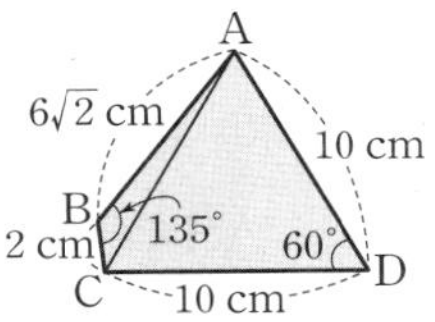

$\triangle ABC$

$= \dfrac{1}{2} \times 6\sqrt{2} \times 2$

$\quad \times \sin(180° - 135°)$

$= \dfrac{1}{2} \times 6\sqrt{2} \times 2 \times \dfrac{\sqrt{2}}{2}$

$= 6\,(cm^2)$

2단계 $\triangle ACD = \dfrac{1}{2} \times 10 \times 10 \times \sin 60°$

$\qquad\qquad = \dfrac{1}{2} \times 10 \times 10 \times \dfrac{\sqrt{3}}{2}$

$\qquad\qquad = 25\sqrt{3}\,(cm^2)$

3단계 $\therefore \square ABCD = \triangle ABC + \triangle ACD$

$\qquad\qquad\qquad = 6 + 25\sqrt{3}\,(cm^2)$

답 $(6+25\sqrt{3})\,cm^2$

3 1단계 (1) $\triangle ABD$에서

$\overline{AB} = \dfrac{6}{\tan 30°} = \dfrac{6}{\frac{\sqrt{3}}{3}} = 6\sqrt{3}\,(cm)$

$\overline{BD} = \dfrac{6}{\sin 30°} = \dfrac{6}{\frac{1}{2}} = 12\,(cm)$

$\triangle BCD$에서

$\overline{CD} = \dfrac{12}{\tan 60°} = \dfrac{12}{\sqrt{3}} = 4\sqrt{3}\,(cm)$

$\overline{BC} = \dfrac{12}{\sin 60°} = \dfrac{12}{\frac{\sqrt{3}}{2}} = 8\sqrt{3}\,(cm)$

따라서 $\square ABCD$의 둘레의 길이는

$\overline{AB} + \overline{BC} + \overline{CD} + \overline{DA}$

$= 6\sqrt{3} + 8\sqrt{3} + 4\sqrt{3} + 6$

$= 6 + 18\sqrt{3}\,(cm)$

2단계 (2) $\triangle ABD = \dfrac{1}{2} \times 6\sqrt{3} \times 6 = 18\sqrt{3}\,(\text{cm}^2)$

$\triangle BCD = \dfrac{1}{2} \times 4\sqrt{3} \times 12 = 24\sqrt{3}\,(\text{cm}^2)$

$\therefore \square ABCD = \triangle ABD + \triangle BCD$

$= 18\sqrt{3} + 24\sqrt{3}$

$= 42\sqrt{3}\,(\text{cm}^2)$

답 (1) $(6+18\sqrt{3})$ **cm** (2) $42\sqrt{3}$ **cm²**

단계	채점 요소	배점
❶	$\square ABCD$의 둘레의 길이 구하기	4점
❷	$\square ABCD$의 넓이 구하기	4점

4 **1단계** 오른쪽 그림과 같이 겹쳐진 부분을 $\square ABCD$라 하면 $\square ABCD$는 평행사변형이다.

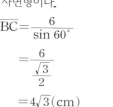

$\overline{BC} = \dfrac{6}{\sin 60°}$

$= \dfrac{6}{\dfrac{\sqrt{3}}{2}}$

$= 4\sqrt{3}\,(\text{cm})$

2단계 따라서 구하는 넓이는

$\square ABCD = 4\sqrt{3} \times 9 = 36\sqrt{3}\,(\text{cm}^2)$

답 $36\sqrt{3}$ **cm²**

단계	채점 요소	배점
❶	겹쳐진 부분이 평행사변형임을 알고, 평행사변형의 밑변의 길이 구하기	4점
❷	겹쳐진 부분의 넓이 구하기	2점

5 **1단계** 오른쪽 그림과 같이 $\overline{OC}$를 그으면 $\triangle AOC$에서 $\overline{OA} = \overline{OC}$이므로

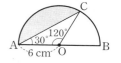

$\angle OCA = \angle OAC = 30°$

$\therefore \angle AOC = 180° - 2 \times 30° = 120°$

2단계 $\therefore$ (색칠한 부분의 넓이)

$=$ (부채꼴 AOC의 넓이) $- \triangle AOC$

$= \pi \times 6^2 \times \dfrac{120}{360}$

$\qquad - \dfrac{1}{2} \times 6 \times 6 \times \sin(180° - 120°)$

$= 12\pi - 9\sqrt{3}\,(\text{cm}^2)$ **답** $(12\pi - 9\sqrt{3})$ **cm²**

단계	채점 요소	배점
❶	$\angle AOC$의 크기 구하기	3점
❷	색칠한 부분의 넓이 구하기	4점

6 **1단계** $2\overline{AB} = \overline{BC}$이므로

$\overline{AB} = a\,\text{cm}, \overline{BC} = 2a\,\text{cm}\,(a > 0)$라 하면

$\square ABCD = a \times 2a \times \sin 60°$

$= a \times 2a \times \dfrac{\sqrt{3}}{2} = \sqrt{3}a^2\,(\text{cm}^2)$

2단계 즉, $\sqrt{3}a^2 = 9\sqrt{3}$이므로 $a^2 = 9$

$\therefore a = 3\,(\because a > 0)$

3단계 따라서 $\square ABCD$의 둘레의 길이는

$2(a + 2a) = 6a = 6 \times 3 = 18\,(\text{cm})$ **답** **18 cm**

단계	채점 요소	배점
❶	$\square ABCD$의 넓이를 $\overline{AB}$의 길이로 나타내기	3점
❷	$\overline{AB}$의 길이 구하기	2점
❸	$\square ABCD$의 둘레의 길이 구하기	2점

II | 원의 성질

1 원과 직선

01 원의 현

개념원리 📖 확인하기   본문 60쪽

01 (1) 이등분, $\overline{AM}$, $\overline{BM}$ (2) 중심

02 (1) 5   (2) 8   (3) $3\sqrt{2}$

03 (1) 현, $\overline{AB}$, $\overline{CD}$ (2) 같은, $\overline{OM}$, $\overline{ON}$

04 (1) 7   (2) 4   (3) 5

이렇게 풀어요

01 🔁 (1) **이등분, $\overline{AM}$, $\overline{BM}$**   (2) **중심**

02 (1) $\overline{AM}=\dfrac{1}{2}\overline{AB}=\dfrac{1}{2}\times 10=5$ $\therefore x=5$

    (2) $\overline{AB}=2\overline{AM}=2\times 4=8$ $\therefore x=8$

    (3) $\overline{AM}=\dfrac{1}{2}\overline{AB}=\dfrac{1}{2}\times 6=3$

      직각삼각형 OAM에서

      $\overline{OA}=\sqrt{3^2+3^2}=\sqrt{18}=3\sqrt{2}$ $\therefore x=3\sqrt{2}$

                     🔁 (1) **5**   (2) **8**   (3) $\mathbf{3\sqrt{2}}$

03 🔁 (1) **현, $\overline{AB}$, $\overline{CD}$**   (2) **같은, $\overline{OM}$, $\overline{ON}$**

04 (1) $\overline{OM}=\overline{ON}$이므로 $\overline{CD}=\overline{AB}=7$

      $\therefore x=7$

    (2) $\overline{AB}=\overline{CD}$이므로 $\overline{ON}=\overline{OM}=4$

      $\therefore x=4$

    (3) $\overline{AB}=2\overline{BM}=2\times 8=16$

      즉, $\overline{AB}=\overline{CD}$이므로 $\overline{OM}=\overline{ON}=5$

      $\therefore x=5$

                     🔁 (1) **7**   (2) **4**   (3) **5**

핵심문제 익히기 🔍 확인문제   본문 61~63쪽

1 52π cm^2 2 $4\sqrt{3}$ cm   3 3 cm   4 $6\sqrt{3}$ cm

5 $2\sqrt{13}$ cm   6 18 cm

이렇게 풀어요

1   $\overline{AH}=\dfrac{1}{2}\overline{AB}=\dfrac{1}{2}\times 12=6$ (cm)

오른쪽 그림과 같이 $\overline{OA}$를 긋고 원 O의
반지름의 길이를 r cm라 하면 직각삼
각형 OAH에서

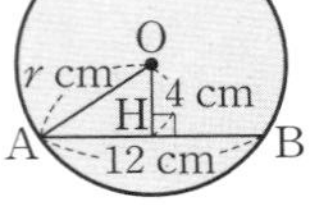

$r=\sqrt{6^2+4^2}=\sqrt{52}=2\sqrt{13}$

따라서 원 O의 넓이는

$\pi\times(2\sqrt{13})^2=52\pi$ (cm^2)   🔁 $\mathbf{52\pi}$ **cm**^{2}

2   직각삼각형 OMB에서

$\overline{BM}=\sqrt{6^2-2^2}=\sqrt{32}=4\sqrt{2}$ (cm)

$\overline{AB}\perp\overline{OC}$이므로 $\overline{AM}=\overline{BM}=4\sqrt{2}$ cm

또 $\overline{OC}=\overline{OB}=6$ cm이므로

$\overline{MC}=\overline{OC}-\overline{OM}=6-2=4$ (cm)

따라서 직각삼각형 ACM에서

$\overline{AC}=\sqrt{(4\sqrt{2})^2+4^2}=\sqrt{48}=4\sqrt{3}$ (cm)   🔁 $\mathbf{4\sqrt{3}}$ **cm**

3   $\overline{AD}=\dfrac{1}{2}\overline{AB}=\dfrac{1}{2}\times 18=9$ (cm)

오른쪽 그림과 같이 원의 중심을
O라 하면 $\overline{CD}$의 연장선은 이 원
의 중심 O를 지나므로 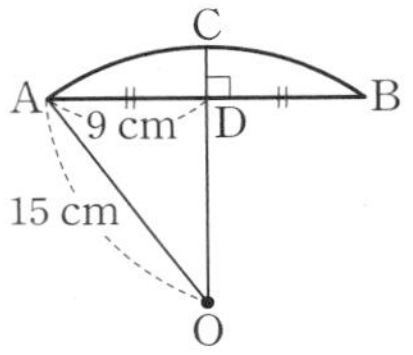
직각삼각형 AOD에서

$\overline{OD}=\sqrt{15^2-9^2}$

      $=\sqrt{144}=12$ (cm)

$\therefore \overline{CD}=\overline{OC}-\overline{OD}$

      $=15-12=3$ (cm)   🔁 **3 cm**

4   오른쪽 그림과 같이 원의 중심 O에서
$\overline{AB}$에 내린 수선의 발을 H라 하면 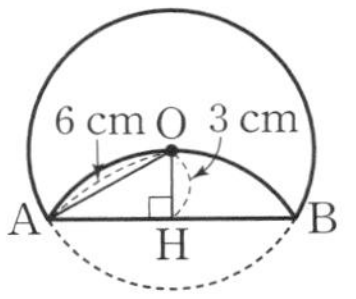
$\overline{OA}=6$ cm

$\overline{OH}=\dfrac{1}{2}\times 6=3$ (cm)

따라서 직각삼각형 OAH에서

$\overline{AH}=\sqrt{6^2-3^2}=\sqrt{27}=3\sqrt{3}$ (cm)

$\therefore \overline{AB}=2\overline{AH}=2\times 3\sqrt{3}=6\sqrt{3}$ (cm)   🔁 $\mathbf{6\sqrt{3}}$ **cm**

5   $\overline{OM}=\overline{ON}$이므로 $\overline{CD}=\overline{AB}=8$ cm

$\overline{CD}\perp\overline{ON}$이므로

$\overline{DN}=\overline{CN}=\dfrac{1}{2}\overline{CD}=\dfrac{1}{2}\times 8=4$ (cm)

따라서 직각삼각형 ODN에서

$\overline{OD}=\sqrt{6^2+4^2}=\sqrt{52}=2\sqrt{13}$ 🔁 $\mathbf{2\sqrt{13}}$ **cm**

22 정답과 풀이

6 $\overline{OD}=\overline{OE}$이므로 $\overline{AB}=\overline{BC}$이고,
$\overline{OE}=\overline{OF}$이므로 $\overline{BC}=\overline{CA}$
$\therefore \overline{AB}=\overline{BC}=\overline{CA}=6\,cm$
따라서 $\triangle ABC$의 둘레의 길이는
$\overline{AB}+\overline{BC}+\overline{CA}=6+6+6=18(cm)$ **圖 18 cm**

소단원 **핵심문제**　　　　　　　　　　본문 64쪽

01 17 cm　　**02** $4\sqrt{5}$ cm　　**03** 5 cm　　**04** $6\sqrt{3}$ cm
05 25　　　　**06** 56°

이렇게 풀어요

01 $\overline{AB}\perp\overline{OM}$이므로
$\overline{AM}=\dfrac{1}{2}\overline{AB}=\dfrac{1}{2}\times30=15(cm)$
오른쪽 그림과 같이 $\overline{OA}$를 그으면 직
각삼각형 OAM에서
$\overline{OA}=\sqrt{8^2+15^2}=\sqrt{289}=17(cm)$
따라서 원 O의 반지름의 길이는
17 cm이다.

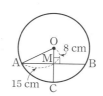

圖 17 cm

02 오른쪽 그림과 같이 $\overline{OA}$를 그으면
$\overline{OA}=\overline{OC}=\overline{OD}=10$ cm
직각삼각형 OAM에서
$\overline{OM}=\sqrt{10^2-8^2}=\sqrt{36}=6(cm)$
$\therefore \overline{CM}=\overline{OC}-\overline{OM}$
　　　$=10-6=4(cm)$
따라서 직각삼각형 ACM에서
$\overline{AC}=\sqrt{8^2+4^2}=\sqrt{80}=4\sqrt{5}(cm)$

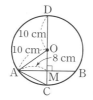

圖 $4\sqrt{5}$ cm

03 오른쪽 그림과 같이 원의 중심을 O라
하면 $\overline{CM}$의 연장선은 이 원의 중심
O를 지난다.
이때 원 O의 반지름의 길이를 r cm
라 하면
$\overline{OC}=\overline{OA}=r$ cm
$\overline{OM}=\overline{OC}-\overline{CM}=(r-2)$ cm
직각삼각형 AOM에서
$r^2=4^2+(r-2)^2$, $4r=20$　　$\therefore r=5$
따라서 깨지기 전의 접시의 반지름의 길이는 5 cm이다.

圖 5 cm

---

04 오른쪽 그림과 같이 원의 중심 O
에서 $\overline{AB}$에 내린 수선의 발을 H
라 하면
$\overline{AH}=\dfrac{1}{2}\overline{AB}$
　　$=\dfrac{1}{2}\times18=9(cm)$
원 O의 반지름의 길이를 r cm라 하면
$\overline{OA}=r$ cm, $\overline{OH}=\dfrac{1}{2}r$ cm
직각삼각형 AOH에서
$r^2=9^2+\left(\dfrac{1}{2}r\right)^2$
$\dfrac{3}{4}r^2=81$, $r^2=108$
$\therefore r=6\sqrt{3}\,(\because r>0)$
따라서 원 O의 반지름의 길이는 $6\sqrt{3}$ cm이다.

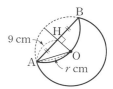

圖 $6\sqrt{3}$ cm

05 오른쪽 그림과 같이 원의 중심 O에서
$\overline{AB}$에 내린 수선의 발을 N이라 하면
$\overline{AB}=\overline{CD}$이므로 $\overline{ON}=\overline{OM}=5$
직각삼각형 OAN에서
$\overline{AN}=\sqrt{(5\sqrt{2})^2-5^2}=\sqrt{25}=5$이므로
$\overline{AB}=2\overline{AN}$
　　$=2\times5=10$
$\therefore \triangle OAB=\dfrac{1}{2}\times\overline{AB}\times\overline{ON}$
　　　　$=\dfrac{1}{2}\times10\times5=25$

圖 25

06 $\overline{OM}=\overline{ON}$이므로 $\overline{AB}=\overline{AC}$
즉, $\triangle ABC$는 $\overline{AB}=\overline{AC}$인 이등변삼각형이므로
$\angle ACB=\angle ABC=62°$
$\therefore \angle BAC=180°-(62°+62°)=56°$ **圖 56°**

02　**원의 접선 (1)**

개념원리 **확인하기**　　　　　　　　본문 66쪽

01 (1) 55°　(2) 30°　　**02** (1) 7　(2) 12
03 (1) 50°　(2) 110°　　**04** (1) 59°　(2) 40°

01 (1) $\angle OAP = 90°$이므로

$\angle x = 180° - (35° + 90°) = 55°$

(2) $\angle OAP = 90°$이므로

$\angle x = 180° - (60° + 90°) = 30°$

🖪 (1) **55°** (2) **30°**

02 (1) $\overline{PB} = \overline{PA} = 7$ ∴ $x = 7$

(2) $\angle PAO = 90°$이므로 △POA에서

$\overline{PA} = \sqrt{13^2 - 5^2} = \sqrt{144} = 12$

∴ $\overline{PB} = \overline{PA} = 12$ ∴ $x = 12$

🖪 (1) **7** (2) **12**

03 (1) □APBO의 내각의 크기의 합은 360°이고

$\angle PAO = \angle PBO = 90°$이므로

$\angle x = 360° - (90° + 130° + 90°) = 50°$

(2) □APBO의 내각의 크기의 합은 360°이고

$\angle PAO = \angle PBO = 90°$이므로

$\angle x = 360° - (90° + 70° + 90°) = 110°$

🖪 (1) **50°** (2) **110°**

04 (1) $\overline{PA} = \overline{PB}$이므로 △PBA는 이등변삼각형이다.

∴ $\angle x = \dfrac{1}{2} \times (180° - 62°) = 59°$

(2) $\overline{PA} = \overline{PB}$이므로 △PBA는 이등변삼각형이다.

∴ $\angle PAB = \angle PBA = 70°$

∴ $\angle x = 180° - (70° + 70°) = 40°$

🖪 (1) **59°** (2) **40°**

핵심문제 익히기 🔎 **확인문제**

본문 67~69쪽

1 $9\sqrt{2}\ \text{cm}^2$ **2** $12\sqrt{2}\ \text{cm}$ **3** (1) 62 (2) 9

4 (1) 120° (2) 30° (3) $4\sqrt{3}\ \text{cm}$

5 (1) 10 cm (2) 36 cm **6** $27\sqrt{2}\ \text{cm}^2$

1 △OTP에서 $\angle OTP = 90°$이고 $\overline{OT} = \overline{OA} = 3\ \text{cm}$이므로

$\overline{PT} = \sqrt{(3+6)^2 - 3^2} = \sqrt{72} = 6\sqrt{2}\ (\text{cm})$

∴ △OTP $= \dfrac{1}{2} \times \overline{OT} \times \overline{PT}$

$= \dfrac{1}{2} \times 3 \times 6\sqrt{2} = 9\sqrt{2}\ (\text{cm}^2)$

🖪 $9\sqrt{2}\ \text{cm}^2$

---

2 $\overline{AB}$가 작은 원의 접선이면서 큰 원의 현이므로

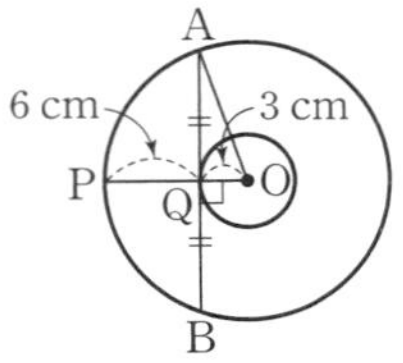

$\overline{AB} \perp \overline{OQ}$, $\overline{AQ} = \overline{BQ}$

오른쪽 그림과 같이 $\overline{OA}$를 그으면

$\overline{OA} = \overline{OP} = 3 + 6 = 9\ (\text{cm})$이므로

△OAQ에서

$\overline{AQ} = \sqrt{9^2 - 3^2} = \sqrt{72} = 6\sqrt{2}\ (\text{cm})$

∴ $\overline{AB} = 2\overline{AQ} = 2 \times 6\sqrt{2} = 12\sqrt{2}\ (\text{cm})$ 🖪 $12\sqrt{2}\ \text{cm}$

3 (1) △PBA에서 $\overline{PA} = \overline{PB}$이므로

$\angle PAB = \dfrac{1}{2} \times (180° - 56°) = 62°$ ∴ $x = 62$

(2) △OPB에서 $\angle OBP = 90°$이고

$\overline{PB} = \overline{PA} = 12\ \text{cm}$, $\overline{OC} = \overline{OB} = x\ \text{cm}$이므로

$(6 + x)^2 = 12^2 + x^2$

$12x = 108$ ∴ $x = 9$

🖪 (1) **62** (2) **9**

4 (1) □APBO의 내각의 크기의 합은 360°이고

$\angle PAO = \angle PBO = 90°$이므로

$\angle AOB = 360° - (90° + 60° + 90°) = 120°$

(2) $\angle AOB = 120°$이고 △OAB는 $\overline{OA} = \overline{OB}$인 이등변삼각형이므로

$\angle BAO = \dfrac{1}{2} \times (180° - 120°) = 30°$

(3) 오른쪽 그림과 같이 $\overline{OP}$를 그으면 $\angle OPB = 30°$이므로

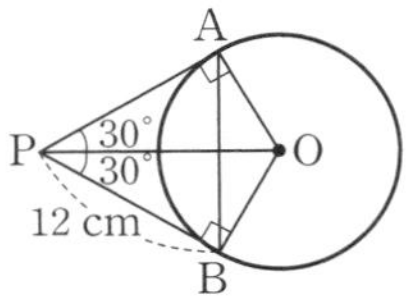

△PBO에서

$\overline{OB} = \overline{PB} \tan 30°$

$= 12 \times \dfrac{\sqrt{3}}{3} = 4\sqrt{3}\ (\text{cm})$

🖪 (1) **120°** (2) **30°** (3) $4\sqrt{3}\ \text{cm}$

5 (1) $\overline{BD} = \overline{BF}$, $\overline{CE} = \overline{CF}$이고 $\overline{AE} = \overline{AD} = 18\ \text{cm}$

$\overline{AD} + \overline{AE} = \overline{AB} + \overline{BD} + \overline{AC} + \overline{CE}$

$= \overline{AB} + \overline{BF} + \overline{AC} + \overline{CF}$

$= \overline{AB} + (\overline{BF} + \overline{CF}) + \overline{AC}$

$= \overline{AB} + \overline{BC} + \overline{AC}$

이므로 $18 + 18 = 12 + \overline{BC} + 14$

∴ $\overline{BC} = 10\ (\text{cm})$

(2) (△ABC의 둘레의 길이) $= \overline{AB} + \overline{BC} + \overline{AC}$

$= 12 + 10 + 14$

$= 36\ (\text{cm})$

🖪 (1) **10 cm** (2) **36 cm**

6 $\overline{DE}=\overline{DA}=6$ cm, $\overline{CE}=\overline{CB}=3$ cm이므로

$\overline{DC}=\overline{DE}+\overline{CE}$

$=6+3=9(\text{cm})$

오른쪽 그림과 같이 점 C에서 $\overline{DA}$에 내린 수선의 발을 H라 하면

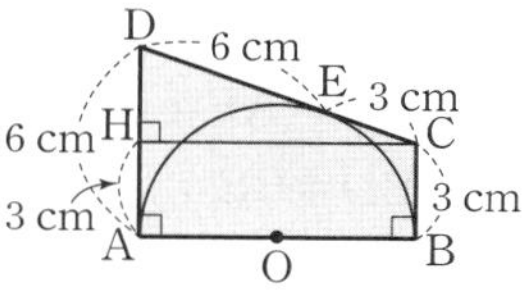

$\overline{HA}=\overline{CB}=3$ cm이므로

$\overline{DH}=\overline{DA}-\overline{HA}$

$=6-3=3(\text{cm})$

직각삼각형 DHC에서

$\overline{HC}=\sqrt{9^2-3^2}=\sqrt{72}=6\sqrt{2}(\text{cm})$

$\therefore \square ABCD=\frac{1}{2}\times(6+3)\times 6\sqrt{2}$

$=27\sqrt{2}(\text{cm}^2)$

답 $\mathbf{27\sqrt{2}\ cm^2}$

소단원 핵심문제 본문 70쪽

01 4 cm	**02** 100π cm^2	**03** $\sqrt{21}$ cm
04 ⑤	**05** 24 cm	**06** 2 cm

이렇게 풀어요

01 △POT에서 ∠PTO=90°이므로

$\overline{OT}=\frac{\overline{PT}}{\tan 60^\circ}=\frac{4\sqrt{3}}{\sqrt{3}}=4(\text{cm})$

$\overline{PO}=\frac{\overline{PT}}{\sin 60^\circ}=\frac{4\sqrt{3}}{\frac{\sqrt{3}}{2}}=8(\text{cm})$

$\overline{OA}=\overline{OT}=4$ cm이므로

$\overline{PA}=\overline{PO}-\overline{OA}$

$=8-4=4(\text{cm})$

답 **4 cm**

02 오른쪽 그림과 같이 큰 원의 반지름의 길이를 a cm, 작은 원의 반지름의 길이를 b cm라 하고, 작은 원과 $\overline{AB}$의 접점을 M이라 하면

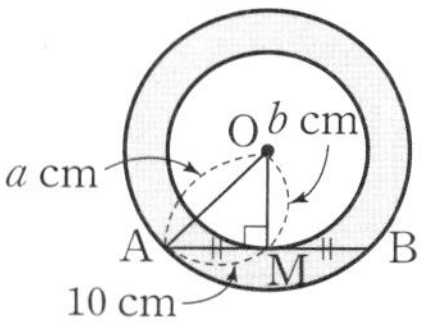

(색칠한 부분의 넓이)

=(큰 원의 넓이)−(작은 원의 넓이)

$=\pi a^2-\pi b^2$

$=\pi(a^2-b^2)(\text{cm}^2)$

$\overline{AB}\perp\overline{OM}$이므로

$\overline{AM}=\overline{BM}=\frac{1}{2}\overline{AB}=\frac{1}{2}\times 20=10(\text{cm})$

직각삼각형 OAM에서

$a^2=10^2+b^2$

$\therefore a^2-b^2=100$

따라서 색칠한 부분의 넓이는

$\pi(a^2-b^2)=\pi\times 100=100\pi(\text{cm}^2)$

답 $\mathbf{100\pi\ cm^2}$

03 ∠PAO=90°이므로 △POA에서

$\overline{PA}=\sqrt{5^2-2^2}=\sqrt{21}(\text{cm})$

$\therefore \overline{PB}=\overline{PA}=\sqrt{21}$ cm

답 $\mathbf{\sqrt{21}\ cm}$

04 △PBA는 $\overline{PA}=\overline{PB}$인 이등변삼각형이므로

$\angle PAB=\frac{1}{2}\times(180^\circ-48^\circ)=66^\circ$

이때 ∠PAO=90°이므로

$\angle x=90^\circ-66^\circ=24^\circ$

답 ⑤

05 ∠PBO=90°이므로 △PBO에서

$\overline{PB}=\sqrt{13^2-5^2}=\sqrt{144}=12(\text{cm})$

$\overline{PA}=\overline{PB}$, $\overline{DA}=\overline{DC}$, $\overline{EB}=\overline{EC}$이므로

(△PED의 둘레의 길이)

$=\overline{PD}+\overline{DE}+\overline{PE}$

$=\overline{PD}+\overline{DC}+\overline{EC}+\overline{PE}$

$=(\overline{PD}+\overline{DA})+(\overline{EB}+\overline{PE})$

$=\overline{PA}+\overline{PB}=2\overline{PB}$

$=2\times 12=24(\text{cm})$

답 **24 cm**

06 오른쪽 그림과 같이 점 E에서 $\overline{CD}$에 내린 수선의 발을 H라 하자.

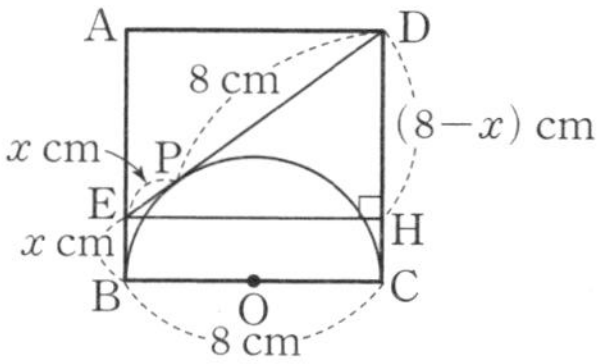

$\overline{EB}=\overline{EP}=x$ cm라 하면 $\overline{HC}=\overline{EB}=x$ cm이므로

$\overline{DH}=(8-x)$ cm

$\overline{DP}=\overline{DC}=8$ cm

직각삼각형 DEH에서

$(8+x)^2=8^2+(8-x)^2$

$32x=64 \quad \therefore x=2$

$\therefore \overline{EB}=2$ cm

답 **2 cm**

01 (1) $x=6$, $y=5$, $z=4$ (2) $x=4$, $y=7$, $z=5$

02 6, 6, 4, 4, 7, 7   **03** (1) 9 (2) 19

04 $\overline{BC}$, 10, 4

이렇게 풀어요

01 (1) $\overline{AD}=\overline{AF}=6$ ∴ $x=6$

$\overline{BE}=\overline{BD}=5$ ∴ $y=5$

$\overline{CF}=\overline{CE}=4$ ∴ $z=4$

(2) $\overline{AF}=\overline{AD}=4$ ∴ $x=4$

$\overline{BE}=\overline{BD}=7$ ∴ $y=7$

$\overline{CF}=\overline{CE}=5$ ∴ $z=5$

🔲 (1) $x=6$, $y=5$, $z=4$ (2) $x=4$, $y=7$, $z=5$

02 🔲 **6, 6, 4, 4, 7, 7**

03 □ABCD가 원 O에 외접하므로

$\overline{AB}+\overline{CD}=\overline{AD}+\overline{BC}$

(1) $x+9=8+10$

  ∴ $x=9$

(2) $15+17=13+x$

  ∴ $x=19$

🔲 (1) **9** (2) **19**

04 🔲 $\overline{BC}$, **10, 4**

1 11 cm   **2** 4π cm²   **3** $x=8$, $y=10$

4 $\dfrac{8}{3}$ cm

이렇게 풀어요

1 $\overline{AD}=\overline{AF}=4$ cm

$\overline{BE}=\overline{BD}=9-4=5$ (cm)

$\overline{CE}=\overline{CF}=10-4=6$ (cm)

∴ $\overline{BC}=\overline{BE}+\overline{CE}=5+6=11$ (cm)   🔲 **11 cm**

2 $\overline{AB}=\sqrt{8^2+6^2}=\sqrt{100}=10$ (cm)

원 O의 반지름의 길이를 r cm

라 하면

$\overline{CE}=\overline{CF}=r$ cm

$\overline{AD}=\overline{AF}=(6-r)$ cm

$\overline{BD}=\overline{BE}=(8-r)$ cm

$\overline{AB}=\overline{AD}+\overline{BD}$이므로

$10=(6-r)+(8-r)$

$2r=4$ ∴ $r=2$

따라서 원 O의 넓이는

$\pi\times2^2=4\pi$ (cm²)   🔲 **4π cm²**

3 □ABCD의 둘레의 길이가 30 cm이므로

$\overline{AB}+\overline{CD}=\overline{AD}+\overline{BC}$

$=\dfrac{1}{2}\times30=15$ (cm)

이때 $7+x=15$, $5+y=15$이므로

$x=8$, $y=10$ 🔲 $x=8$, $y=10$

4 $\overline{AF}=\overline{BF}=\dfrac{1}{2}\overline{AB}=\dfrac{1}{2}\times8=4$ (cm)이므로

$\overline{BG}=\overline{BF}=4$ cm, $\overline{AE}=\overline{AF}=4$ cm

$\overline{DH}=\overline{DE}=10-4=6$ (cm)

$\overline{GI}=\overline{HI}=x$ cm라 하면

$\overline{IC}=10-(4+x)=6-x$ (cm)

$\overline{DI}=(6+x)$ cm

직각삼각형 DIC에서

$(6+x)^2=(6-x)^2+8^2$

$24x=64$ ∴ $x=\dfrac{8}{3}$

∴ $\overline{GI}=\dfrac{8}{3}$ cm   🔲 $\dfrac{8}{3}$ **cm**

01 ③   **02** 6π cm   **03** 50 cm   **04** $\dfrac{36}{5}$ cm

05 16 cm

이렇게 풀어요

01 $\overline{AF}=\overline{AD}=4$ cm
$\overline{BE}=\overline{BD}=11-4=7$(cm)
$\overline{CE}=\overline{CF}=10-4=6$(cm)
$\therefore\ \overline{BC}=\overline{BE}+\overline{CE}=7+6=13$(cm)
답 ③

02 $\overline{AC}=\sqrt{17^2-15^2}=\sqrt{64}=8$(cm)
오른쪽 그림과 같이 세 접점을 D, E, F라 하고 원 O의 반지름의 길이를 r cm라 하면

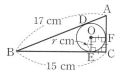

$\overline{CE}=\overline{CF}=r$ cm
$\overline{AD}=\overline{AF}=(8-r)$ cm
$\overline{BD}=\overline{BE}=(15-r)$ cm
$\overline{AB}=\overline{AD}+\overline{BD}$이므로
$17=(8-r)+(15-r)$
$2r=6\qquad\therefore\ r=3$
따라서 원 O의 둘레의 길이는
$2\pi\times3=6\pi$(cm)
답 **6π cm**

03 $\overline{DR}=\overline{DS}=5$ cm이므로
$\overline{DC}=5+8=13$(cm)
이때 □ABCD가 원 O에 외접하므로
$\overline{AD}+\overline{BC}=\overline{AB}+\overline{CD}=12+13=25$(cm)
$\therefore$ (□ABCD의 둘레의 길이)$=\overline{AB}+\overline{CD}+\overline{AD}+\overline{BC}$
$=25+25=50$(cm)
답 **50 cm**

04 오른쪽 그림과 같이 점 D에서 $\overline{BC}$에 내린 수선의 발을 H라 하면

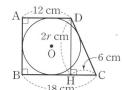

$\overline{CH}=18-12=6$(cm)
이때 원 O의 반지름의 길이를 r cm라 하면
$\overline{AB}=\overline{DH}=2r$ cm
또 $\overline{AB}+\overline{CD}=\overline{AD}+\overline{BC}$이므로
$2r+\overline{CD}=12+18$
$\therefore\ \overline{CD}=30-2r$(cm)
직각삼각형 DHC에서
$(30-2r)^2=6^2+(2r)^2$
$120r=864\qquad\therefore\ r=\frac{36}{5}$
따라서 원 O의 반지름의 길이는 $\frac{36}{5}$ cm이다.
답 **$\frac{36}{5}$ cm**

05 (△CDI의 둘레의 길이)$=\overline{CD}+\overline{CI}+\overline{DI}$
$=\overline{CD}+\overline{CI}+(\overline{DH}+\overline{IH})$
$=\overline{CD}+\overline{CI}+\overline{DE}+\overline{IG}$
$=\overline{CD}+(\overline{CI}+\overline{IG})+\overline{DE}$
$=\overline{CD}+\overline{CG}+\overline{DE}$
이때 $\overline{AE}=\overline{AF}=\frac{1}{2}\times6=3$(cm)이므로
$\overline{DE}=8-3=5$(cm)
또 $\overline{BG}=\overline{BF}=3$ cm이므로
$\overline{CG}=8-3=5$(cm)
따라서 △CDI의 둘레의 길이는
$\overline{CD}+\overline{CG}+\overline{DE}=6+5+5=16$(cm)
답 **16 cm**

중단원 마무리

본문 76~79쪽

01 $6\sqrt{3}$ cm	**02** ②	**03** ③	**04** 20 cm^2
05 70°	**06** 10	**07** 5 cm	**08** ③
09 ⑤	**10** 2 cm	**11** $(24+8\sqrt{2})$ cm	
12 1 cm	**13** 6 cm	**14** 3 cm	**15** ④
16 ④	**17** ③	**18** ⑤	**19** $8\sqrt{5}$
20 36π cm^2	**21** $4\sqrt{15}$ cm^2	**22** ②	**23** ③
24 6	**25** ②	**26** 5	**27** 4 cm

이렇게 풀어요

01 오른쪽 그림과 같이 $\overline{OP}$와 $\overline{AB}$의 교점을 M이라 하면

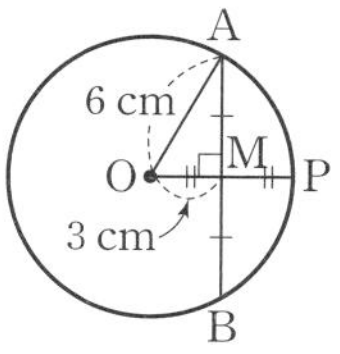

$\overline{OA}=\overline{OP}=6$ cm
$\overline{OM}=\frac{1}{2}\overline{OP}=\frac{1}{2}\times6=3$(cm)
직각삼각형 AOM에서
$\overline{AM}=\sqrt{6^2-3^2}=\sqrt{27}=3\sqrt{3}$(cm)
이때 $\overline{OP}\perp\overline{AB}$이므로 $\overline{AM}=\overline{BM}$
$\therefore\ \overline{AB}=2\overline{AM}=2\times3\sqrt{3}=6\sqrt{3}$(cm)
답 **$6\sqrt{3}$ cm**

02 $\overline{AB}\perp\overline{OC}$이므로 $\overline{BM}=\overline{AM}=8$ cm
$\overline{OB}=x$ cm라 하면 $\overline{OC}=\overline{OB}$이므로
$\overline{OM}=(x-4)$ cm
직각삼각형 OMB에서
$x^2=8^2+(x-4)^2,\ 8x=80\qquad\therefore\ x=10$
$\therefore\ \overline{OB}=10$ cm
답 ②

03 오른쪽 그림과 같이 원의 중심 O에서 $\overline{AB}$에 내린 수선의 발을 M이라 하면

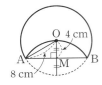

$\overline{OM}=\dfrac{1}{2}\times 8=4(\text{cm})$

따라서 직각삼각형 OAM에서

$\overline{AM}=\sqrt{8^2-4^2}=\sqrt{48}=4\sqrt{3}\,(\text{cm})$

$\therefore \overline{AB}=2\overline{AM}=2\times 4\sqrt{3}=8\sqrt{3}\,(\text{cm})$ 　답 ③

04 오른쪽 그림과 같이 원의 중심 O에서 $\overline{CD}$에 내린 수선의 발을 F라 하면 $\overline{AB}=\overline{CD}$이므로

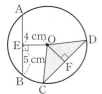

$\overline{OF}=\overline{OE}=4\ \text{cm}$

또 $\overline{AB}\perp\overline{OE}$이므로

$\overline{AB}=2\overline{BE}=2\times 5=10(\text{cm})$

$\therefore \overline{CD}=\overline{AB}=10\ \text{cm}$

$\therefore \triangle OCD=\dfrac{1}{2}\times \overline{CD}\times \overline{OF}$

$\qquad\qquad=\dfrac{1}{2}\times 10\times 4=20(\text{cm}^2)$ 　답 **20 cm²**

05 □AMON에서

$\angle A=360^\circ-(90^\circ+140^\circ+90^\circ)=40^\circ$

$\overline{OM}=\overline{ON}$이므로 $\overline{AB}=\overline{AC}$

따라서 △ABC는 이등변삼각형이므로

$\angle ABC=\dfrac{1}{2}\times(180^\circ-40^\circ)=70^\circ$ 　답 **70°**

06 오른쪽 그림과 같이 $\overline{AO}$를 그으면

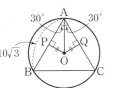

△AOP≡△AOQ (RHS 합동)

이므로

$\angle OAP=\angle OAQ$

$\qquad\quad=\dfrac{1}{2}\times 60^\circ=30^\circ$

$\overline{AB}\perp\overline{OP}$이므로

$\overline{AP}=\dfrac{1}{2}\overline{AB}=\dfrac{1}{2}\times 10\sqrt{3}=5\sqrt{3}$

△APO에서

$\overline{OA}=\dfrac{\overline{AP}}{\cos 30^\circ}=\dfrac{5\sqrt{3}}{\frac{\sqrt{3}}{2}}=10$

따라서 원 O의 반지름의 길이는 10이다. 　답 **10**

07 $\angle OTP=90^\circ$이므로 △OPT에서

$\overline{OP}=\sqrt{5^2+(5\sqrt{3})^2}=\sqrt{100}=10(\text{cm})$

$\therefore \overline{PQ}=\overline{OP}-\overline{OQ}=10-5=5(\text{cm})$ 　답 **5 cm**

08 $\overline{PB}=\overline{PA}=8\ \text{cm}$에서 △ABP는 이등변삼각형이므로

$\angle PAB=\angle PBA=\dfrac{1}{2}\times(180^\circ-60^\circ)=60^\circ$

즉, △ABP는 정삼각형이므로

$\overline{AB}=8\ \text{cm}$ 　답 ③

09 $\overline{OC}=\overline{OT}=8\ \text{cm}$이므로 $\overline{OP}=8+9=17(\text{cm})$

$\angle OTP=90^\circ$이므로 △OPT에서

$\overline{PT}=\sqrt{17^2-8^2}=\sqrt{225}=15(\text{cm})$

이때 $\overline{PT'}=\overline{PT}=15\ \text{cm}$이고

$\overline{AC}=\overline{AT}$, $\overline{BC}=\overline{BT'}$이므로

$(\triangle ABP의 둘레의 길이)=\overline{PA}+\overline{AB}+\overline{BP}$

$\qquad\qquad=\overline{PA}+\overline{AC}+\overline{BC}+\overline{BP}$

$\qquad\qquad=\overline{PA}+\overline{AT}+\overline{BT'}+\overline{BP}$

$\qquad\qquad=\overline{PT}+\overline{PT'}$

$\qquad\qquad=15+15=30(\text{cm})$ 　답 ⑤

10 $\overline{BD}=\overline{BE}$, $\overline{CF}=\overline{CE}$이므로

$\overline{AD}+\overline{AF}=\overline{AB}+\overline{BD}+\overline{AC}+\overline{CF}$

$\qquad\qquad=\overline{AB}+\overline{BE}+\overline{AC}+\overline{CE}$

$\qquad\qquad=\overline{AB}+\overline{BC}+\overline{AC}$

$\qquad\qquad=7+6+5=18(\text{cm})$

이때 $\overline{AD}=\overline{AF}$이므로

$2\overline{AD}=18$ 　$\therefore \overline{AD}=9(\text{cm})$

$\therefore \overline{BE}=\overline{BD}=9-7=2(\text{cm})$ 　답 **2 cm**

11 $\overline{DE}=\overline{DA}=8\ \text{cm}$, $\overline{CE}=\overline{CB}=4\ \text{cm}$이므로

$\overline{DC}=8+4=12(\text{cm})$

오른쪽 그림과 같이 점 C에서 $\overline{DA}$에 내린 수선의 발을 H라 하면

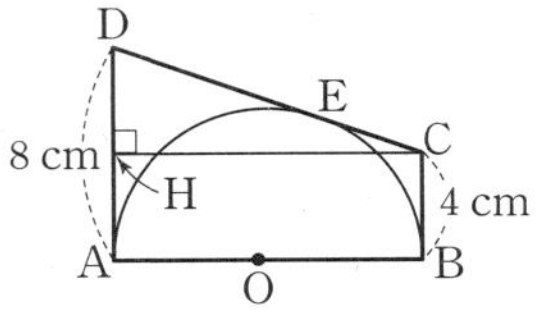

$\overline{HA}=\overline{CB}=4\ \text{cm}$이므로

$\overline{DH}=8-4=4(\text{cm})$

직각삼각형 DHC에서

$\overline{HC}=\sqrt{12^2-4^2}=\sqrt{128}=8\sqrt{2}\,(\text{cm})$

$\therefore \overline{AB}=\overline{HC}=8\sqrt{2}\ \text{cm}$

따라서 □ABCD의 둘레의 길이는

$\overline{AB}+\overline{BC}+\overline{CD}+\overline{DA}=8\sqrt{2}+4+12+8$

$\qquad\qquad=24+8\sqrt{2}\,(\text{cm})$

답 **$(24+8\sqrt{2})$ cm**

12 $\overline{BE}=\overline{BD}=4$ cm, $\overline{CF}=\overline{CE}=3$ cm

$\overline{AF}=\overline{AD}=x$ cm라 하면

△ABC의 둘레의 길이가 16 cm이므로

$2(4+3+x)=16$, $2x=2$ ∴ $x=1$

∴ $\overline{AF}=1$ cm

🖎 **1 cm**

13 $\overline{AD}:\overline{BC}=3:4$이므로

$\overline{AD}=3k$ cm, $\overline{BC}=4k$ cm $(k>0)$라 하면

□ABCD가 원 O에 외접하므로

$\overline{AB}+\overline{CD}=\overline{AD}+\overline{BC}$에서

$5+9=3k+4k$, $7k=14$ ∴ $k=2$

∴ $\overline{AD}=3k=3\times2=6$ (cm)

🖎 **6 cm**

14 오른쪽 그림과 같이 원의 중심 O
에서 $\overline{AB}$, $\overline{BC}$, $\overline{CD}$에 내린 수
선의 발을 각각 Q, R, S라 하면
□QBRO는 한 변의 길이가
4 cm인 정사각형이므로

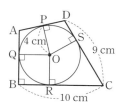

$\overline{CS}=\overline{CR}=10-4=6$ (cm)

∴ $\overline{DP}=\overline{DS}=9-6=3$ (cm)

🖎 **3 cm**

15 오른쪽 그림과 같이 원의 중심 O에서
$\overline{AB}$, $\overline{CD}$에 내린 수선의 발을 각각 M,
N이라 하면

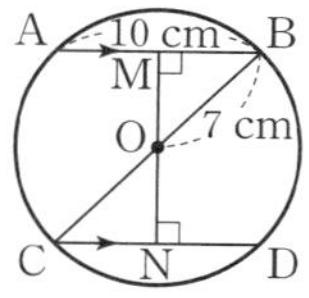

$\overline{AB}=\overline{CD}=10$ cm이므로

$\overline{OM}=\overline{ON}$이고

$\overline{BM}=\dfrac{1}{2}\overline{AB}=\dfrac{1}{2}\times10=5$ (cm)

직각삼각형 MOB에서

$\overline{OM}=\sqrt{7^2-5^2}=\sqrt{24}=2\sqrt{6}$ (cm)

∴ $\overline{MN}=2\overline{OM}=2\times2\sqrt{6}=4\sqrt{6}$ (cm)

따라서 두 현 AB와 CD 사이의 거리는 $4\sqrt{6}$ cm이다.

🖎 **④**

16 $\overline{OD}=\overline{OE}=\overline{OF}$이므로

$\overline{AB}=\overline{BC}=\overline{CA}$

즉, △ABC는 정삼각형이다.

오른쪽 그림과 같이 $\overline{AO}$를 그으면

△ADO≡△AFO (RHS 합동)

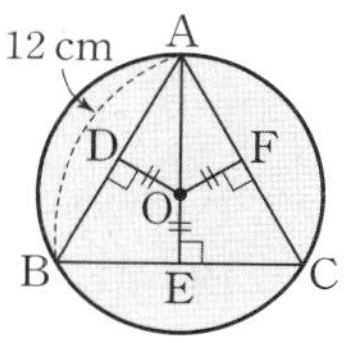

∴ $\angle DAO=\dfrac{1}{2}\angle BAC=\dfrac{1}{2}\times60°=30°$

$\overline{AD}=\dfrac{1}{2}\overline{AB}=\dfrac{1}{2}\times12=6$ (cm)

△ADO에서 $\overline{AO}=\dfrac{\overline{AD}}{\cos30°}=\dfrac{6}{\frac{\sqrt{3}}{2}}=4\sqrt{3}$ (cm)

따라서 원 O의 반지름의 길이가 $4\sqrt{3}$ cm이므로 넓이는

$\pi\times(4\sqrt{3})^2=48\pi$ (cm²)

🖎 **④**

17 오른쪽 그림과 같이 원의 중심
O에서 현 AB에 내린 수선의
발을 T라 하고, 큰 원의 반지름
의 길이를 r cm, 작은 원의 반
지름의 길이를 r' cm라 하면
색칠한 부분의 넓이가 36π cm²이므로

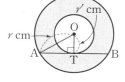

$\pi r^2-\pi r'^2=\pi(r^2-r'^2)=36\pi$

∴ $r^2-r'^2=36$

직각삼각형 OAT에서

$\overline{AT}=\sqrt{r^2-r'^2}=\sqrt{36}=6$ (cm)

∴ $\overline{AB}=2\overline{AT}=2\times6=12$ (cm)

🖎 **③**

18 ① $\angle PAO=\angle PBO=90°$이므로

□APBO에서

$\angle APB=360°-(90°+120°+90°)=60°$

△PAO≡△PBO (RHS 합동)이므로

$\angle APO=\angle BPO=\dfrac{1}{2}\angle APB=\dfrac{1}{2}\times60°=30°$

②, ③ △APO에서

$\overline{PO}=\dfrac{\overline{AO}}{\sin30°}=\dfrac{12}{\frac{1}{2}}=24$ (cm)

$\overline{PA}=\dfrac{\overline{AO}}{\tan30°}=\dfrac{12}{\frac{\sqrt{3}}{3}}=12\sqrt{3}$ (cm)

④ $\overline{PA}=\overline{PB}$이고 $\angle APB=60°$이므로 △APB는 정삼
각형이다.

∴ $\overline{AB}=\overline{PA}=\overline{PB}=12\sqrt{3}$ cm

⑤ $\triangle OAB=\dfrac{1}{2}\times\overline{OA}\times\overline{OB}\times\sin(180°-120°)$

$=\dfrac{1}{2}\times12\times12\times\dfrac{\sqrt{3}}{2}=36\sqrt{3}$ (cm²)

따라서 옳지 않은 것은 ⑤이다.

🖎 **⑤**

19 오른쪽 그림과 같이 $\overline{PO}$를 그어
$\overline{AB}$와의 교점을 H라 하면

$\angle PAO=\angle PBO=90°$이므로

△POA에서

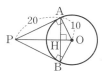

$\overline{PO}=\sqrt{10^2+20^2}=\sqrt{500}=10\sqrt{5}$

이때 $\overline{PO} \perp \overline{AH}$이므로

$\triangle APO$의 넓이에서 $\overline{AP} \times \overline{AO} = \overline{PO} \times \overline{AH}$

$20 \times 10 = 10\sqrt{5} \times \overline{AH}$ $\quad \therefore \overline{AH} = 4\sqrt{5}$

$\therefore \overline{AB} = 2\overline{AH} = 2 \times 4\sqrt{5} = 8\sqrt{5}$ 　　　　답 $8\sqrt{5}$

20 $\overline{BC}$는 원 O의 접선이므로

$\angle ODC = 90°$, $\overline{CD} = \overline{CQ} = 3\,cm$

$\angle ADC = 90°$이므로 $\triangle ACD$에서

$\overline{AD} = \sqrt{5^2 - 3^2} = \sqrt{16} = 4\,(cm)$

오른쪽 그림과 같이 원 O의 반지름의 길이를 $r\,cm$라 하고 $\overline{OQ}$를 그으면

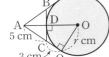

$\overline{OD} = \overline{OQ} = r\,cm$

$\overline{AO} = (4+r)\,cm$

직각삼각형 OAQ에서

$(4+r)^2 = (5+3)^2 + r^2$, $8r = 48$ $\quad \therefore r = 6$

따라서 원 O의 넓이는

$\pi \times 6^2 = 36\pi\,(cm^2)$ 　　　　답 $36\pi\ cm^2$

21 $\overline{CP} = \overline{CA} = 5\,cm$, $\overline{DP} = \overline{DB} = 3\,cm$이므로

$\overline{CD} = 5 + 3 = 8\,(cm)$

오른쪽 그림과 같이 점 D에서 $\overline{AC}$에 내린 수선의 발을 H라 하면 직각삼각형 CHD에서

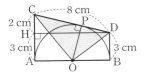

$\overline{DH} = \sqrt{8^2 - 2^2} = \sqrt{60} = 2\sqrt{15}\,(cm)$

$\therefore \overline{AB} = \overline{DH} = 2\sqrt{15}\,cm$

또 $\overline{OP}$를 그으면 $\overline{CD} \perp \overline{OP}$이고

$\overline{OP} = \dfrac{1}{2}\overline{AB} = \dfrac{1}{2} \times 2\sqrt{15} = \sqrt{15}\,(cm)$이므로

$\triangle COD = \dfrac{1}{2} \times \overline{CD} \times \overline{OP}$

$\quad\quad\quad = \dfrac{1}{2} \times 8 \times \sqrt{15} = 4\sqrt{15}\,(cm^2)$ 　답 $4\sqrt{15}\ cm^2$

22 $\overline{AG} = x\,cm$라 하면 $\overline{BD} = \overline{BE} = 6\,cm$이므로

$\overline{AD} = 10 - 6 = 4\,(cm)$

오른쪽 그림과 같이 $\overline{OD}$를 그으면 $\angle ADO = 90°$이고

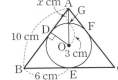

$\overline{OD} = \overline{OG} = 3\,cm$이므로

$\triangle ADO$에서

$(x+3)^2 = 3^2 + 4^2$

$x^2 + 6x - 16 = 0$

$(x+8)(x-2) = 0$ $\quad \therefore x = 2\,(\because x > 0)$

$\therefore \overline{AG} = 2\,cm$ 　　　　답 ②

23 $\overline{BP} = \overline{BQ} = x\,cm$라 하면

$\overline{AR} = \overline{AP} = (18-x)\,cm$, $\overline{CR} = \overline{CQ} = (16-x)\,cm$

$\overline{AC} = \overline{AR} + \overline{CR}$이므로

$12 = (18-x) + (16-x)$

$2x = 22$ $\quad \therefore x = 11$

$\therefore (\triangle DBE$의 둘레의 길이$) = \overline{BD} + \overline{DE} + \overline{BE}$

$\quad\quad\quad\quad\quad\quad\quad\quad\quad\quad = \overline{BP} + \overline{BQ}$

$\quad\quad\quad\quad\quad\quad\quad\quad\quad\quad = 11 + 11 = 22\,(cm)$ 　답 ③

24 $\overline{BE} = \overline{BD} = 2$, $\overline{AF} = \overline{AD} = 3$

$\overline{CE} = \overline{CF} = x$라 하면

$\overline{BC} = 2+x$, $\overline{AC} = 3+x$이므로

직각삼각형 ABC에서

$(2+3)^2 = (2+x)^2 + (3+x)^2$

$25 = 2x^2 + 10x + 13$

$x^2 + 5x - 6 = 0$, $(x+6)(x-1) = 0$

$\therefore x = 1\,(\because x > 0)$

즉, $\overline{BC} = 2+1 = 3$, $\overline{AC} = 3+1 = 4$이므로

$\triangle ABC = \dfrac{1}{2} \times 3 \times 4 = 6$ 　　　　답 6

25 $\square ABCD$가 원 O에 외접하므로

$\overline{AB} + \overline{CD} = \overline{AD} + \overline{BC} = 8 + 18 = 26\,(cm)$

그런데 $\overline{AB} = \overline{CD}$이므로

$\overline{AB} = \dfrac{1}{2} \times 26 = 13\,(cm)$

오른쪽 그림과 같이 점 A에서 $\overline{BC}$에 내린 수선의 발을 E라 하면

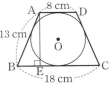

$\overline{BE} = \dfrac{1}{2} \times (18-8) = 5\,(cm)$

직각삼각형 ABE에서

$\overline{AE} = \sqrt{13^2 - 5^2} = \sqrt{144} = 12\,(cm)$

따라서 원 O의 지름의 길이는 12 cm이다. 　　답 ②

26 $\overline{AB}$, $\overline{BC}$, $\overline{CD}$, $\overline{DE}$, $\overline{EF}$, $\overline{FA}$와 원 O의 접점을 각각 P, Q, R, S, T, U라 하고

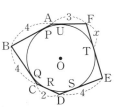

$\overline{FT} = \overline{FU} = x$라 하면

$\overline{AP} = \overline{AU} = 3 - x$

$\overline{BQ} = \overline{BP} = 4 - (3-x) = 1+x$

$\overline{CR} = \overline{CQ} = 4 - (1+x) = 3-x$

$\overline{DS} = \overline{DR} = 2 - (3-x) = x-1$

$\overline{ET} = \overline{ES} = 4 - (x-1) = 5-x$

$\therefore \overline{EF} = (5-x) + x = 5$ 　　　　답 5

27 오른쪽 그림과 같이 두 원 O, O′과 $\overline{BC}$와의 접점을 각각 P, Q라 하고 원 O′의 중심에서 $\overline{OP}$에 내린 수선의 발을 H라 하자.

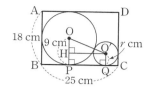

원 O의 반지름의 길이는

$\dfrac{1}{2}\overline{AB}=\dfrac{1}{2}\times 18=9\,(\text{cm})$

원 O′의 반지름의 길이를 r cm라 하면

$\overline{OH}=(9-r)\,\text{cm}$

$\overline{OO'}=(9+r)\,\text{cm}$

$\overline{O'H}=25-(9+r)=16-r\,(\text{cm})$

직각삼각형 OHO′에서

$(9+r)^2=(9-r)^2+(16-r)^2$

$r^2-68r+256=0,\ (r-4)(r-64)=0$

$\therefore r=4\ (\because 0<r<9)$

따라서 원 O′의 반지름의 길이는 4 cm이다. **답 4 cm**

📋 서술형 대비 문제　　본문 80~81쪽

1-1 $8\sqrt{2}$ cm　**2**-1 9π cm²　**3** $8\sqrt{5}$ cm²　**4** 15π cm

5 10 cm　　**6** 5 cm

이렇게 풀어요

1-1 **1단계** 직각삼각형 AOM에서

$\overline{AM}=\sqrt{6^2-2^2}=\sqrt{32}=4\sqrt{2}\,(\text{cm})$

2단계 $\overline{AB}\perp\overline{OM}$이므로 $\overline{AM}=\overline{BM}$

$\therefore \overline{AB}=2\overline{AM}=2\times 4\sqrt{2}=8\sqrt{2}\,(\text{cm})$

3단계 $\overline{OM}=\overline{ON}$이므로 $\overline{CD}=\overline{AB}=8\sqrt{2}$ cm

답 $8\sqrt{2}$ cm

2-1 **1단계** $\overline{AC}=\sqrt{15^2-12^2}=\sqrt{81}=9\,(\text{cm})$

2단계 원 O의 반지름의 길이를 r cm라 하면

$\overline{CE}=\overline{CF}=r$ cm이므로

$\overline{AD}=\overline{AF}=(9-r)\,\text{cm}$

$\overline{BD}=\overline{BE}=(12-r)\,\text{cm}$

$\overline{AB}=\overline{AD}+\overline{BD}$이므로

$15=(9-r)+(12-r)$

$2r=6\qquad\therefore r=3$

3단계 따라서 원 O의 넓이는

$\pi\times 3^2=9\pi\,(\text{cm}^2)$　　**답 9π cm²**

---

3 **1단계** 오른쪽 그림과 같이 원의 중심 O에서 $\overline{CD}$에 내린 수선의 발을 E라 하면

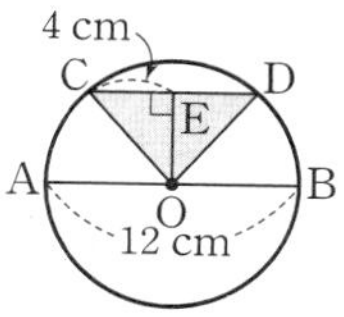

$\overline{OC}=\dfrac{1}{2}\times 12=6\,(\text{cm})$

$\overline{CE}=\dfrac{1}{2}\overline{CD}=\dfrac{1}{2}\times 8=4\,(\text{cm})$

2단계 직각삼각형 COE에서

$\overline{OE}=\sqrt{6^2-4^2}=\sqrt{20}=2\sqrt{5}\,(\text{cm})$

3단계 $\therefore \triangle COD=\dfrac{1}{2}\times 8\times 2\sqrt{5}=8\sqrt{5}\,(\text{cm}^2)$

답 $8\sqrt{5}$ cm²

단계	채점 요소	배점
❶	$\overline{OC}$, $\overline{CE}$의 길이 구하기	3점
❷	$\overline{OE}$의 길이 구하기	2점
❸	$\triangle COD$의 넓이 구하기	2점

4 **1단계** 오른쪽 그림과 같이 원의 중심을 O라 하면 $\overline{CM}$의 연장선은 이 원의 중심 O를 지난다.

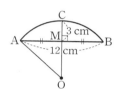

2단계 원 O의 반지름의 길이를 r cm라 하면

$\overline{OA}=r$ cm, $\overline{OM}=(r-3)\,\text{cm}$

$\overline{AM}=\dfrac{1}{2}\overline{AB}=\dfrac{1}{2}\times 12=6\,(\text{cm})$이므로

직각삼각형 AOM에서 $r^2=6^2+(r-3)^2$

$6r=45\qquad\therefore r=\dfrac{15}{2}$

3단계 따라서 원의 둘레의 길이는

$2\pi\times\dfrac{15}{2}=15\pi\,(\text{cm})$　　**답 15π cm**

단계	채점 요소	배점
❶	$\overline{CM}$의 연장선이 원의 중심을 지남을 알기	2점
❷	원의 반지름의 길이 구하기	4점
❸	원의 둘레의 길이 구하기	2점

5 **1단계** 직각삼각형 ABC에서

$\overline{AB}=\sqrt{15^2-12^2}=\sqrt{81}=9\,(\text{cm})$

2단계 ▱ABCD는 원에 외접하는 사각형이므로

$9+13=\overline{AD}+12$

$\therefore \overline{AD}=10\,(\text{cm})$　　**답 10 cm**

단계	채점 요소	배점
❶	$\overline{AB}$의 길이 구하기	3점
❷	$\overline{AD}$의 길이 구하기	3점

6 `1단계` $\overline{DS}=\overline{CS}=\dfrac{1}{2}\overline{DC}=\dfrac{1}{2}\times4=2(cm)$이므로

$\overline{DP}=\overline{DS}=2\ cm,\ \overline{CR}=\overline{CS}=2\ cm$

$\therefore\overline{AQ}=\overline{AP}=6-2=4(cm)$

`2단계` $\overline{EQ}=x\ cm$라 하면

$\overline{ER}=x\ cm$

$\overline{BE}=6-(2+x)=4-x(cm)$

$\overline{AE}=(4+x)\ cm$

직각삼각형 ABE에서

$(4+x)^2=4^2+(4-x)^2$

$16x=16$ $\therefore x=1$ $\therefore\overline{EQ}=1\ cm$

`3단계` $\therefore\overline{AE}=\overline{AQ}+\overline{EQ}=4+1=5(cm)$ **冒 5 cm**

단계	채점 요소	배점
1	$\overline{AQ}$의 길이 구하기	3점
2	$\overline{EQ}$의 길이 구하기	4점
3	$\overline{AE}$의 길이 구하기	1점

---

2 원주각

01 원주각

개념원리 ☑ 확인하기 본문 86쪽

01 (1) $65°$ (2) $80°$ (3) $148°$ **02** (1) $51°$ (2) $75°$ (3) $52°$

03 (1) 20 (2) 12 (3) 9 **04** ㄱ, ㄴ

이렇게 풀어요

01 (1) $\angle x=\dfrac{1}{2}\angle AOB$

$=\dfrac{1}{2}\times130°=65°$

(2) $\angle x=2\angle APB$

$=2\times40°=80°$

(3) $\widehat{AQB}$에 대한 중심각의 크기는

$2\angle APB=2\times106°=212°$

$\therefore\angle x=360°-212°$

$=148°$

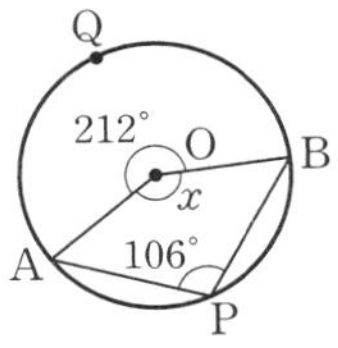

冒 (1) 65° (2) 80° (3) 148°

02 (1) $\angle x=\angle CBD=51°$

(2) $\angle BDC=\angle BAC=35°$

△DPC에서

$\angle x=40°+35°=75°$

(3) $\angle APB=90°$이므로 △PAB에서

$\angle x=180°-(90°+38°)=52°$

冒 (1) 51° (2) 75° (3) 52°

03 (1) $\widehat{AB}=\widehat{CD}$이므로 $\angle APB=\angle CQD$

$\therefore x=20$

(2) $\angle APB=\angle BPC$이므로 $\widehat{AB}=\widehat{BC}$

$\therefore x=12$

(3) $\angle APB:\angle BQC=\widehat{AB}:\widehat{BC}$이므로

$45:15=x:3$ $\therefore x=9$

冒 (1) 20 (2) 12 (3) 9

04 ㄱ. 오른쪽 그림과 같이 $\overline{CD}$를 그으
면 $\overline{CD}$에 대하여 같은 쪽에 있는
두 각의 크기가 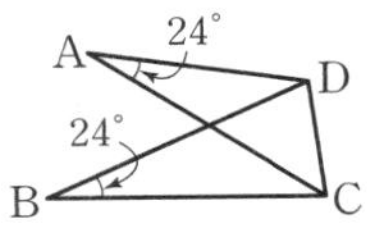
$\angle CAD=\angle CBD=24°$이므로 네 점 A, B, C, D는
한 원 위에 있다.

ㄴ. $\overline{BC}$에 대하여 같은 쪽에 있는 두 각의 크기가
　∠BAC=∠BDC=90°이므로 네 점 A, B, C, D는
　한 원 위에 있다.

ㄷ. $\overline{BC}$에 대하여 같은 쪽에 있는 두 각의 크기가
　∠BAC=36°, ∠BDC=35°이다.
　즉, ∠BAC≠∠BDC이므로 네 점 A, B, C, D는 한
　원 위에 있지 않다.

따라서 네 점 A, B, C, D가 한 원 위에 있는 경우는
ㄱ, ㄴ이다.

📖 **ㄱ, ㄴ**

핵심문제 익히기 🔑 **확인문제**

본문 87~91쪽

1 (1) 53°	(2) 40°	(3) 50°	2 70°
3 (1) 60°	(2) 56°	(3) 13°	4 (1) 40° (2) 124° (3) 48°
5 30°	6 $3\sqrt{3}$ cm	7 (1) 20 (2) 8 (3) 42	
8 80°	9 ④	10 20°	

이렇게 풀어요

1 (1) ∠AOB=2∠APB=2×37°=74°
　　이때 △OAB는 $\overline{OA}=\overline{OB}$인 이등변삼각형이므로
　　∠$x=\dfrac{1}{2}\times(180°-74°)=53°$

(2) ∠AOB=2∠APB=2×50°=100°
　　이때 △OAB는 $\overline{OA}=\overline{OB}$인 이등변삼각형이므로
　　∠$x=\dfrac{1}{2}\times(180°-100°)=40°$

(3) $\overparen{APC}$에 대한 중심각의 크기는
　　2×130°=260°이므로
　　$\overparen{ABC}$에 대한 중심각의 크기는
　　360°-260°=100°
　　∴ ∠$x=\dfrac{1}{2}\times100°=50°$

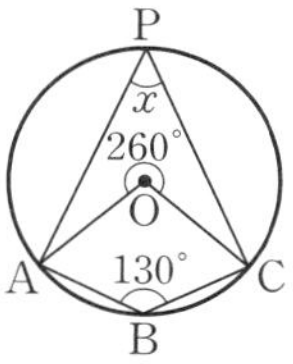

📖 (1) **53°** (2) **40°** (3) **50°**

2 ∠AOB=2∠ACB=2×55°=110°이고
∠PAO=∠PBO=90°이므로
□APBO에서
∠$x=360°-(90°+110°+90°)=70°$

📖 **70°**

---

3 (1) 오른쪽 그림과 같이 $\overline{BQ}$를 그으면
　　∠AQB=∠APB=20°
　　∠BQC=$\dfrac{1}{2}$∠BOC
　　　　　=$\dfrac{1}{2}\times80°=40°$
　　∴ ∠$x=20°+40°=60°$

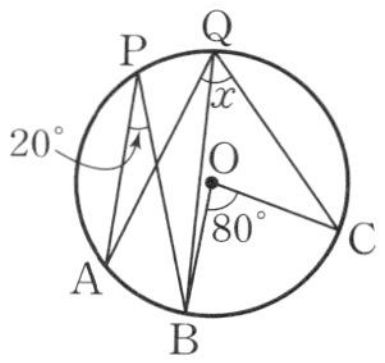

(2) ∠AQB=∠APB=63°
　　∠PBA=∠PQA=36°이므로
　　∠ABQ=25°+36°=61°
　　따라서 △ABQ에서
　　∠$x=180°-(63°+61°)=56°$

(3) 오른쪽 그림과 같이 $\overline{OP}$를 그
　　으면 △OPA는 $\overline{OP}=\overline{OA}$인
　　이등변삼각형이고
　　∠PAQ=∠PBQ=27°
　　이므로
　　∠APO=∠PAO
　　　　　=27°+22°=49°
　　△OBP는 $\overline{OP}=\overline{OB}$인 이등변삼각형이므로
　　∠x=∠OPB
　　　　=62°-49°=13°

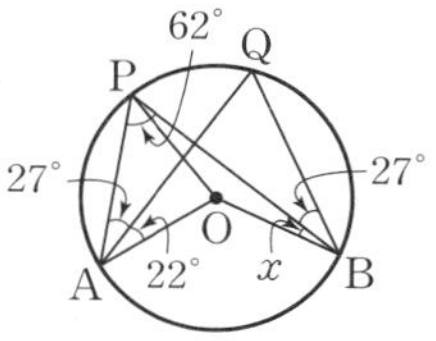

📖 (1) **60°** (2) **56°** (3) **13°**

---

4 (1) $\overline{BC}$는 원 O의 지름이므로
　　∠CAB=90°
　　∠ACB=∠ADB=50°이므로
　　△CAB에서
　　∠$x=180°-(90°+50°)=40°$

(2) 오른쪽 그림과 같이 $\overline{AC}$를 그으
　　면 $\overline{AB}$는 원 O의 지름이므로
　　∠ACB=90°
　　∠ACD=∠ABD=34°
　　∴ ∠$x=90°+34°$
　　　　　=124°

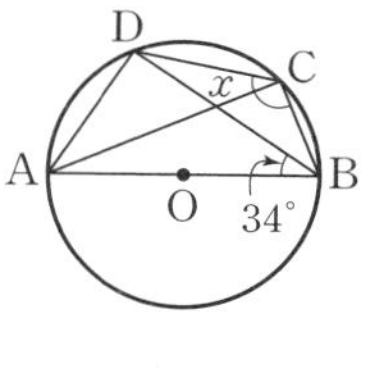

(3) 오른쪽 그림과 같이 $\overline{CE}$를 그으면
　　$\overline{AC}$는 원 O의 지름이므로
　　∠AEC=90°
　　∠BEC=∠BDC=42°
　　∴ ∠$x=90°-42°$
　　　　　=48°

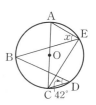

📖 (1) **40°** (2) **124°** (3) **48°**

5 오른쪽 그림과 같이 $\overline{BC}$를 그으면 $\overline{AB}$는 반원 O의 지름이므로

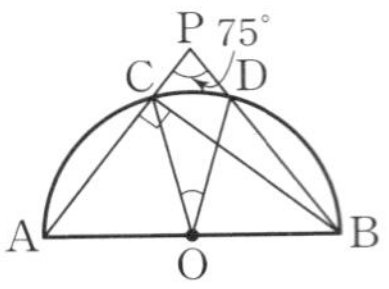

$\angle ACB=90°$

$\triangle PCB$에서

$\angle CBD=180°-(90°+75°)=15°$

$\therefore \angle COD=2\angle CBD$

$=2\times15°=30°$

답 30°

6 오른쪽 그림과 같이 $\overline{BO}$의 연장선이 원 O와 만나는 점을 A′이라 하면

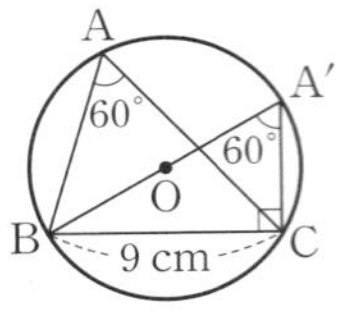

$\angle BA'C=\angle BAC=60°$

또 반원에 대한 원주각의 크기는 90° 이므로 $\angle BCA'=90°$

$\triangle A'BC$에서

$\overline{A'B}=\dfrac{\overline{BC}}{\sin 60°}=\dfrac{9}{\dfrac{\sqrt{3}}{2}}=6\sqrt{3}(cm)$

따라서 원 O의 반지름의 길이는

$\dfrac{1}{2}\times6\sqrt{3}=3\sqrt{3}(cm)$

답 $3\sqrt{3}$ cm

7 (1) $\triangle PCD$에서

$\angle PCD=80°-30°=50°$

$\angle ACD:\angle BDC=\overset{\frown}{AD}:\overset{\frown}{BC}$이므로

$50:30=x:12$ $\therefore x=20$

(2) $\triangle ABP$에서

$\angle ABP=70°-30°=40°$

$\angle ABD:\angle BAC=\overset{\frown}{AD}:\overset{\frown}{BC}$이므로

$40:30=x:6$ $\therefore x=8$

(3) $\angle ACD=\angle ABD=56°$이고

$\overset{\frown}{AB}=\overset{\frown}{BC}$이므로 $\angle ADB=\angle BDC$

$\triangle ACD$에서

$\angle ADC=180°-(40°+56°)=84°$

$\therefore \angle BDC=\dfrac{1}{2}\angle ADC=\dfrac{1}{2}\times84°=42°$

$\therefore x=42$

답 (1) 20 (2) 8 (3) 42

8 $\overset{\frown}{AB}:\overset{\frown}{BC}:\overset{\frown}{CA}=2:3:4$이므로

$\angle C:\angle A:\angle B=2:3:4$

따라서 $\angle B$의 크기가 가장 크므로

$\angle B=180°\times\dfrac{4}{2+3+4}=80°$

답 80°

9 ① $\overline{AD}$에 대하여

$\angle ABD=180°-(60°+70°)=50°$, $\angle ACD=50°$ 이므로 네 점 A, B, C, D는 한 원 위에 있다.

② $\overline{BC}$에 대하여

$\angle BAC=30°$, $\angle BDC=110°-80°=30°$ 이므로 네 점 A, B, C, D는 한 원 위에 있다.

③ $\overline{BC}$에 대하여

$\angle BAC=60°$, $\angle BDC=180°-(45°+75°)=60°$ 이므로 네 점 A, B, C, D는 한 원 위에 있다.

④ $\overline{CD}$를 그으면 $\overline{CD}$에 대하여

$\angle CAD=85°-45°=40°$, $\angle CBD=45°$ 이므로 네 점 A, B, C, D는 한 원 위에 있지 않다.

⑤ $\overline{CD}$를 그으면 $\overline{CD}$에 대하여

$\angle CAD=65°$, $\angle CBD=35°+30°=65°$ 이므로 네 점 A, B, C, D는 한 원 위에 있다.

따라서 네 점 A, B, C, D가 한 원 위에 있지 않은 것은 ④이다.

답 ④

10 네 점 A, B, C, D가 한 원 위에 있으므로

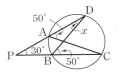

$\angle DBC=\angle DAC=50°$

$\triangle PBD$에서

$30°+\angle x=50°$ $\therefore \angle x=20°$

답 20°

소단원 📖 핵심문제 본문 92~93쪽

01 8 cm	**02** 5π cm^2	**03** 80°	**04** 15°
05 2π cm	**06** 6π cm^2	**07** 125°	**08** 12 cm
09 30°	**10** 50°	**11** ①, ④	

이렇게 풀어요

01 원의 중심을 O라 하면

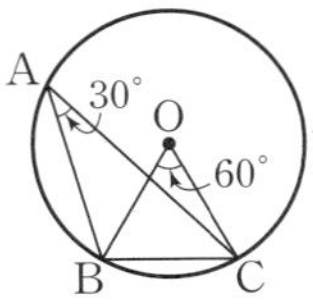

$\angle BOC=2\angle BAC=2\times30°=60°$

따라서 $\triangle OBC$가 정삼각형이므로

$\overline{BC}=\overline{OB}=8$ cm

답 8 cm

02 색칠한 부분인 부채꼴의 중심각의 크기는

$2\angle ABC=2\times100°=200°$

따라서 색칠한 부분의 넓이는

$\pi\times3^2\times\dfrac{200}{360}=5\pi(cm^2)$

답 5π cm^2

03 오른쪽 그림과 같이 $\overline{OA}$, $\overline{OB}$를 그으면 $\angle PAO = \angle PBO = 90°$이므로 □APBO에서

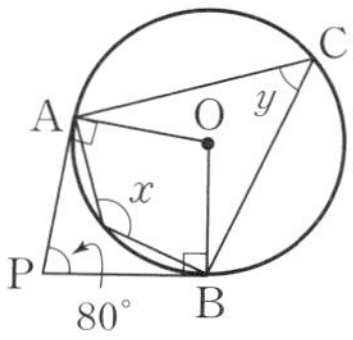

$\angle AOB$
$= 360° - (90° + 80° + 90°)$
$= 100°$

$\therefore \angle y = \dfrac{1}{2} \angle AOB$
$\qquad = \dfrac{1}{2} \times 100° = 50°$

또 $\overarc{ACB}$에 대한 중심각의 크기는
$360° - 100° = 260°$이므로

$\angle x = \dfrac{1}{2} \times 260° = 130°$

$\therefore \angle x - \angle y = 130° - 50°$
$\qquad\qquad\qquad = 80°$

🖪 **80°**

04 $\angle ABC = \angle ADC = \angle x$ 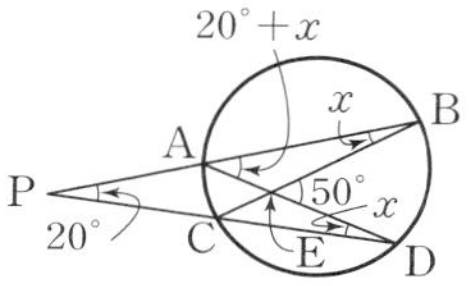
△APD에서
$\angle BAD = 20° + \angle x$
△AEB에서
$(20° + \angle x) + \angle x = 50°$
$2\angle x = 30°$
$\therefore \angle x = 15°$

🖪 **15°**

05 $\angle DAB = \angle a$라 하면
$\overline{AB} \parallel \overline{CD}$이므로
$\angle CDA = \angle DAB = \angle a$ (엇각)
오른쪽 그림과 같이 $\overline{BC}$, $\overline{BD}$, $\overline{OD}$를 그으면 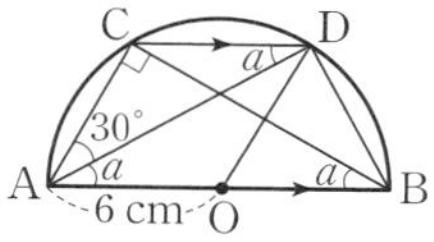
$\angle CBA = \angle CDA = \angle a$
$\angle ACB = 90°$이므로
△ABC에서
$(\angle a + 30°) + \angle a + 90° = 180°$
$2\angle a = 60°$
$\therefore \angle a = 30°$
따라서
$\angle BOD = 2\angle BAD$
$\qquad\qquad = 2 \times 30° = 60°$
이므로
$\overarc{BD} = 2\pi \times 6 \times \dfrac{60}{360} = 2\pi \, (\text{cm})$

🖪 **2π cm**

06 오른쪽 그림과 같이 $\overline{BO}$의 연장선이 원 O와 만나는 점을 A′이라 하면 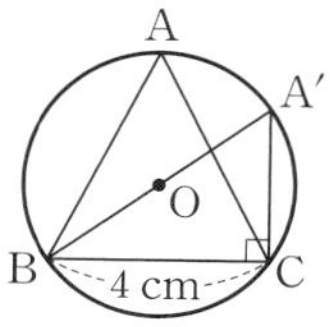
$\angle BAC = \angle BA'C$
또 반원에 대한 원주각의 크기는 90°이므로 $\angle BCA' = 90°$
$\tan A = \tan A' = \sqrt{2}$이므로
$\dfrac{4}{\overline{A'C}} = \sqrt{2}$ $\quad \therefore \overline{A'C} = 2\sqrt{2} \, (\text{cm})$
△A′BC에서
$\overline{A'B} = \sqrt{4^2 + (2\sqrt{2})^2} = \sqrt{24} = 2\sqrt{6} \, (\text{cm})$
따라서 원 O의 반지름의 길이는 $\dfrac{1}{2} \times 2\sqrt{6} = \sqrt{6} \, (\text{cm})$이므로 원 O의 넓이는
$\pi \times (\sqrt{6})^2 = 6\pi \, (\text{cm}^2)$

🖪 **6π cm²**

07 $\overarc{AB} = \dfrac{1}{2}\overarc{BC}$이므로 $\angle x = 2\angle AEB = 2 \times 25° = 50°$
$\therefore \angle y = \angle AEC = 25° + 50° = 75°$
$\therefore \angle x + \angle y = 50° + 75° = 125°$

🖪 **125°**

08 오른쪽 그림과 같이 $\overline{AC}$를 그으면 $\overline{AB}$는 원 O의 지름이므로 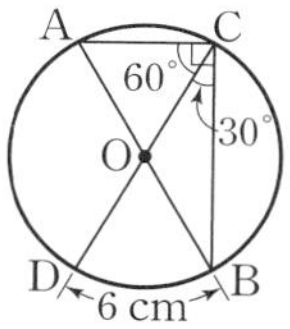
$\angle ACB = 90°$
$\therefore \angle ACD = 90° - 30° = 60°$
$\angle ACD : \angle DCB = \overarc{AD} : \overarc{DB}$이므로
$60 : 30 = \overarc{AD} : 6$
$\therefore \overarc{AD} = 12 \, (\text{cm})$

🖪 **12 cm**

09 $\overarc{AB} : \overarc{BC} : \overarc{CA} = 3 : 1 : 2$이므로
$\angle C : \angle A : \angle B = 3 : 1 : 2$
$\therefore \angle A = 180° \times \dfrac{1}{3 + 1 + 2} = 30°$

🖪 **30°**

10 오른쪽 그림과 같이 $\overline{BC}$를 그으면 $\overarc{AB}$의 길이가 원의 둘레의 길이의 $\dfrac{1}{6}$이므로
$\angle ACB = 180° \times \dfrac{1}{6} = 30°$
또 $\overarc{CD}$의 길이가 원의 둘레의 길이의 $\dfrac{1}{9}$이므로
$\angle DBC = 180° \times \dfrac{1}{9} = 20°$
따라서 △PBC에서
$\angle x = 20° + 30° = 50°$

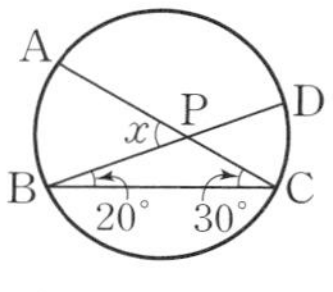

🖪 **50°**

11 ① $\overline{BC}$에 대하여

$\angle BAC = 90° - 35° = 55°$, $\angle BDC = 55°$

이므로 네 점 A, B, C, D는 한 원 위에 있다.

② $\overline{AB}$에 대하여 $\angle ACB \neq \angle ADB$이므로 네 점 A, B, C, D는 한 원 위에 있지 않다.

③ $\overline{AB}$에 대하여 $\angle ACB$와 $\angle ADB$의 크기가 같은지 알 수 없으므로 네 점 A, B, C, D가 한 원 위에 있다고 할 수 없다.

④ $\overline{AB}$에 대하여

$\angle ADB = 180° - (98° + 37°) = 45°$, $\angle ACB = 45°$

이므로 네 점 A, B, C, D는 한 원 위에 있다.

⑤ $\angle ADB = 180° - (30° + 110°) = 40°$

즉, $\overline{AB}$를 그으면 $\overline{AB}$에 대하여 $\angle ACB \neq \angle ADB$이므로 네 점 A, B, C, D는 한 원 위에 있지 않다.

따라서 네 점 A, B, C, D가 한 원 위에 있는 것은 ①, ④이다.

目 **①, ④**

---

02 원과 사각형

본문 95쪽

개념원리 ☑ 확인하기

01 (1) $\angle x = 105°$, $\angle y = 80°$ (2) $\angle x = 85°$, $\angle y = 95°$

02 (1) $130°$ (2) $114°$ **03** (1) $96°$ (2) $70°$

이렇게 풀어요

01 (1) □ABCD가 원에 내접하므로

$\angle x + 75° = 180°$

$\therefore \angle x = 105°$

$\angle y + 100° = 180°$

$\therefore \angle y = 80°$

(2) △BCD에서

$\angle y = 180° - (35° + 50°) = 95°$

또 □ABCD가 원에 내접하므로

$\angle x + 95° = 180°$

$\therefore \angle x = 85°$

目 (1) $\angle x = 105°$, $\angle y = 80°$

(2) $\angle x = 85°$, $\angle y = 95°$

---

02 (1) □ABCD가 원에 내접하므로 $\angle x = \angle A = 130°$

(2) △ACD에서 $\angle D = 180° - (30° + 36°) = 114°$

□ABCD가 원에 내접하므로

$\angle x = \angle D = 114°$

目 (1) $130°$ (2) $114°$

---

03 (1) □ABCD가 원에 내접하려면

$\angle x + 84° = 180°$ $\therefore \angle x = 96°$

(2) □ABCD가 원에 내접하려면

$\angle x = \angle A = 70°$

目 (1) $96°$ (2) $70°$

핵심문제 익히기 🔑 확인문제

본문 96~98쪽

1 (1) $\angle x = 110°$, $\angle y = 140°$ (2) $\angle x = 70°$, $\angle y = 110°$

(3) $\angle x = 104°$, $\angle y = 96°$

2 (1) $\angle x = 63°$, $\angle y = 63°$ (2) $\angle x = 45°$, $\angle y = 35°$

(3) $\angle x = 80°$, $\angle y = 80°$

3 $38°$ **4** $95°$ **5** (1) $100°$ (2) $160°$

6 $50°$

이렇게 풀어요

1 (1) □ABCD가 원에 내접하므로

$\angle x + \angle ABC = 180°$

$\therefore \angle x = 180° - 70° = 110°$

$\angle y = 2\angle ABC = 2 \times 70° = 140°$

(2) △ABC는 $\overline{AB} = \overline{AC}$인 이등변삼각형이므로

$\angle x = \dfrac{1}{2} \times (180° - 40°) = 70°$

또 □ABCD가 원에 내접하므로

$\angle x + \angle y = 180°$

$\therefore \angle y = 180° - 70° = 110°$

(3) □ABCD가 원에 내접하므로

$\angle x + \angle ADC = 180°$

$\therefore \angle x = 180° - 76° = 104°$

또 $\overparen{DE}$에 대하여 $\angle ECD = \angle EAD = 20°$이므로

△FCD에서 $\angle y = 20° + 76° = 96°$

目 (1) $\angle x = 110°$, $\angle y = 140°$

(2) $\angle x = 70°$, $\angle y = 110°$

(3) $\angle x = 104°$, $\angle y = 96°$

2 (1) $\angle x = \frac{1}{2}\angle BOD = \frac{1}{2} \times 126° = 63°$

□ABCD가 원 O에 내접하므로

$\angle y = \angle BAD = 63°$

(2) $\overgroup{BC}$에 대하여 $\angle BDC = \angle BAC = 55°$

□ABCD가 원 O에 내접하므로

$\angle ADC = \angle ABE = 100°$

$\angle x + 55° = 100°$ $\therefore \angle x = 45°$

또 $\overline{BD}$는 원 O의 지름이므로 $\angle BCD = 90°$

△BCD에서

$\angle y = 180° - (90° + 55°) = 35°$

(3) □BCDE가 원에 내접하므로

$\angle EBC + \angle EDC = 180°$

$60° + (40° + \angle x) = 180°$ $\therefore \angle x = 80°$

또 □ABCD가 원에 내접하므로

$\angle y = \angle ADC = 80°$

📋 (1) $\angle x = 63°$, $\angle y = 63°$

(2) $\angle x = 45°$, $\angle y = 35°$

(3) $\angle x = 80°$, $\angle y = 80°$

3 □ABCD가 원에 내접하므로

$\angle ABC + \angle ADC = 180°$

$\therefore \angle ABC = 180° - 127° = 53°$

△PBC에서 $\angle PCQ = \angle x + 53°$

△DCQ에서 $(\angle x + 53°) + 36° = 127°$

$\therefore \angle x = 38°$ 📋 **38°**

4 오른쪽 그림과 같이 $\overline{AD}$를 그으면

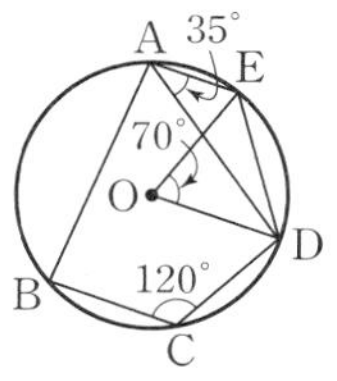

$\angle DAE = \frac{1}{2}\angle DOE$

$= \frac{1}{2} \times 70° = 35°$

이때 □ABCD가 원 O에 내접하므로

$\angle BAD + \angle BCD = 180°$

$\therefore \angle BAD = 180° - 120° = 60°$

$\therefore \angle BAE = \angle BAD + \angle DAE$

$= 60° + 35° = 95°$ 📋 **95°**

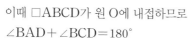

5 (1) □ABQP가 원 O에 내접하므로

$\angle QPD = \angle ABQ = 80°$

□PQCD가 원 O'에 내접하므로

$\angle QPD + \angle x = 180°$

$\therefore \angle x = 180° - 80° = 100°$

(2) □PQCD가 원 O'에 내접하므로

$\angle PQB = \angle PDC = 100°$

□ABQP가 원 O에 내접하므로

$\angle BAP + \angle PQB = 180°$

$\therefore \angle BAP = 180° - 100° = 80°$

$\therefore \angle x = 2\angle BAP = 2 \times 80° = 160°$

📋 (1) **100°** (2) **160°**

6 □ABCD가 원에 내접하므로

$\angle BAD + \angle BCD = 180°$

$\therefore \angle BAD = 180° - 80° = 100°$

따라서 △ABD에서

$\angle ABD = 180° - (100° + 30°) = 50°$ 📋 **50°**

소단원 📘 **핵심문제**   본문 99쪽

01 (1) $\angle x = 50°$, $\angle y = 130°$ (2) $\angle x = 36°$, $\angle y = 110°$

(3) $\angle x = 65°$, $\angle y = 75°$

02 55°   **03** 217°   **04** 256°   **05** ⑤

이렇게 풀어요

01 (1) $\angle x$는 $\overgroup{BCD}$에 대한 원주각이므로

$\angle x = \frac{1}{2}\angle BOD = \frac{1}{2} \times 100° = 50°$

□ABCD가 원 O에 내접하므로

$\angle x + \angle y = 180°$ $\therefore \angle y = 180° - 50° = 130°$

(2) □ABCD가 원 O에 내접하므로

$\angle BAD = \angle DCE = 56°$

$\angle x + 20° = 56°$ $\therefore \angle x = 36°$

$\overline{AD}$가 원 O의 지름이므로 $\angle ACD = 90°$

△ACD에서 $\angle ADC = 180° - (20° + 90°) = 70°$

$\angle ADC + \angle y = 180°$이므로

$\angle y = 180° - 70° = 110°$

(3) △APB에서 $\angle PAB = 105° - 40° = 65°$

□ABCD가 원에 내접하므로

$\angle x = \angle PAB = 65°$

또 $\angle ABC + \angle y = 180°$이므로

$\angle y = 180° - 105° = 75°$

📋 (1) $\angle x = 50°$, $\angle y = 130°$

(2) $\angle x = 36°$, $\angle y = 110°$

(3) $\angle x = 65°$, $\angle y = 75°$

02 □ABCD가 원에 내접하므로

$\angle CDF = \angle ABC = \angle x$

△EBC에서 $\angle ECF = 30° + \angle x$

△DCF에서 $\angle x + (30° + \angle x) + 40° = 180°$

$2\angle x = 110°$ ∴ $\angle x = 55°$ 🔑 **55°**

03 오른쪽 그림과 같이 $\overline{CE}$를 그으면

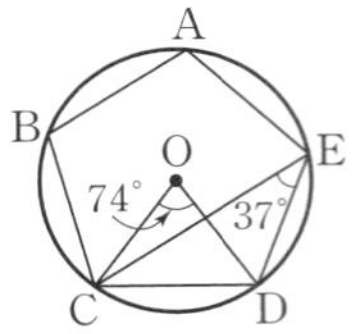

$\angle CED = \dfrac{1}{2}\angle COD$

$= \dfrac{1}{2} \times 74° = 37°$

이때 □ABCE가 원 O에 내접하므로

$\angle ABC + \angle AEC = 180°$

∴ $\angle ABC + \angle AED = \angle ABC + \angle AEC + \angle CED$

$= 180° + 37°$

$= 217°$ 🔑 **217°**

04 □PQCD가 원 O′에 내접하므로

$\angle y = \angle PDC = 104°$

□ABQP가 원 O에 내접하므로

$\angle BAP + \angle y = 180°$

∴ $\angle BAP = 180° - 104° = 76°$

$\angle x = 2\angle BAP = 2 \times 76° = 152°$

∴ $\angle x + \angle y = 152° + 104° = 256°$ 🔑 **256°**

05 ① $\angle BAC = \angle BDC = 50°$

② $\angle ABC = 180° - 110° = 70°$이므로

$\angle ABC = \angle CDE$

③ $\angle BAC = \angle BDC = 40°$

④ $\angle BAD + \angle BCD = 100° + 80° = 180°$

⑤ △DEC에서 $\angle CDE = 180° - (90° + 30°) = 60°$

∴ $\angle BAC \neq \angle BDC$

따라서 □ABCD가 원에 내접하지 않는 것은 ⑤이다.

🔑 **⑤**

---

03   **접선과 현이 이루는 각**

개념원리 📖 확인하기   본문 102쪽

01 (1) $60°$ (2) $100°$ (3) $75°$

02 $180°$, $80°$, BAT, $70°$, $70°$, $80°$, $30°$

03 (1) $34°$ (2) $34°$ (3) $34°$ (4) $\overline{CD}$

이렇게 풀어요

01 (1) $\angle x = \angle BAT = 60°$

(2) $\angle x = \angle CBA = 100°$

(3) $\angle BAT = 180° - (35° + 70°) = 75°$

∴ $\angle x = \angle BAT = 75°$

🔑 (1) **60°**   (2) **100°**   (3) **75°**

02 🔑 **180°, 80°, BAT, 70°, 70°, 80°, 30°**

03 (1) 직선 PQ가 원 O의 접선이므로

$\angle BTQ = \angle BAT = 34°$

(2) $\angle DTP = \angle BTQ = 34°$ (맞꼭지각)

(3) 직선 PQ가 원 O′의 접선이므로

$\angle DCT = \angle DTP = 34°$

(4) $\angle BAT = \angle DCT = 34°$로 엇각의 크기가 같으므로

$\overline{AB} /\!/ \overline{CD}$

🔑 (1) **34°**   (2) **34°**   (3) **34°**   (4) $\overline{\mathbf{CD}}$

핵심문제 익히기 🔑 확인문제   본문 103~105쪽

1 (1) $\angle x = 38°$, $\angle y = 71°$ (2) $\angle x = 90°$, $\angle y = 25°$

(3) $\angle x = 70°$, $\angle y = 20°$

2 (1) $\angle x = 50°$, $\angle y = 115°$ (2) $\angle x = 35°$, $\angle y = 45°$

(3) $\angle x = 70°$, $\angle y = 45°$

3 $30°$ **4** $42°$

5 (1) $\angle x = 70°$ (2) $\angle x = 70°$, $\angle y = 30°$

6 (1) $\angle x = 68°$, $\angle y = 68°$ (2) $\angle x = 70°$, $\angle y = 70°$

이렇게 풀어요

1 (1) $\angle x = \angle BAT = 38°$

△ABC는 $\overline{CA} = \overline{CB}$인 이등변삼각형이므로

$\angle y = \dfrac{1}{2} \times (180° - 38°) = 71°$

(2) $\overline{AB}$는 원 O의 지름이므로

$\angle x = 90°$

또 $\angle y = \angle CBA = 25°$

(3) $\angle x = \angle BAT = 70°$

$\angle AOB = 2\angle x = 2 \times 70° = 140°$이고

$\triangle OAB$는 $\overline{OA} = \overline{OB}$인 이등변삼각형이므로

$\angle y = \dfrac{1}{2} \times (180° - 140°) = 20°$

(1) $\angle x = 38°$, $\angle y = 71°$

(2) $\angle x = 90°$, $\angle y = 25°$

(3) $\angle x = 70°$, $\angle y = 20°$

2 (1) $\angle BDA = \angle BAT = 65°$

$\triangle BDA$는 $\overline{BA} = \overline{BD}$인 이등변삼각형이므로

$\angle BAD = \angle BDA = 65°$

$\therefore \angle x = 180° - (65° + 65°) = 50°$

또 $\square ABCD$가 원에 내접하므로

$\angle y + \angle BAD = 180°$

$\therefore \angle y = 180° - 65° = 115°$

(2) $\angle x = \angle DBA = 35°$

$\square ABCD$가 원에 내접하므로

$\angle DCB + \angle DAB = 180°$

$\therefore \angle DAB = 180° - 80° = 100°$

$\triangle ABD$에서

$\angle BDA = 180° - (100° + 35°) = 45°$

$\therefore \angle y = \angle BDA = 45°$

(3) $\angle x = \angle DAT = 70°$

$\square ABCD$가 원에 내접하므로

$\angle CDA + \angle CBA = 180°$

$\therefore \angle CBA = 180° - 75° = 105°$

$\triangle AEB$에서 $\angle BAE = 105° - 60° = 45°$

$\therefore \angle y = \angle BAE = 45°$

(1) $\angle x = 50°$, $\angle y = 115°$

(2) $\angle x = 35°$, $\angle y = 45°$

(3) $\angle x = 70°$, $\angle y = 45°$

다른 풀이

(2) 오른쪽 그림과 같이 $\overline{AC}$를 그으면

$\angle DCA = \angle DBA = 35°$이므로

$\angle ACB = 80° - 35° = 45°$

$\therefore \angle x = \angle DBA = 35°$,

$\angle y = \angle ACB = 45°$

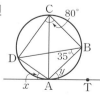

3 $\overline{BC}$가 원 O의 지름이므로 $\angle CAB = 90°$

$\angle CBA = \angle CAP = \angle x$

$\triangle BPA$에서 $\angle x + 30° + (\angle x + 90°) = 180°$

$2\angle x = 60°$ $\therefore \angle x = 30°$ **$30°$**

4 $\overline{BC}$가 원 O의 접선이므로

$\angle EDC = \angle EFD = 52°$

원 O 밖의 한 점 C에서 원 O에 그은 두 접선의 길이는 같으므로 $\overline{CD} = \overline{CE}$

즉, $\triangle DCE$는 $\overline{CD} = \overline{CE}$인 이등변삼각형이므로

$\angle DEC = \angle EDC = 52°$

$\therefore \angle DCE = 180° - (52° + 52°) = 76°$

따라서 $\triangle ABC$에서

$\angle x = 180° - (62° + 76°) = 42°$ **$42°$**

5 (1) $\angle BTQ = \angle BAT = 70°$

$\angle DTP = \angle BTQ = 70°$ (맞꼭지각)

$\therefore \angle x = \angle DTP = 70°$

(2) $\angle CTQ = \angle CDT = 70°$

$\angle ATP = \angle CTQ = 70°$ (맞꼭지각)

$\therefore \angle x = \angle ATP = 70°$

또 $\triangle ABT$에서

$\angle ATB = 180° - (80° + 70°) = 30°$

$\therefore \angle y = \angle ATB = 30°$ (맞꼭지각)

(1) $\angle x = 70°$

(2) $\angle x = 70°$, $\angle y = 30°$

6 (1) $\angle x = \angle CTQ = 68°$

$\angle y = \angle BTQ = 68°$

(2) $\angle y = \angle DCT = 70°$

$\angle x = \angle ATP = 70°$

(1) $\angle x = 68°$, $\angle y = 68°$

(2) $\angle x = 70°$, $\angle y = 70°$

소단원 핵심문제 본문 106쪽

01 $60°$	**02** $88°$	**03** $8\sqrt{3}$ cm	**04** ②
05 $50°$			

이렇게 풀어요

01 $\overline{PT}$가 원의 접선이므로

$\angle BTP = \angle BAT = 40°$

$\overline{BT} = \overline{BP}$이므로 $\angle BPT = \angle BTP = 40°$

$\triangle BTP$에서 $\angle ABT = 40° + 40° = 80°$

따라서 $\triangle ATB$에서

$\angle ATB = 180° - (40° + 80°) = 60°$ **$60°$**

02 직선 PT가 원의 접선이므로 $\angle x = \angle BAT = 48°$

$\square ABCD$가 원에 내접하므로 $\angle CBA + \angle CDA = 180°$

$\therefore \angle CDA = 180° - 110° = 70°$

$\triangle DPA$에서 $70° = 30° + \angle y$ $\therefore \angle y = 40°$

$\therefore \angle x + \angle y = 48° + 40° = 88°$ **⊜ 88°**

03 오른쪽 그림과 같이 $\overline{OT}$를 그으면

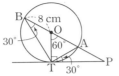

$\angle TBA = \angle ATP = 30°$이므로

$\angle TOA = 2\angle TBA$
$= 2 \times 30° = 60°$

이때 $\triangle OTP$는 $\angle OTP = 90°$인 직각삼각형이므로

$\overline{PT} = \overline{OT} \tan 60° = 8 \times \sqrt{3} = 8\sqrt{3}(cm)$ **⊜ $8\sqrt{3}$ cm**

04 원 밖의 한 점 P에서 원에 그은 두 접선의 길이는 같으므로 $\overline{PA} = \overline{PB}$

즉, $\triangle PBA$는 $\overline{PA} = \overline{PB}$인 이등변삼각형이므로

$\angle PAB = \dfrac{1}{2} \times (180° - 64°) = 58°$

이때 직선 PA가 원의 접선이므로

$\angle ACB = \angle PAB = 58°$ **⊜ ②**

05 $\angle ATB = \angle CTD = 50°$ (맞꼭지각)이므로

$\triangle ABT$에서

$\angle ABT = 180° - (80° + 50°) = 50°$

직선 PQ가 원의 접선이므로

$\angle ATP = \angle ABT = 50°$

$\angle CTQ = \angle ATP = 50°$ (맞꼭지각)

$\therefore \angle x = \angle CTQ = 50°$ **⊜ 50°**

중단원 마무리 본문 107~110쪽

01 28°	**02** 115°	**03** ①	**04** 10π cm
05 67.5°	**06** 100°	**07** ④	**08** 120°
09 ③	**10** ④	**11** ④	**12** ③
13 54°	**14** ①, ⑤	**15** 45°	**16** 52°
17 ④	**18** 15π cm	**19** 100°	**20** 110°
21 ③	**22** 88°	**23** ③	**24** 25°
25 $18\sqrt{3}$ cm²		**26** 22°	**27** 10π
28 ①	**29** 140°		

이렇게 풀어요

01 $\angle AOB = 2\angle APB$
$= 2 \times 62° = 124°$

$\triangle OAB$는 $\overline{OA} = \overline{OB}$인 이등변삼각형이므로

$\angle OAB = \dfrac{1}{2} \times (180° - 124°) = 28°$ **⊜ 28°**

02 오른쪽 그림과 같이 $\overline{OA}$, $\overline{OB}$를 그으면

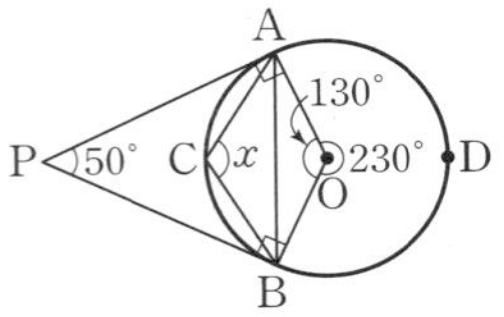

$\angle PAO = \angle PBO = 90°$이므로 $\square APBO$에서

$\angle AOB = 360° - (90° + 50° + 90°)$
$= 130°$

이때 $\overparen{ADB}$에 대한 중심각의 크기는

$360° - 130° = 230°$

$\therefore \angle x = \dfrac{1}{2} \times 230° = 115°$ **⊜ 115°**

03 오른쪽 그림과 같이 $\overline{AE}$를 그으면

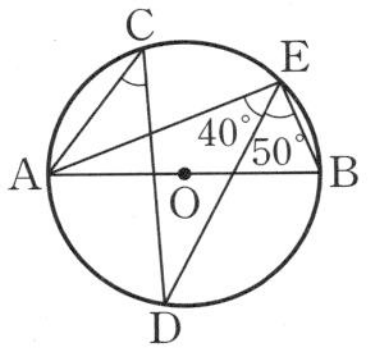

$\overline{AB}$가 원 O의 지름이므로

$\angle AEB = 90°$

$\therefore \angle AED = 90° - 50° = 40°$

$\overparen{AD}$에 대한 원주각의 크기는 같으므로

$\angle ACD = \angle AED = 40°$ **⊜ ①**

04 오른쪽 그림과 같이 $\overline{BO}$의 연장선이 원 O와 만나는 점을 A′이라 하면

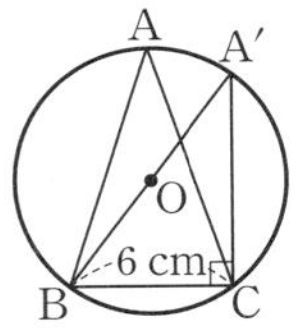

$\angle BAC = \angle BA'C$

또 반원에 대한 원주각의 크기는 90°이므로

$\angle A'CB = 90°$

$\cos A = \cos A' = \dfrac{4}{5}$이므로 $\triangle A'BC$에서

$\overline{A'B} = 5a$ cm $(a > 0)$라 하면

$\overline{A'C} = 4a$ cm

$\triangle A'BC$에서

$(5a)^2 = (4a)^2 + 6^2$, $a^2 = 4$

$\therefore a = 2 (\because a > 0)$

즉, $\overline{A'B} = 5a = 5 \times 2 = 10(cm)$이므로

$\overline{A'O} = \dfrac{1}{2}\overline{A'B} = \dfrac{1}{2} \times 10 = 5(cm)$

따라서 원 O의 둘레의 길이는

$2\pi \times 5 = 10\pi(cm)$ **⊜ 10π cm**

05 오른쪽 그림과 같이 $\overline{AD}$를 그으면 $\overset{\frown}{BD}$의 길이가 원의 둘레의 길이의 $\frac{1}{8}$

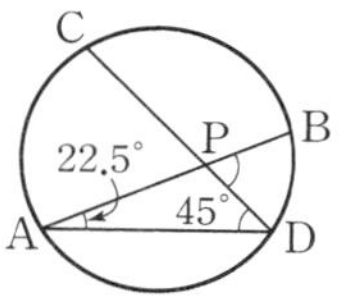

이므로

$\angle BAD = 180° \times \frac{1}{8} = 22.5°$

이때 $\overset{\frown}{AC} = 2\overset{\frown}{BD}$이므로

$\angle CDA = 2\angle BAD = 2 \times 22.5° = 45°$

따라서 △PAD에서

$\angle BPD = 22.5° + 45° = 67.5°$ **답 67.5°**

06 △ABP에서

$\angle BAP = 180° - (50° + 70°) = 60°$

네 점 A, B, C, D가 한 원 위에 있으므로

$\angle x = \angle BAC = 60°$

또 $\angle DBC = \angle DAC = 30°$이므로

△PBC에서

$30° + \angle y = 70°$ $\therefore \angle y = 40°$

$\therefore \angle x + \angle y = 60° + 40° = 100°$ **답 100°**

07 $\angle x = \frac{1}{2}\angle BOD = \frac{1}{2} \times 130° = 65°$

□ABCD가 원 O에 내접하므로

$\angle x + \angle y = 180°$

$\therefore \angle y = 180° - 65° = 115°$

$\therefore \angle y - \angle x = 115° - 65° = 50°$ **답 ④**

08 □ABCD가 원에 내접하므로

$\angle BAD + \angle BCD = 180°$

$(65° + \angle x) + 100° = 180°$ $\therefore \angle x = 15°$

$\overset{\frown}{BC}$에 대하여 $\angle BDC = \angle BAC = 65°$이므로

$\angle y = \angle ADC = 40° + 65° = 105°$

$\therefore \angle x + \angle y = 15° + 105° = 120°$ **답 120°**

09 오른쪽 그림과 같이 $\overline{BE}$를 그으면

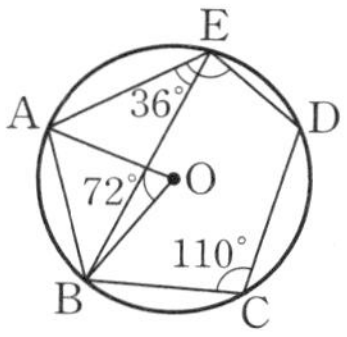

$\angle AEB = \frac{1}{2}\angle AOB$

$= \frac{1}{2} \times 72° = 36°$

이때 □BCDE가 원 O에 내접하므로

$\angle BCD + \angle BED = 180°$

$\therefore \angle BED = 180° - 110° = 70°$

$\therefore \angle AED = \angle AEB + \angle BED$

$= 36° + 70° = 106°$ **답 ③**

10 정사각형, 등변사다리꼴, 직사각형은 모두 한 쌍의 대각의 크기의 합이 180°이므로 항상 원에 내접한다.   **답 ④**

11 ① $\angle B + \angle D \neq 180°$

② $\angle A + \angle C = 180°$인지 알 수 없다.

③ $\angle BAC = 40°$, $\angle BDC = 180° - (90° + 40°) = 50°$이므로

$\angle BAC \neq \angle BDC$

④ $\angle ABC = 180° - (65° + 35°) = 80°$, $\angle ADC = 100°$이므로

$\angle ABC + \angle ADC = 180°$

⑤ $\angle BCD = 180° - 100° = 80°$, $\angle EAB = 72°$이므로

$\angle BCD \neq \angle EAB$

따라서 □ABCD가 원에 내접하는 것은 ④이다.   **답 ④**

12 $\overline{BC} = \overline{CD}$이므로

$\angle BDC = \angle CBD = 35°$

□ABCD가 원 O에 내접하므로

$\angle ABC + \angle ADC = 180°$

$(37° + 35°) + (\angle ADB + 35°) = 180°$

$\therefore \angle ADB = 73°$

직선 BT가 원 O의 접선이므로

$\angle ABT = \angle ADB = 73°$ **답 ③**

13 $\overline{BC}$가 원 O의 접선이므로

$\angle DEB = \angle DFE = 50°$

원 O 밖의 한 점 B에서 원 O에 그은 두 접선의 길이는 같으므로 $\overline{BD} = \overline{BE}$

즉, △BED는 $\overline{BD} = \overline{BE}$인 이등변삼각형이므로

$\angle DBE = 180° - (50° + 50°) = 80°$

따라서 △ABC에서

$\angle BCA = 180° - (46° + 80°) = 54°$ **답 54°**

14 직선 TT′이 원 O의 접선이므로

$\angle ACP = \angle APT$

또 $\angle APT = \angle BPT′$ (맞꼭지각)

직선 TT′이 원 O′의 접선이므로

$\angle BPT′ = \angle BDP$

따라서 $\angle ACP$와 크기가 같은 각은 ①, ⑤이다.

    답 ①, ⑤

15 □ABDC가 원 O에 내접하므로

∠DCP=∠ABD=65°

직선 TT'이 원 O'의 접선이므로

∠DPT'=∠DCP=65°

∴ ∠CPD=180°−(70°+65°)=45° **답 45°**

16 오른쪽 그림과 같이 $\overline{\text{OT}}$를 그으면

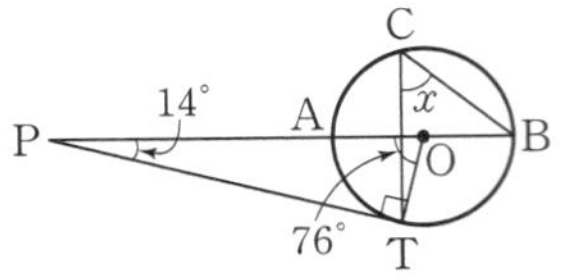

∠PTO=90°이므로

△PTO에서

∠POT=180°−(14°+90°)=76°

∠TOB=180°−76°=104°이므로

∠x=$\frac{1}{2}$∠TOB=$\frac{1}{2}$×104°=52° **답 52°**

17 오른쪽 그림과 같이 $\overline{\text{AD}}$를 그으면

$\overline{\text{AB}}$는 원 O의 지름이므로

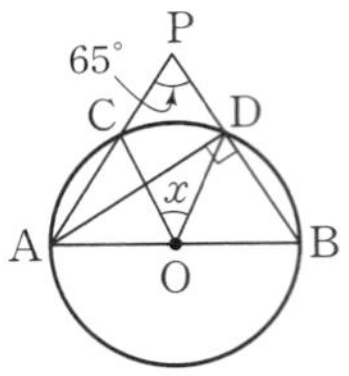

∠ADB=90°

△PAD에서

∠PAD=180°−(65°+90°)=25°

∴ ∠x=2∠CAD=2×25°=50° **답 ④**

18 오른쪽 그림과 같이 $\overline{\text{AC}}$를 긋고

∠ACD=∠x, ∠CAB=∠y라 하면

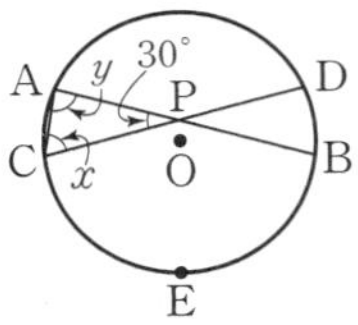

△ACP에서

∠x+∠y+30°=180°

∴ ∠x+∠y=150°

따라서 $\overparen{\text{AD}}$와 $\overparen{\text{BEC}}$에 대한 원주각의 크기의 합이 150°

이므로

$\overparen{\text{AD}}$+$\overparen{\text{BEC}}$의 길이는 원의 둘레의 길이의

$\frac{150}{180}=\frac{5}{6}$(배)이다.

∴ $\overparen{\text{AD}}$+$\overparen{\text{BEC}}$=2π×9×$\frac{5}{6}$=15π(cm) **답 15π cm**

19 $\overparen{\text{AC}}$: $\overparen{\text{BD}}$=1 : 3이므로 ∠ABC=∠x라 하면

∠BCD=3∠x

△BPC에서 3∠x=50°+∠x

2∠x=50° ∴ ∠x=25°

∠ADC=∠ABC=25°이고

∠BCD=3×25°=75°이므로

△CDQ에서

∠BQD=25°+75°=100° **답 100°**

20 ∠ACB=∠a라 하면

$\overparen{\text{AB}}$=$\overparen{\text{AE}}$이므로

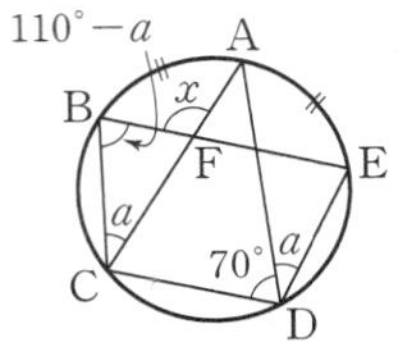

∠ADE=∠ACB=∠a

이때 □BCDE가 원에 내접하므로

∠CBE+∠CDE=180°

∠CBE+(70°+∠a)=180°

∴ ∠CBE=110°−∠a

따라서 △BCF에서

∠x=(110°−∠a)+∠a=110° **답 110°**

21 ∠ABC=∠x라 하면

□ABCD가 원에 내접하므로

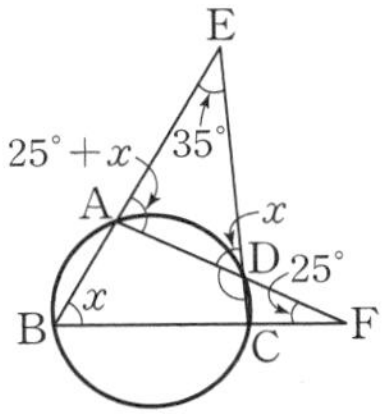

∠ADE=∠ABC=∠x

△FAB에서 ∠FAE=25°+∠x

△ADE에서

35°+(25°+∠x)+∠x=180°

2∠x=120°

∴ ∠x=60°

∴ ∠ADC=180°−60°=120° **답 ③**

22 오른쪽 그림과 같이 $\overline{\text{PQ}}$, $\overline{\text{RS}}$를 그으면 □ABQP, □PQSR, □RSCD는 원 에 내접한다.

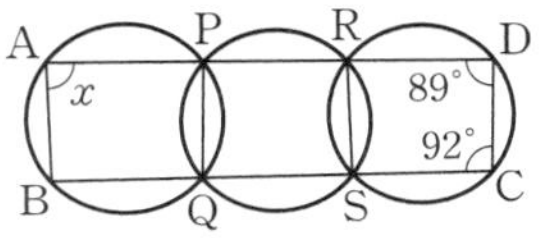

□ABQP에서 ∠PQS=∠x

□PQSR에서 ∠SRD=∠PQS=∠x

□RSCD에서 ∠SRD+92°=180°

∴ ∠SRD=88°

∴ ∠x=∠SRD=88° **답 88°**

23 ① ∠AFO+∠AEO=90°+90°=180°이므로

□AFOE는 원에 내접한다.

② ∠BFO+∠BDO=90°+90°=180°이므로

□FBDO는 원에 내접한다.

③ □FBDE는 원에 내접하기 위한 조건을 만족하지 않

는다.

④ $\overline{\text{BC}}$에 대하여 ∠BFC=∠BEC=90°이므로

□FBCE는 원에 내접한다.

⑤ $\overline{\text{AC}}$에 대하여 ∠AFC=∠ADC=90°이므로

□AFDC는 원에 내접한다.

따라서 원에 내접하는 사각형이 아닌 것은 ③이다.

답 ③

24 □ABCD가 원 O에 내접하므로

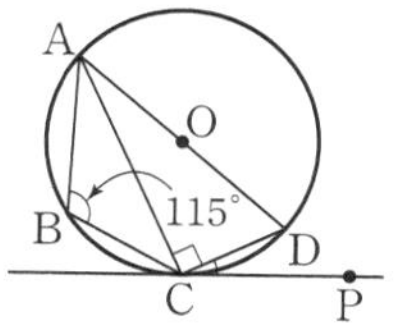

$\angle ABC + \angle ADC = 180°$

$\therefore \angle ADC = 180° - 115° = 65°$

오른쪽 그림과 같이 $\overline{AC}$를 그으면

$\overline{AD}$는 원 O의 지름이므로

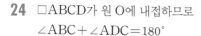

$\angle ACD = 90°$

△ACD에서 $\angle DAC = 180° - (90° + 65°) = 25°$

직선 CP가 원 O의 접선이므로

$\angle DCP = \angle DAC = 25°$

답 25°

25 직선 AT가 원 O의 접선이므로

$\angle ACB = \angle BAT = 60°$

또 $\overline{AC}$가 원 O의 지름이므로 $\angle ABC = 90°$

△ABC에서

$\overline{BC} = 12 \cos 60° = 12 \times \dfrac{1}{2} = 6 (cm)$

$\therefore \triangle ABC = \dfrac{1}{2} \times 12 \times 6 \times \sin 60°$

$= \dfrac{1}{2} \times 12 \times 6 \times \dfrac{\sqrt{3}}{2}$

$= 18\sqrt{3} (cm^2)$

답 $18\sqrt{3}$ cm²

26 오른쪽 그림과 같이 $\overline{CT}$를 그으면 $\overline{CA}$는 원 O의 지름이므로

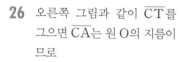

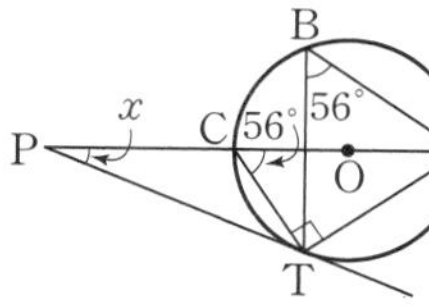

$\angle CTA = 90°$

또 $\overset{\frown}{AT}$에 대하여

$\angle ACT = \angle ABT = 56°$

따라서 △ACT에서

$\angle TAC = 180° - (90° + 56°) = 34°$

이때 직선 PT가 원 O의 접선이므로

$\angle PTC = \angle TAC = 34°$

△PTC에서 $\angle x + 34° = 56°$

$\therefore \angle x = 22°$

답 22°

27 오른쪽 그림과 같이 점 T를 지나는 원 O의 지름을 $\overline{B'T}$라 하면

$\angle B'AT = 90°$

$\overline{PT}$가 원 O의 접선이므로

$\angle ATP = \angle ABT$

$= \angle AB'T$

$= \angle x$

△ATB′에서 $\overline{AB'} = \dfrac{2}{\tan x} = \dfrac{2}{\dfrac{1}{3}} = 6$

$\therefore \overline{B'T} = \sqrt{6^2 + 2^2} = \sqrt{40} = 2\sqrt{10}$

따라서 원 O의 반지름의 길이는 $\dfrac{1}{2} \times 2\sqrt{10} = \sqrt{10}$이므로

원 O의 넓이는 $\pi \times (\sqrt{10})^2 = 10\pi$

답 10π

28 오른쪽 그림과 같이 $\overline{PC}$를 그으면 $\overset{\frown}{CB}$가 작은 반원의 지름이므로

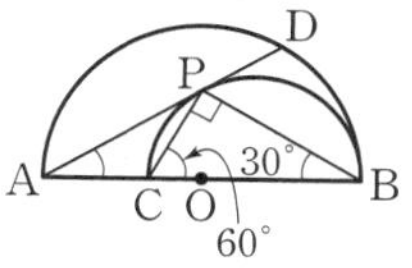

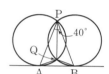

$\angle CPB = 90°$

△PCB에서

$\angle PCB = 180° - (90° + 30°) = 60°$

$\overline{AD}$가 작은 반원의 접선이므로

$\angle APC = \angle PBC = 30°$

따라서 △ACP에서

$\angle PAB = 60° - 30° = 30°$

답 ①

29 오른쪽 그림과 같이 $\overline{PQ}$를 그으면 직선 AB가 두 원의 공통인 접선이므로

$\angle QAB = \angle QPA$

$\angle QBA = \angle QPB$

△QAB에서

$\angle QAB + \angle QBA = \angle QPA + \angle QPB = \angle APB = 40°$

$\therefore \angle AQB = 180° - (\angle QAB + \angle QBA)$

$= 180° - 40° = 140°$

답 140°

📋 서술형 대비 문제

본문 111~112쪽

1-1 74°	**2-1** 45°	**3** 26°	**4** 130°
5 168°	**6** 36°		

이렇게 풀어요

1-1 **1단계** 오른쪽 그림과 같이 $\overline{OA}$, $\overline{OB}$를 그으면

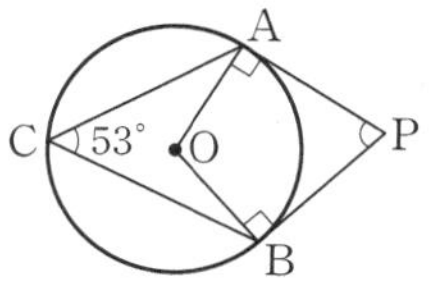

$\angle PAO = \angle PBO = 90°$

2단계 $\angle AOB = 2\angle ACB$

$= 2 \times 53° = 106°$

3단계 따라서 □AOBP에서

$\angle APB = 360° - (90° + 106° + 90°)$

$= 74°$

답 74°

2-1 **1단계** □ABCD가 원 O에 내접하므로

$\angle CBA + \angle CDA = 180°$

$\therefore \angle CDA = 180° - 80° = 100°$

2단계 $\overline{PA}$가 원 O의 접선이므로

$\angle PAD = \angle ACD = \angle x$

3단계 △DPA에서

$55° + \angle x = 100°$ $\quad \therefore \angle x = 45°$ **目 45°**

3 **1단계** $\overarc{AB}$에 대하여 $\angle ACB = \angle ADB = \angle x$

2단계 △APC에서 $\angle DAC = 36° + \angle x$

3단계 △AED에서 $(36° + \angle x) + \angle x = 88°$

$2\angle x = 52°$ $\quad \therefore \angle x = 26°$ **目 26°**

단계	채점 요소	배점
❶	$\angle ACB$의 크기를 $\angle x$로 나타내기	2점
❷	$\angle DAC$의 크기를 $\angle x$로 나타내기	2점
❸	$\angle x$의 크기 구하기	3점

4 **1단계** 오른쪽 그림과 같이 $\overline{OB}$를 그으면 △OAB와 △OCB는 각각 이등변삼각형이므로

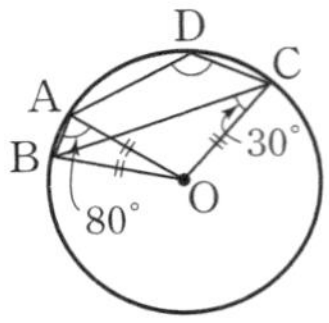

$\angle OBA = \angle OAB = 80°$

$\angle OBC = \angle OCB = 30°$

$\therefore \angle ABC = 80° - 30° = 50°$

2단계 □ABCD가 원 O에 내접하므로

$\angle ABC + \angle ADC = 180°$

$\therefore \angle ADC = 180° - 50° = 130°$ **目 130°**

단계	채점 요소	배점
❶	$\angle ABC$의 크기 구하기	4점
❷	$\angle ADC$의 크기 구하기	4점

5 **1단계** □ABQP가 원 O에 내접하므로

$\angle PQC = \angle BAP = 96°$

2단계 □PQCD가 원 O′에 내접하므로

$\angle PDC + \angle PQC = 180°$

$\therefore \angle PDC = 180° - 96°$

$\quad\quad\quad\quad\quad = 84°$

3단계 $\therefore \angle PO'C = 2\angle PDC$

$\quad\quad\quad\quad\quad = 2 \times 84° = 168°$ **目 168°**

단계	채점 요소	배점
❶	$\angle PQC$의 크기 구하기	2점
❷	$\angle PDC$의 크기 구하기	3점
❸	$\angle PO'C$의 크기 구하기	2점

6 **1단계** 오른쪽 그림과 같이 $\overline{AT}$를 그으면 $\overline{AB}$가 원 O의 지름이므로

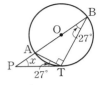

$\angle ATB = 90°$

2단계 $\overline{PT}$가 원 O의 접선이므로

$\angle ATP = \angle ABT = 27°$

3단계 △BPT에서

$27° + \angle x + (27° + 90°) = 180°$

$\therefore \angle x = 36°$ **目 36°**

단계	채점 요소	배점
❶	보조선을 그어 $\angle ATB$의 크기 구하기	2점
❷	$\angle ATP$의 크기 구하기	3점
❸	$\angle x$의 크기 구하기	3점

III | 통계

1 대푯값과 산포도

01 대푯값

본문 117쪽

개념원리 확인하기

01 (1) 15　(2) 6.2

02 (1) ① 3, 5, 5, 6, 8, 9, 10　② 7, 4, 6

　　(2) ① 2, 5, 7, 7, 8, 9, 10, 13

　　　② 8, 4, 5, 7, 8, 7.5

03 (1) 18　(2) 9, 12

이렇게 풀어요

01 (1) $\dfrac{11+17+12+24+15+14+12}{7}=\dfrac{105}{7}=15$

　　(2) $\dfrac{3+5+7+6+7+12+4+8+3+7}{10}=\dfrac{62}{10}=6.2$

　　　　　　　　　　　目 (1) 15　(2) 6.2

02 **目** (1) ① 3, 5, 5, 6, 8, 9, 10

　　　　② 7, 4, 6

　　(2) ① 2, 5, 7, 7, 8, 9, 10, 13

　　　② 8, 4, 5, 7, 8, 7.5

03 (1) 18의 도수가 3으로 가장 크므로

　　(최빈값)=18

　(2) 9와 12의 도수가 각각 3으로 가장 크므로

　　(최빈값)=9, 12

　　　　　　　　　　目 (1) 18　(2) 9, 12

핵심문제 익히기 🔑 확인문제

본문 118~119쪽

1 평균: 17.4회, 중앙값: 16.5회, 최빈값: 15회

2 (1) 평균: 245 mm, 중앙값: 242.5 mm, 최빈값: 240 mm

　(2) 최빈값

3 67　　　**4** 20

이렇게 풀어요

1 $(평균)=\dfrac{5+7+13+15+15+18+20+21+24+36}{10}$

　　　　$=\dfrac{174}{10}=17.4(회)$

중앙값은 5번째와 6번째 변량의 평균이므로

$(중앙값)=\dfrac{15+18}{2}=16.5(회)$

15회의 도수가 2로 가장 크므로

$(최빈값)=15회$

　　目 평균: 17.4회, 중앙값: 16.5회, 최빈값: 15회

2 (1) (평균)

$=\dfrac{245+240+240+250+255+265+255+240+235+245+230+240}{12}$

$=\dfrac{2940}{12}=245(mm)$

자료의 변량을 작은 값부터 크기순으로 나열하면

230, 235, 240, 240, 240, 240,

245, 245, 250, 255, 255, 265

중앙값은 6번째와 7번째 변량의 평균이므로

$(중앙값)=\dfrac{240+245}{2}=242.5(mm)$

240 mm의 도수가 4로 가장 크므로

$(최빈값)=240 mm$

　(2) 가장 많이 판매된 크기의 구두를 가장 많이 준비해야

　　하므로 대푯값으로 적절한 것은 최빈값이다.

　　目 (1) 평균: 245 mm, 중앙값: 242.5 mm, 최빈값: 240 mm

　　(2) **최빈값**

3 중앙값이 63점이므로 자료의 변량을 작은 값부터 크기순으로 나열하면

46, 52, 59, x, 71, 78

즉, $\dfrac{59+x}{2}=63$에서 $59+x=126$

∴ $x=67$　　　　　　　　　　**目 67**

4 x를 제외한 자료에서 13의 도수는 3이고 그 이외의 변량의 도수는 모두 1이므로 최빈값은 x의 값에 관계없이 13이다.

따라서 평균이 13이므로

$\dfrac{8+13+11+16+13+10+x+13}{8}=13$에서

$\dfrac{x+84}{8}=13$, $x+84=104$

∴ $x=20$　　　　　　　　　　**目 20**

01 (중앙값)<(평균)<(최빈값) **02** 음악 감상

03 평균: 196 kWh, 중앙값: 162 kWh, 중앙값

04 ① **05** 8

이렇게 풀어요

01 $(평균)=\dfrac{10\times1+30\times4+50\times5+70\times7+90\times2}{19}$

$=\dfrac{1050}{19}=55.26\times\times\times(분)$

중앙값은 자료의 변량을 작은 값부터 크기순으로 나열했을 때 10번째 변량이므로

(중앙값)=50분

70분의 도수가 7로 가장 크므로

(최빈값)=70분

따라서 (중앙값)<(평균)<(최빈값)이다.

目 (중앙값)<(평균)<(최빈값)

02 취미 활동이 음악 감상인 학생이 18명으로 가장 많으므로 최빈값은 음악 감상이다. 目 음악 감상

03 $(평균)=\dfrac{135+162+183+421+174+154+143}{7}$

$=\dfrac{1372}{7}=196(kWh)$

자료의 변량을 작은 값부터 크기순으로 나열하면

135, 143, 154, 162, 174, 183, 421

중앙값은 4번째 변량이므로

(중앙값)=162 kWh

이 자료에는 421과 같이 극단적인 값이 있으므로 자료의 대푯값으로 더 적절한 것은 중앙값이다.

目 평균: 196 kWh, 중앙값: 162 kWh, 중앙값

04 a를 제외한 자료의 변량을 작은 값부터 크기순으로 나열하면 1, 3, 3, 5, 5, 7

이때 중앙값이 5가 되려면 $a\geq5$이어야 한다.

따라서 a의 값이 될 수 없는 것은 ① 4이다. 目 ①

05 평균이 7이므로

$\dfrac{2+a+7+11+b+8+10}{7}=7$

$a+b+38=49$ $\therefore a+b=11$

이때 a, b를 제외한 자료에서 모든 변량의 도수가 1이므로 최빈값이 10이 되려면 a, b 중 적어도 하나는 10이어야 한다. 즉,

$a=1$, $b=10\ (\because a<b)$

따라서 자료의 변량을 작은 값부터 크기순으로 나열하면

1, 2, 7, 8, 10, 10, 11

이므로 중앙값은 8이다. 目 8

---

02 산포도와 표준편차

01 (1) 8점 (2) 0점, −2점, 2점, −1점, 1점

02 −2

03 표는 풀이 참조, 분산: 50, 표준편차: $5\sqrt{2}$점

04 $\sqrt{9.2}$점

이렇게 풀어요

01 (1) $(평균)=\dfrac{8+6+10+7+9}{5}=\dfrac{40}{5}=8(점)$

(2) (편차)=(변량)−(평균)이므로 각 변량의 편차를 구하면

0점, −2점, 2점, −1점, 1점

目 (1) **8점** (2) **0점, −2점, 2점, −1점, 1점**

02 편차의 총합은 0이므로

$6+(-4)+x+3+(-2)+(-1)=0$

$\therefore x=-2$ 目 **−2**

03

평균을 구하면	$\dfrac{60+65+70+75+80}{5}=70(점)$
각 변량의 편차를 구하면	−10점, −5점, 0점, 5점, 10점
(편차)^{2}의 총합을 구하면	$(-10)^2+(-5)^2+0^2+5^2+10^2$ $=100+25+0+25+100=250$
분산을 구하면	$\dfrac{250}{5}=50$
표준편차를 구하면	$\sqrt{50}=5\sqrt{2}(점)$

目 표는 풀이 참조, 분산: 50, 표준편차: $5\sqrt{2}$점

04 $(\text{평균})=\dfrac{89+92+90+85+84}{5}$

$\qquad\qquad =\dfrac{440}{5}=88(\text{점})$

각 변량의 편차는 1점, 4점, 2점, -3점, -4점이므로

$(\text{분산})=\dfrac{1^2+4^2+2^2+(-3)^2+(-4)^2}{5}=\dfrac{46}{5}=9.2$

$\therefore (\text{표준편차})=\sqrt{9.2}\text{점}$ **冒 $\sqrt{9.2}$점**

본문 124~126쪽

핵심문제 익히기 🔑 **확인문제**

| **1** 29분 | **2** 분산: 28, 표준편차: $2\sqrt{7}$점 | **3** 29 |
| **4** C | **5** 3 | **6** 평균: 12, 표준편차: $2\sqrt{10}$ |

이렇게 풀어요

1 편차의 총합은 0이므로

$(-6)+18+(-3)+x=0$ $\therefore x=-9$

D의 통학 시간이 20분이므로

$(\text{평균})=20-(-9)=29(\text{분})$ **冒 29분**

참고

$(\text{편차})=(\text{변량})-(\text{평균})$

$\Rightarrow (\text{변량})=(\text{평균})+(\text{편차})$

$\Rightarrow (\text{평균})=(\text{변량})-(\text{편차})$

2 평균이 83점이므로

$\dfrac{84+82+78+93+x+76+81}{7}=83$

$x+494=581$ $\therefore x=87$

각 변량의 편차는 1점, -1점, -5점, 10점, 4점, -7점, -2점이므로

$(\text{분산})=\dfrac{1^2+(-1)^2+(-5)^2+10^2+4^2+(-7)^2+(-2)^2}{7}$

$\qquad\qquad =\dfrac{196}{7}=28$

$(\text{표준편차})=\sqrt{28}=2\sqrt{7}(\text{점})$

冒 분산: 28, 표준편차: $2\sqrt{7}$점

3 평균이 6이므로

$\dfrac{4+10+x+y+5}{5}=6$

$x+y+19=30$ $\therefore x+y=11$ ······ ㉠

또 분산이 4.8이므로

$\dfrac{(4-6)^2+(10-6)^2+(x-6)^2+(y-6)^2+(5-6)^2}{5}=4.8$

$(x-6)^2+(y-6)^2+21=24$

$\therefore x^2+y^2-12(x+y)+93=24$ ······ ㉡

㉠을 ㉡에 대입하면

$x^2+y^2-12\times11+93=24$ $\therefore x^2+y^2=63$

이때 $x^2+y^2=(x+y)^2-2xy$에서

$63=11^2-2xy,\ 2xy=58$

$\therefore xy=29$ **冒 29**

4 운동 시간이 가장 고르지 않은 사람은 표준편차가 가장 큰 C이다.   **冒 C**

5 A, B 두 그룹의 평균이 같고 분산이 각각 2^2, a^2이므로 (편차)^{2}의 총합은 각각

$2^2\times4=16,\ a^2\times6=6a^2$

따라서 전체 10명에 대한 (편차)^{2}의 총합은 $16+6a^2$이고 분산이 $(\sqrt{7})^2=7$이므로

$\dfrac{16+6a^2}{10}=7,\ 16+6a^2=70$

$a^2=9$ $\therefore a=3\ (\because a\geq0)$ **冒 3**

6 a, b, c, d의 평균이 6이므로

$\dfrac{a+b+c+d}{4}=6$

또 a, b, c, d의 분산이 $(\sqrt{10})^2$이므로

$\dfrac{(a-6)^2+(b-6)^2+(c-6)^2+(d-6)^2}{4}=10$

따라서 변량 $2a$, $2b$, $2c$, $2d$에 대하여

$(\text{평균})=\dfrac{2a+2b+2c+2d}{4}=\dfrac{2(a+b+c+d)}{4}$

$\qquad\qquad =2\times6=12$

(분산)

$=\dfrac{(2a-12)^2+(2b-12)^2+(2c-12)^2+(2d-12)^2}{4}$

$=\dfrac{2^2\{(a-6)^2+(b-6)^2+(c-6)^2+(d-6)^2\}}{4}$

$=4\times10=40$

$\therefore (\text{표준편차})=\sqrt{40}=2\sqrt{10}$

冒 평균: 12, 표준편차: $2\sqrt{10}$

다른 풀이

$(\text{평균})=2\times6=12,\ (\text{표준편차})=|2|\sqrt{10}=2\sqrt{10}$

01 ㄴ, ㄷ, ㄹ   **02** 점수: 9점, 표준편차: $\sqrt{2}$점

03 -2 **04** D반, C반   **05** 7점

06 평균: 17, 분산: 100

이렇게 풀어요

01 ㄱ. 평균을 m점이라 하면

(B의 점수)$=(m-1)$점

(C의 점수)$=(m+3)$점

따라서 B와 C의 점수의 차는

$(m+3)-(m-1)=4$(점)

ㄴ. D의 편차가 0점이므로 D의 점수는 평균과 같다.

ㄷ. (분산)$=\dfrac{(-3)^2+(-1)^2+3^2+0^2+1^2}{5}$

$=\dfrac{20}{5}=4$

$\therefore$ (표준편차)$=\sqrt{4}=2$(점)

ㄹ. 점수가 가장 낮은 학생은 편차가 가장 작은 A이다.

따라서 옳은 것은 ㄴ, ㄷ, ㄹ이다.   🔁 **ㄴ, ㄷ, ㄹ**

02 3회 때의 편차를 x점이라 하면 편차의 총합은 0이므로

$1+(-1)+x+(-1)+(-2)+1=0$

$\therefore x=2$

평균이 7점이므로 3회 때의 점수는 $7+2=9$(점)

(분산)$=\dfrac{1^2+(-1)^2+2^2+(-1)^2+(-2)^2+1^2}{6}$

$=\dfrac{12}{6}=2$

$\therefore$ (표준편차)$=\sqrt{2}$점

🔁 **점수: 9점, 표준편차: $\sqrt{2}$점**

03 편차의 총합은 0이므로

$a+(-2)+0+b+1=0$ $\therefore a+b=1$

분산이 2이므로

$\dfrac{a^2+(-2)^2+0^2+b^2+1^2}{5}=2$

$a^2+b^2+5=10$ $\therefore a^2+b^2=5$

이때 $a^2+b^2=(a+b)^2-2ab$이므로

$5=1^2-2ab,\ 2ab=-4$ $\therefore ab=-2$ 🔁 **-2**

04 성적이 가장 높은 반은 평균이 가장 높은 D반이고, 성적이 가장 고른 반은 표준편차가 가장 작은 C반이다.

🔁 **D반, C반**

05 남학생과 여학생의 평균이 같고 분산이 각각 5^2, 11^2이므로 (편차)^{2}의 총합은 각각

$5^2\times30=750,\ 11^2\times10=1210$

따라서 전체 40명에 대한 (편차)^{2}의 총합은

$750+1210=1960$이므로

(분산)$=\dfrac{1960}{40}=49$

$\therefore$ (표준편차)$=\sqrt{49}=7$(점)   🔁 **7점**

06 a, b, c, d의 평균이 10이므로

$\dfrac{a+b+c+d}{4}=10$

또 a, b, c, d의 분산이 25이므로

$\dfrac{(a-10)^2+(b-10)^2+(c-10)^2+(d-10)^2}{4}=25$

따라서 변량 $2a-3$, $2b-3$, $2c-3$, $2d-3$에 대하여

(평균)$=\dfrac{(2a-3)+(2b-3)+(2c-3)+(2d-3)}{4}$

$=\dfrac{2(a+b+c+d)}{4}-3$

$=2\times10-3=17$

(분산)

$=\dfrac{(2a-3-17)^2+(2b-3-17)^2+(2c-3-17)^2+(2d-3-17)^2}{4}$

$=\dfrac{2^2\{(a-10)^2+(b-10)^2+(c-10)^2+(d-10)^2\}}{4}$

$=4\times25=100$ 🔁 **평균: 17, 분산: 100**

다른 풀이

(평균)$=2\times10-3=17$, (분산)$=2^2\times25=100$

01 중앙값: 252 kcal, 최빈값: 252 kcal			**02** 3.2
03 ③	**04** ⑤	**05** 5분	**06** 8, 9
07 83	**08** ②, ④	**09** $2\sqrt{2}$점	**10** ㄴ, ㄹ
11 ③	**12** ㄱ, ㄴ, ㄷ		
13 $a=22$, $b=25$ 또는 $a=24$, $b=22$			**14** 34
15 10	**16** 20	**17** ⑤	**18** $a<b$
19 $\sqrt{5}$점	**20** ③	**21** 29	

01 자료의 변량을 작은 값부터 크기순으로 나열하면

189, 221, 252, 252, 315

중앙값은 3번째 변량이므로

(중앙값)=252 kcal

252 kcal의 도수가 2로 가장 크므로

(최빈값)=252 kcal

답 중앙값: 252 kcal, 최빈값: 252 kcal

02 $(평균)=\dfrac{1\times1+2\times3+3\times5+4\times4+5\times2}{15}$

$=\dfrac{48}{15}=3.2(점)$

$\therefore a=3.2$

중앙값은 자료의 변량을 작은 값부터 크기순으로 나열했을 때 8번째 변량이므로

(중앙값)=3점 $\therefore b=3$

3점의 도수가 5로 가장 크므로

(최빈값)=3점 $\therefore c=3$

$\therefore a+b-c=3.2+3-3=3.2$

답 3.2

03 가장 좋아하는 가수를 알 수 있는 것은 최빈값이다. **답 ③**

04 ⑤ 다른 변량과 비교해서 100과 같이 극단적인 값이 있으므로 평균을 대푯값으로 하기에 가장 적절하지 않다.

답 ⑤

05 평균이 5분이므로

$\dfrac{4+x+6+7+4+7+6+2}{8}=5$

$x+36=40$ $\therefore x=4$

자료의 변량을 작은 값부터 크기순으로 나열하면

2, 4, 4, 4, 6, 6, 7, 7

중앙값은 4번째와 5번째 변량의 평균이므로

$(중앙값)=\dfrac{4+6}{2}=5(분)$

답 5분

06 5개의 변량 8, 17, 7, 14, a의 중앙값이 a이므로 변량을 작은 값부터 크기순으로 나열할 때, 3번째 값이 a이다.

즉, 7, 8, a, 14, 17이므로

$8\le a\le14$ ······ ㉠

또 5개의 변량 a, 6, 9, 13, 12의 중앙값이 9이므로 변량을 작은 값부터 크기순으로 나열할 때, 3번째 값이 9이다.

즉, 6, a, 9, 12, 13 또는 a, 6, 9, 12, 13이므로

$a\le9$ ······ ㉡

㉠, ㉡에서 $8\le a\le9$이므로 자연수 a의 값은 8, 9이다.

답 8, 9

07 x를 제외한 변량의 도수가 모두 1이므로 최빈값은 x의 값과 같다.

그런데 평균과 최빈값이 같으므로

$\dfrac{86+72+83+91+x}{5}=x$

$332+x=5x$, $4x=332$ $\therefore x=83$ **답 83**

08 ① (편차)=(변량)-(평균)

③ 분산은 편차의 제곱의 평균이다.

⑤ 표준편차가 작을수록 자료의 분포 상태가 고르다.

따라서 옳은 것은 ②, ④이다. **답 ②, ④**

09 편차의 총합은 0이므로

$(-4)+2+4+x+0=0$ $\therefore x=-2$

$(분산)=\dfrac{(-4)^2+2^2+4^2+(-2)^2+0^2}{5}=\dfrac{40}{5}=8$

$\therefore (표준편차)=\sqrt{8}=2\sqrt{2}(점)$ **답 $2\sqrt{2}$점**

10 ㄱ. 서울의 기온의 편차는 -1 ℃로 음수이므로 평균보다 낮다.

ㄴ. 편차의 총합은 0이므로

$(-1)+(-5)+(-3)+y+6=0$ $\therefore y=3$

즉, 부산의 기온의 편차는 3 ℃이다.

ㄷ. 서울의 기온은 9 ℃이고 편차는 -1 ℃이므로

5개 지역의 기온의 평균은

$9-(-1)=10(℃)$

ㄹ. 5개의 지역의 기온의 평균은 10 ℃이고, 대전의 기온의 편차는 -3 ℃이므로

$x-10=-3$ $\therefore x=7$

즉, 대전의 기온은 7 ℃이다.

ㅁ. $(분산)=\dfrac{(-1)^2+(-5)^2+(-3)^2+3^2+6^2}{5}$

$=\dfrac{80}{5}=16$

$\therefore (표준편차)=\sqrt{16}=4(℃)$

따라서 옳은 것은 ㄴ, ㄹ이다. **답 ㄴ, ㄹ**

11 ③ $3\sqrt{2}<5$이므로 A반의 표준편차가 B반의 표준편차보다 더 작다. 표준편차가 작을수록 성적이 더 고르므로 A반의 성적이 B반의 성적보다 더 고르다. **답 ③**

12 주어진 꺾은선그래프를 표로 나타내면 다음과 같다.

성적(점)	50	60	70	80	90	100	합계
남학생(명)	2	3	7	9	4	5	30
여학생(명)	3	4	8	7	2	1	25

ㄱ. 80점의 도수가 9로 가장 크므로 최빈값은 80점이다.

ㄴ. 남학생은 30명이므로 중앙값은 15번째와 16번째 변량의 평균인 80점이고, 최빈값도 80점이므로 같다.

ㄷ. 여학생은 25명이므로 중앙값은 13번째 변량인 70점이다.

또 70점의 도수가 8로 가장 크므로 최빈값은 70점이다.

즉, 여학생의 중앙값과 최빈값은 같다.

ㄹ. 남학생의 평균은

$$\frac{50\times2+60\times3+70\times7+80\times9+90\times4+100\times5}{30}$$

$$=\frac{2350}{30}=78.3\times\times\times(점)$$

여학생의 평균은

$$\frac{50\times3+60\times4+70\times8+80\times7+90\times2+100\times1}{25}$$

$$=\frac{1790}{25}=71.6(점)$$

즉, 남학생과 여학생의 평균은 같지 않다.

따라서 옳은 것은 ㄱ, ㄴ, ㄷ이다.　　　🖹 ㄱ, ㄴ, ㄷ

13 자료 A의 중앙값이 22이므로 $a=22$ 또는 $b=22$이다.

이때 a, b가 모두 22이면 전체 자료의 변량의 개수는 10개이고 중앙값은 5번째와 6번째 변량의 평균인 22가 되므로 전체 자료의 중앙값이 23이라는 조건을 만족하지 않는다.

(ⅰ) $a=22$일 때

$b-1$, b를 제외한 변량을 작은 값부터 크기순으로 나열하면

15, 17, 20, 22, 22, 25, 25, 26

이므로 전체 자료의 중앙값은

$$\frac{22+(b-1)}{2}=23,\ 21+b=46\qquad\therefore b=25$$

(ⅱ) $b=22$일 때

a를 제외한 변량을 작은 값부터 크기순으로 나열하면

15, 17, 20, 21, 22, 25, 25, 26

이므로 전체 자료의 중앙값은

$$\frac{22+a}{2}=23,\ 22+a=46\qquad\therefore a=24$$

따라서 $a=22$, $b=25$ 또는 $a=24$, $b=22$이다.

🖹 $a=22$, $b=25$ 또는 $a=24$, $b=22$

14 a, b, c를 제외한 자료에서 9점의 도수가 2로 가장 크고 최빈값이 12점이므로 a, b, c 중 적어도 2개는 12이어야 한다.

즉, a, b, c의 값을 12, 12, x라 하면

8, 9, 14, 12, 9, 12, 12, x

이때 중앙값이 11점이므로 위의 변량을 작은 값부터 크기 순으로 나열하면 4번째와 5번째 변량의 평균이 11점이다.

즉, $9<x<12$이어야 하므로

$$(중앙값)=\frac{x+12}{2}=11$$

$$x+12=22\qquad\therefore x=10$$

$$\therefore a+b+c=12+12+10=34\qquad🖹 34$$

15 평균이 5회이므로

$$\frac{a+1+8+b+9}{5}=5$$

$$a+b+18=25\qquad\therefore a+b=7\qquad\cdots\cdots ㉠$$

또 분산이 10이므로

$$\frac{(a-5)^2+(-4)^2+3^2+(b-5)^2+4^2}{5}=10$$

$$\therefore a^2+b^2-10(a+b)+91=50\qquad\cdots\cdots ㉡$$

㉠을 ㉡에 대입하면 $a^2+b^2-10\times7+91=50$

$$\therefore a^2+b^2=29$$

이때 $a^2+b^2=(a+b)^2-2ab$이므로

$29=7^2-2ab$, $2ab=20$　　$\therefore ab=10$　　🖹 10

16 모서리 12개의 길이의 평균이 5이므로

$$\frac{4a+4b+4c}{12}=5$$

$$\therefore a+b+c=15\qquad\cdots\cdots ㉠$$

또 분산이 $(\sqrt{10})^2$, 즉 10이므로

$$\frac{(a-5)^2\times4+(b-5)^2\times4+(c-5)^2\times4}{12}=10$$

$$(a-5)^2+(b-5)^2+(c-5)^2=30$$

$$\therefore a^2+b^2+c^2-10(a+b+c)=-45\qquad\cdots\cdots ㉡$$

㉠을 ㉡에 대입하면 $a^2+b^2+c^2-10\times15=-45$

$$\therefore a^2+b^2+c^2=105$$

6개의 면의 넓이의 합은 $2ab+2bc+2ca$이고

$(a+b+c)^2=a^2+b^2+c^2+2ab+2bc+2ca$이므로

$$2ab+2bc+2ca=(a+b+c)^2-(a^2+b^2+c^2)$$

$$=15^2-105=120$$

따라서 6개의 면의 넓이의 평균은

$$\frac{2ab+2bc+2ca}{6}=\frac{120}{6}=20\qquad🖹 20$$

17 A, B, C 세 사람의 점수의 평균을 각각 구해 보면

$$(A의 평균) = \frac{6 \times 3 + 7 \times 1 + 8 \times 2 + 9 \times 1 + 10 \times 3}{10}$$

$$= \frac{80}{10} = 8(점)$$

$$(B의 평균) = \frac{6 \times 1 + 7 \times 3 + 8 \times 2 + 9 \times 3 + 10 \times 1}{10}$$

$$= \frac{80}{10} = 8(점)$$

$$(C의 평균) = \frac{7 \times 3 + 8 \times 5 + 9 \times 1 + 10 \times 1}{10}$$

$$= \frac{80}{10} = 8(점)$$

즉, 세 사람의 평균은 모두 8점이고 평균을 중심으로 점수의 흩어진 정도가 가장 작은 사람은 C, 흩어진 정도가 가장 큰 사람은 A이다.

따라서 A, B, C 세 사람의 점수의 표준편차 a, b, c의 대소 관계는

$$c < b < a$$

🖹 ⑤

18 [자료 A] 1, 2, 3, 4, 5이므로

$$(A의 평균) = \frac{1 + 2 + 3 + 4 + 5}{5} = \frac{15}{5} = 3$$

각 변량의 편차는 -2, -1, 0, 1, 2이므로

$$(A의 분산) = \frac{(-2)^2 + (-1)^2 + 0^2 + 1^2 + 2^2}{5} = \frac{10}{5} = 2$$

$$\therefore a = 2$$

또 [자료 B] 2, 4, 6, 8, 10이므로

$$(B의 평균) = \frac{2 + 4 + 6 + 8 + 10}{5} = \frac{30}{5} = 6$$

각 변량의 편차는 -4, -2, 0, 2, 4이므로

$$(B의 분산) = \frac{(-4)^2 + (-2)^2 + 0^2 + 2^2 + 4^2}{5}$$

$$= \frac{40}{5} = 8$$

$$\therefore b = 8$$

$$\therefore a < b$$

🖹 $a < b$

19 A, B 두 반의 평균이 같고 분산이 각각 2^2, $(\sqrt{7})^2$이므로 (편차)²의 총합은 각각

$$2^2 \times 20 = 80, \quad (\sqrt{7})^2 \times 10 = 70$$

따라서 두 반 전체 학생의 (편차)²의 총합은

$$80 + 70 = 150이므로$$

$$(분산) = \frac{150}{30} = 5$$

$$\therefore (표준편차) = \sqrt{5}점$$

🖹 $\sqrt{5}$점

20 8명의 학생의 수학 성적이 각각 1점씩 올라가면 평균은 1점 올라가지만 각 변량들이 평균을 중심으로 흩어져 있는 정도는 그대로이므로 표준편차는 변함없다.

🖹 ③

21 a, b, c, d의 평균이 5이므로

$$\frac{a + b + c + d}{4} = 5 \qquad \therefore a + b + c + d = 20 \quad \cdots\cdots ㉠$$

또 a, b, c, d의 분산이 2^2, 즉 4이므로

$$\frac{(a-5)^2 + (b-5)^2 + (c-5)^2 + (d-5)^2}{4} = 4$$

$$a^2 + b^2 + c^2 + d^2 - 10(a+b+c+d) + 100 = 16 \quad \cdots\cdots ㉡$$

㉠을 ㉡에 대입하면

$$a^2 + b^2 + c^2 + d^2 - 10 \times 20 + 100 = 16$$

$$\therefore a^2 + b^2 + c^2 + d^2 = 116$$

따라서 변량 a^2, b^2, c^2, d^2의 평균은

$$\frac{a^2 + b^2 + c^2 + d^2}{4} = \frac{116}{4} = 29$$

🖹 **29**

📑 **서술형 대비 문제**　　　　본문 133~134쪽

1-1 81점　　　**2**-1 -8　　　**3** 15　　　**4** 20분

5 ⑴ A: $\sqrt{10.8}$점, B: $\sqrt{2}$점　　　⑵ 선수 B

6 16

이렇게 풀어요

1-1 **1단계** x를 제외한 5개의 변량의 도수가 모두 1이므로

(최빈값) $= x$점

2단계 평균과 최빈값이 같으므로

$$\frac{82 + 80 + x + 83 + 79 + 81}{6} = x$$

$$405 + x = 6x, \quad 5x = 405 \qquad \therefore x = 81$$

3단계 변량을 작은 값부터 크기순으로 나열하면

79, 80, 81, 81, 82, 83이므로

$$(중앙값) = \frac{81 + 81}{2} = 81(점)$$

🖹 **81점**

2-1 **1단계** 편차의 총합은 0이므로

$$(-2) + 1 + a + b + 3 = 0$$

$$\therefore a + b = -2$$

2단계 분산이 6.8이므로

$$\frac{(-2)^2+1^2+a^2+b^2+3^2}{5}=6.8$$

$$a^2+b^2+14=34 \qquad \therefore a^2+b^2=20$$

3단계 $a^2+b^2=(a+b)^2-2ab$에서

$$20=(-2)^2-2ab, \ 2ab=-16$$

$$\therefore ab=-8 \hspace{3cm} \text{답}\ -8$$

3 **1단계** 자료의 변량을 작은 값부터 크기순으로 나열하면

3, 4, 5, 5, 6, 6, 7, 7, 8, 8, 8, 8, 9, 9, 10

중앙값은 8번째 변량이므로

(중앙값)=7시간 $\qquad \therefore a=7$

2단계 8시간의 도수가 4로 가장 크므로

(최빈값)=8시간 $\qquad \therefore b=8$

3단계 $\therefore a+b=7+8=15$ $\hspace{2cm}$ 답 **15**

단계	채점 요소	배점
❶	a의 값 구하기	3점
❷	b의 값 구하기	2점
❸	$a+b$의 값 구하기	1점

4 **1단계** 도수의 총합이 20이므로

$$2+4+a+b+2=20$$

$$\therefore a+b=12 \hspace{2.5cm} \cdots\cdots ㉠$$

평균이 53분이므로

$$\frac{10\times2+30\times4+50\times a+70\times b+90\times2}{20}=53$$

$$\frac{320+50a+70b}{20}=53$$

$$320+50a+70b=1060$$

$$\therefore 5a+7b=74 \hspace{2cm} \cdots\cdots ㉡$$

㉠, ㉡을 연립하여 풀면 $a=5$, $b=7$

2단계 중앙값은 변량을 작은 값부터 크기순으로 나열했을 때 10번째와 11번째 변량의 평균이므로

$$(중앙값)=\frac{50+50}{2}=50(분)$$

70분의 도수가 7로 가장 크므로

(최빈값)=70분

3단계 따라서 중앙값과 최빈값의 차는

$$70-50=20(분) \hspace{2cm} \text{답}\ \textbf{20분}$$

단계	채점 요소	배점
❶	a, b의 값 구하기	3점
❷	중앙값, 최빈값 구하기	3점
❸	중앙값과 최빈값의 차 구하기	1점

5 **1단계** (1) (A의 평균)

$$=\frac{15+17+11+20+12}{5}=\frac{75}{5}=15(점)$$

각 변량의 편차는

0점, 2점, -4점, 5점, -3점이므로

(A의 분산)

$$=\frac{0^2+2^2+(-4)^2+5^2+(-3)^2}{5}$$

$$=\frac{54}{5}=10.8$$

$$\therefore (A의 표준편차)=\sqrt{10.8}점$$

2단계 (B의 평균)

$$=\frac{14+13+16+15+17}{5}=\frac{75}{5}=15(점)$$

각 변량의 편차는

-1점, -2점, 1점, 0점, 2점이므로

(B의 분산)

$$=\frac{(-1)^2+(-2)^2+1^2+0^2+2^2}{5}$$

$$=\frac{10}{5}=2$$

$$\therefore (B의 표준편차)=\sqrt{2}점$$

3단계 (2) B의 표준편차가 A의 표준편차보다 더 작으므로 선수 B의 득점이 더 고르다.

따라서 선수 B를 선발해야 한다.

답 (1) A: $\sqrt{10.8}$점, B: $\sqrt{2}$점 (2) 선수 **B**

단계	채점 요소	배점
❶	A의 표준편차 구하기	2점
❷	B의 표준편차 구하기	2점
❸	선발해야 할 선수 말하기	3점

6 **1단계** 학생 8명의 수학 성적의 총합은 $60\times8=480$(점)이므로 나머지 7명의 수학 성적의 평균은

$$\frac{480-60}{7}=\frac{420}{7}=60(점)$$

2단계 학생 8명의 (편차)²의 총합은 (분산)×(변량의 개수)이므로

$$14\times8=112$$

3단계 빠진 한 학생의 편차는 0점이므로 나머지 7명의 수학 성적의 분산은

$$\frac{112-0}{7}=16 \hspace{2cm} \text{답}\ \textbf{16}$$

단계	채점 요소	배점
❶	나머지 7명의 수학 성적의 평균 구하기	3점
❷	8명의 (편차)²의 총합 구하기	2점
❸	나머지 7명의 수학 성적의 분산 구하기	3점

2 상관관계

01 산점도와 상관관계

개념원리 ☑ 확인하기

본문 137쪽

01 (1) ㄴ, ㅁ (2) ㄱ, ㄹ (3) ㄷ, ㅂ
02 (1) 풀이 참조
(2) 음의 상관관계
03 (1) 음의 상관관계
(2) 양의 상관관계
(3) 상관관계가 없다.

이렇게 풀어요

01 (1) 산점도에서 점들이 오른쪽 위로 향하는 경향이 있는 것은 ㄴ, ㅁ이다.
(2) 산점도에서 점들이 오른쪽 아래로 향하는 경향이 있는 것은 ㄱ, ㄹ이다.
(3) 산점도에서 점들이 오른쪽 위로 향하거나 오른쪽 아래로 향하는 경향이 없는 것은 ㄷ, ㅂ이다.
冒 (1) ㄴ, ㅁ (2) ㄱ, ㄹ (3) ㄷ, ㅂ

02 (1) 컴퓨터 사용 시간과 학습 시간에 대한 산점도를 그리면 오른쪽 그림과 같다.
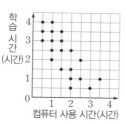
(2) 컴퓨터 사용 시간이 길어짐에 따라 학습 시간이 대체로 짧아지는 경향이 있으므로 음의 상관관계가 있다.
冒 (1) 풀이 참조 (2) 음의 상관관계

03 (1) 겨울철 기온이 낮아질수록 난방비가 높아지는 경향이 있으므로 음의 상관관계가 있다.
(2) 도시의 인구수가 늘어날수록 교통량이 증가하는 경향이 있으므로 양의 상관관계가 있다.
(3) 머리둘레와 IQ는 상관관계가 없다.
冒 (1) 음의 상관관계 (2) 양의 상관관계
(3) 상관관계가 없다.

핵심문제 익히기 🔑 확인문제

본문 138~140쪽

1 ④   2 ㄱ, ㄷ   3 ⑤   4 ④
5 8명   6 40 %

이렇게 풀어요

1 음의 상관관계를 나타내는 것은 ④, ⑤이고 ④가 ⑤보다 점들이 한 직선에 가까이 분포되어 있으므로 가장 강한 음의 상관관계를 나타내는 것은 ④이다.
冒 ④

2 ㄴ. 두 변량에 대하여 한 변량의 값이 증가함에 따라 다른 변량의 값이 증가하거나 감소하는 경향이 있을 때 상관관계가 있다고 한다.
ㄹ. 산점도에서 점들이 오른쪽 아래로 향하는 경향이 있을 때 음의 상관관계가 있다고 한다.
따라서 옳은 것은 ㄱ, ㄷ이다.
冒 ㄱ, ㄷ

3 교통량이 증가할수록 대기 중 이산화질소의 농도가 높아지므로 x와 y 사이에는 양의 상관관계가 있다.
따라서 x와 y 사이의 상관관계를 나타내는 산점도로 알맞은 것은 ⑤이다.
冒 ⑤

4 ①, ②, ③, ⑤ 양의 상관관계
④ 상관관계가 없다.
따라서 상관관계가 나머지 넷과 다른 하나는 ④이다.
冒 ④

5 1차 성적보다 2차 성적이 떨어진 학생 수는 오른쪽 그림에서 대각선 아래쪽 부분의 점의 개수와 같으므로 8명이다.
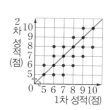
冒 8명

6 두 과목의 성적이 모두 60점 이상인 학생 수는 오른쪽 그림에서 색칠한 부분(경계선 포함)의 점의 개수와 같으므로 6명이다.
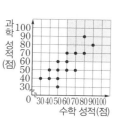
$\therefore \dfrac{6}{15} \times 100 = 40(\%)$
冒 40 %

01 ③   **02** ①, ⑤   **03** (1) 45 %   (2) 9점

04 ④

이렇게 풀어요

01 한 변량의 값이 증가함에 따라 다른 변량의 값이 감소하는 경향이 있는 산점도는 ③이다.   답 ③

02 ② A는 키에 비해 몸무게가 무겁다.

③ B는 키도 크고 몸무게도 무겁다.

④ C는 키도 작고 몸무게도 가볍다.

따라서 옳은 것은 ①, ⑤이다.   답 ①, ⑤

03 (1) 멀리뛰기 실기 점수가 달리기 실기 점수보다 높은 학생 수는 오른쪽 그림에서 대각선 위쪽 부분의 점의 개수와 같으므로 9명이다.

$$\therefore \frac{9}{20} \times 100 = 45(\%)$$

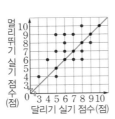

(2) 달리기 실기 점수와 멀리뛰기 실기 점수가 모두 8점 이상인 학생 수는 오른쪽 그림에서 색칠한 부분(경계선 포함)의 점의 개수와 같으므로 5명이다.

$$\therefore (평균) = \frac{8+8+9+10+10}{5}$$
$$= \frac{45}{5} = 9(점)$$

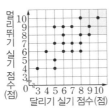

답 (1) **45 %**   (2) **9점**

04 국어 성적과 영어 성적의 합이 150점 이상인 학생 수는 오른쪽 그림에서 색칠한 부분(경계선 포함)의 점의 개수와 같으므로 9명이다.

$$\therefore \frac{9}{15} \times 100 = 60(\%)$$

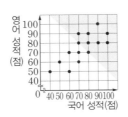

답 ④

---

01 ③, ⑤   **02** ④   **03** E   **04** ④

05 ④   **06** 음의 상관관계   **07** ㄴ, ㄹ

08 9점   **09** 15 %

이렇게 풀어요

01 ③ ㄷ은 상관관계가 없다.

⑤ ㅁ은 ㄱ보다 상관관계가 더 약하다.

따라서 옳지 않은 것은 ③, ⑤이다.   답 ③, ⑤

02 ①, ③, ⑤ 양의 상관관계

② 상관관계가 없다.

따라서 두 변량 사이에 음의 상관관계가 있다고 할 수 있는 것은 ④이다.   답 ④

03 가족 수에 비하여 생활비를 가장 적게 지출하는 가구는 E 이다.   답 E

04 ㄱ. 왼쪽 눈의 시력이 좋을수록 오른쪽 눈의 시력도 좋은 경향이 있다.

ㄷ. 왼쪽 눈의 시력과 오른쪽 눈의 시력 사이에는 양의 상관관계가 있다.

ㄹ. 왼쪽 눈의 시력과 오른쪽 눈의 시력이 같은 학생 수는 오른쪽 그림에서 대각선 위의 점의 개수와 같으므로 3명이다.

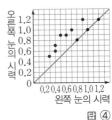

따라서 옳은 것은 ㄴ, ㄹ이다.   답 ④

05 ① 필기 점수보다 실기 점수가 높은 학생 수는 오른쪽 그림에서 대각선 위쪽 부분의 점의 개수와 같으므로 3명이다.

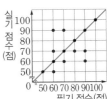

② 필기 점수보다 실기 점수가 낮은 학생 수는 위의 그림에서 대각선 아래쪽 부분의 점의 개수와 같으므로 5명이다.

③ 70점의 도수가 4로 가장 크므로 최빈값은 70점이다.

④ $(평균) = \frac{60+70+80+90}{4} = \frac{300}{4} = 75(점)$

⑤ 필기 점수와 실기 점수가 모두 70점 이상인 학생 수는 오른쪽 그림에서 색칠한 부분(경계선 포함)의 점의 개수와 같으므로 7명이다.

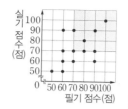

$$\therefore \frac{7}{14} \times 100 = 50(\%)$$

따라서 옳은 것은 ④이다.

답 ④

06 A, B, C 세 명의 휴대 전화 사용 시간을 산점도에 바르게 나타내면 오른쪽 그림과 같다.
따라서 하준이네 반 친구들 15명의 휴대 전화 사용 시간과 수면 시간 사이에는 음의 상관관계가 있다.

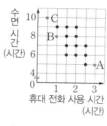

답 음의 상관관계

07 ㄱ. 3학년 때 성적이 향상된 학생 수는 오른쪽 그림에서 대각선 위쪽 부분의 점의 개수와 같으므로 6명이다.

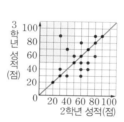

$$\therefore \frac{6}{20} \times 100 = 30(\%)$$

ㄴ. 2학년 때 성적이 50점 이하인 학생 중에서 3학년 때 성적이 50점 이상인 학생 수는 위의 그림에서 색칠한 부분(경계선 포함)의 점의 개수와 같으므로 4명이다.

ㄷ. 2학년 때와 3학년 때의 성적의 합이 140점 이상인 학생 수는 오른쪽 그림에서 색칠한 부분(경계선 포함)의 점의 개수와 같으므로 6명이다.

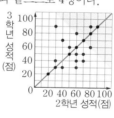

ㄹ. 2학년 때와 3학년 때의 성적의 차가 가장 큰 학생은 대각선에서 가장 멀리 떨어져 있는 점의 좌표이므로 (30, 90)이다. 즉, 성적의 차는 60점이다.

따라서 옳은 것은 ㄴ, ㄹ이다.

답 ㄴ, ㄹ

08 평균이 높은 상위 4명을 선발하려면 오른쪽 그림에서 1차와 2차의 점수의 합이 높은 쪽에서 4명을 선발하면 된다.

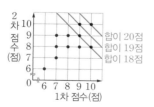

이때 선발된 선수는 점수의 합이 18점 이상이므로 평균이 9점 이상이다.

답 9점

09 두 실기 점수의 차가 2점 이상이고, 두 실기 점수의 평균이 8점 이상인 학생 수는 오른쪽 그림에서 색칠한 부분(경계선 포함)의 점의 개수와 같으므로 3명이다.

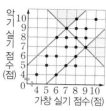

$$\therefore \frac{3}{20} \times 100 = 15(\%)$$

답 15 %

서술형 대비 문제

본문 146~147쪽

1-1 (1) 40 % (2) 42점 (3) 6명

2 (1) 풀이 참조 (2) 양의 상관관계 (3) C **3** 47 **4** 4명

이렇게 풀어요

1-1 **1단계** (1) 듣기 점수가 읽기 점수보다 높은 학생 수는 오른쪽 그림에서 대각선 위쪽 부분의 점의 개수와 같으므로 6명이다.

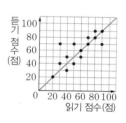

$$\therefore \frac{6}{15} \times 100 = 40(\%)$$

2단계 (2) 읽기 점수가 40점 이하인 학생 수는 오른쪽 그림에서 색칠한 부분(경계선 포함)의 점의 개수와 같으므로 5명이다.

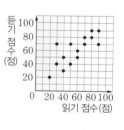

$$\therefore (평균) = \frac{20+30+40+50+70}{5}$$
$$= \frac{210}{5} = 42(점)$$

3단계 (3) 읽기 점수와 듣기 점수가 모두 70점 이상인 학생 수는 오른쪽 그림에서 색칠한 부분(경계선 포함)의 점의 개수와 같으므로 6명이다.
따라서 합격자는 6명이다.

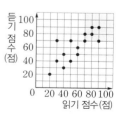

답 (1) 40 % (2) **42점** (3) **6명**

2 **1단계** (1) 신발 크기와 키에 대한 산점도는 오른쪽 그림과 같다.

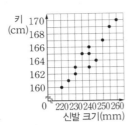

2단계 (2) 신발 크기가 클수록 키가 대체로 큰 경향이 있으므로 양의 상관관계가 있다.

3단계 (3) A, B, C, D를 산점도에 추가하면 오른쪽 그림과 같으므로 신발 크기에 비하여 키가 가장 큰 사람은 C이다.

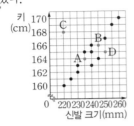

目 (1) **풀이 참조**   (2) **양의 상관관계**   (3) **C**

단계	채점 요소	배점
1	산점도 그리기	2점
2	상관관계 파악하기	2점
3	신발 크기에 비하여 키가 가장 큰 사람 구하기	3점

3 **1단계** 키가 50 cm 이하인 신생아 수는 오른쪽 그림에서 색칠한 부분(경계선 포함)의 점의 개수와 같으므로 12명이다.
∴ $a=12$

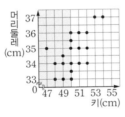

2단계 키가 51 cm인 신생아의 머리둘레의 평균은
$$\frac{34+35+36}{3}=\frac{105}{3}=35\,(\text{cm})$$
∴ $b=35$

3단계 ∴ $a+b=12+35=47$ **目 47**

단계	채점 요소	배점
1	a의 값 구하기	3점
2	b의 값 구하기	3점
3	$a+b$의 값 구하기	1점

4 **1단계** (개)에서 중간고사 평균이 70점 이하인 학생 수는 오른쪽 그림에서 색칠한 부분(경계선 포함)의 점의 개수와 같으므로 11명이다.

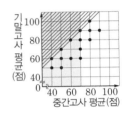

2단계 (내)에서 기말고사 평균이 중간고사 평균보다 20점 이상 향상된 학생 수는 위의 그림에서 빗금친 부분(경계선 포함)의 점의 개수와 같으므로 5명이다.

3단계 위의 그림에서 (개), (내)를 모두 만족시키는 경우는 4명이므로 발전상을 받게 될 학생은 4명이다.

目 4명

단계	채점 요소	배점
1	(개)를 만족시키는 학생 수 구하기	3점
2	(내)를 만족시키는 학생 수 구하기	3점
3	발전상을 받게 될 학생 수 구하기	2점